中国水产学会主编
水产健康养殖问答丛书

对虾健康养殖问答（第2版）

徐实怀　宋盛宪　编著

海洋出版社

2010年·北京

图书在版编目(CIP)数据

对虾健康养殖问答/徐实怀.宋盛宪编著.—2版—北京:海洋出版社.2010.10 (2011.6 重印)

(水产健康养殖问答丛书)

ISBN 978-7-5027-7859-0

Ⅰ.①对… Ⅱ.①徐… ②宋… Ⅲ.①对虾类-虾类养殖-问答Ⅳ.①S968.22-44

中国版本图书馆 CIP 数据核字(2010)第 196705 号

责任编辑:郑 珂 常青青
责任印制:刘志恒

海洋出版社 出版发行

http://www.oceanpress.com.cn

北京市海淀区大慧寺路 8 号 邮编:100081

北京画中画印刷有限公司印刷 新华书店发行所经销

2010 年 10 月第 2 版 2011 年 6 月第 4 次印刷

开本:890mm×1240mm 1 / 32 印张:9.625

字数:250 千字 定价:21.00 元

发行部:62147016 邮购部:68038093 总编室:62114335

海洋版图书印、装错误可随时退换

1.中国对虾
2.斑节对虾
3.日本对虾
4.南美白对虾（雌虾）
5.南美白对虾（雄虾）

6.南美蓝对虾（雌虾）

7.南美蓝对虾（雄虾）

8.刀额新对虾

9.长毛对虾

10.原生态养殖模式

11.半精养模式
12.混养模式
13.精养模式（铺地膜池塘养殖）

彩图

14.精养模式(分段高位池养殖)
15.膜底化养殖池塘（一）
16.膜底化养殖池塘（二）

17.过滤海水防病养虾系统
18.海水过滤装置
19.净化海水防病养殖系统
20.根据养殖面积、密度及水深配置增氧设施

彩图

病虾体表呈红色，空胃，甲壳变软

21.良好水色
22.优质种苗
23.白斑综合征（一）
24.白斑综合征（二）
25.桃拉病毒病（一）
26.桃拉病毒病（二）

6

病虾游泳足及尾扇发红

27.南美白对虾桃拉病毒病
28.传染性皮下及造血组织坏死症（一）
29.传染性皮下及造血组织坏死症（二）
30.红腿病

病虾眼球溃烂脱落，仅留眼柄

31.烂眼病
32.黑鳃病
33.肠炎病
34.烂尾病
35.固着类纤毛虫病

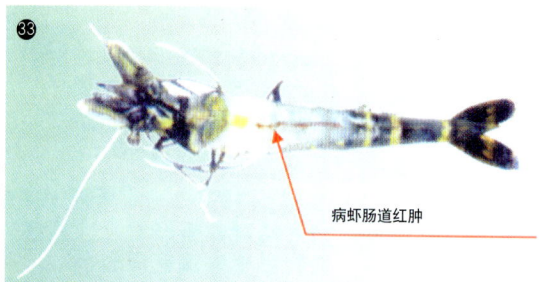

病虾肠道红肿

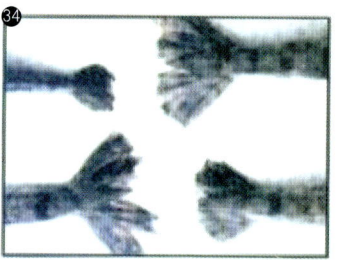

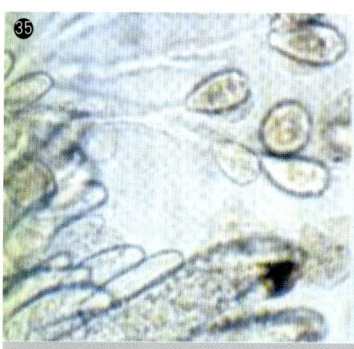

大量钟形虫感染的病虾鳃丝

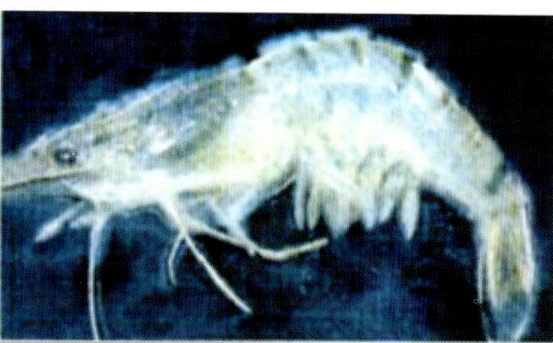

大量纤毛虫附生病虾体表，好似附着一层毛状物

水产养殖系列丛书编委会

总　序

  渔业是我国大农业的重要组成部分。我国的水产养殖自改革开放至今获得空前发展，已经成为世界第一养殖大国和大农业经济发展中的重要增长点。进入 21 世纪以来，我国的水产养殖仍然保持着强劲的发展态势，为繁荣农村经济、扩大就业人口、提高人民生活质量和解决"三农"问题做出了突出贡献，同时也为我国海、淡水渔业资源的可持续利用和保障"粮食安全"发挥了重要作用。

  近年来，我国水产养殖科研成果卓著，理论与技术水平同步提高，对水产养殖技术进步和产业发展提供了有力支撑。但是，在水产养殖业迅速发展的同时，也带来了诸如病害流行、种质退化、水域污染和养殖效益下降、产品质量安全令人堪忧等一系列新问题，加之国际水产品贸易市场不断传来技术壁垒的冲击，而使我国水产养殖业的持续发展面临空前挑战。

  科学技术是第一生产力。为了推动产业发展、渔农民增收致富，就必须普及推广新的科技成果，引进、消化、吸收国外先进技术经验，以利于产前、产中、产后科技水平的不断提升。农业科技图书的出版承载着普及农业科技知识、促进成果转化为生产力的社会责任。它是渔农民的良师益友，既可指导养殖业者解决生产中的实际问题，也可为广大消费者提供健康养殖的基础知识，以利于加强生产者与消费者之间的沟通与理解。为此，中国水产学会和海洋出版社联合组织了国内本领域的知名专家和具有丰富实践经验的生产一线技术人员编写这套水产养殖系列丛书，供广大专业读者参考。

  本系列丛书有两大特点：其一，是具有明显的时代感。针对广大养殖业者的需求，解决当前生产中出现的难题，介绍前景看好的养殖新品种和现有主导品种的健康养殖新技术，以利于提升整个产业水平；其二，是具有前瞻性。着力向业界人士宣传以科学发展观为指导，提高"质量安全"和"加快经济增长方式转变"的新理念、新技术和新模式，推进工业化、标准化生产管理，同时为配合现代农业建设的大方向，普及陆基封闭式循环水养殖、海基设施渔业、人工渔礁、放牧式养殖等模式，全力推进我国现代化养殖渔业的建设。

本系列丛书包括介绍主养品种、新品种的生物学和生态学特点、人工繁殖、苗种培育、养殖管理、营养与饲料、水质调控、病害防治、养殖系统工程以及加工运输等方面的内容。出版社力求把握丛书的科学性、实用性和可操作性，本着让渔农民业者"看得懂、用得上、留得住"的出版宗旨，采用图文并茂的形式，文句深入浅出，通俗易懂，有些技术工艺还增加了操作实例，以便业界朋友轻松阅读和理解。

水产养殖系列丛书的出版是水产养殖业者的福音，我们希望它能够成为广大业者的知心朋友和科技致富的好帮手。

谨此衷心祝贺水产养殖系列丛书隆重出版。

中国工程院院士
中国水产科学研究院黄海水产研究所研究员

2008 年 10 月

再 版 序

　　《对虾健康养殖问答》一书，自 2002 年首次出版以来，数年间畅销不衰，得到了广大读者的好评，因对指导对虾养殖生产有着巨大的实用价值，收到许多养殖业者的赞扬，并要求根据产业发展的新形势，结合科研取得的新成果，整编后重新出版。随着养殖技术的不断创新和进步，近年来我国对虾养殖业快速发展，取得巨大的进步，在科技研究领域，取得丰硕的成果。科学的进步，为产业化建设和发展做出了重大贡献，使我国对虾产量居世界第一，成为当今世界养虾第一大国。将这些先进的技术和成果准确、迅速地介绍给广大渔农，是水产科技工作者义不容辞的使命。

　　为了确保我国对虾养殖业沿着健康养殖的道路持续发展，2008 年 12 月在广东召开的第六届世界华人虾蟹类养殖研讨会期间，许多专家和养殖业者渴望《对虾健康养殖问答》能修订后重新出版，以满足当前广大渔农的需要；笔者系中国水产科学研究院南海水产研究所职业技能鉴定站站长，与本书初版作者长期在广东各地进行职业技能培训和技术推广工作，广大学员都迫切要求《对虾健康养殖问答》早日再版。在海洋出版社的大力支持下，经研究，决定由本书初版作者和笔者共同重新编写。

　　《对虾健康养殖问答》的再版，立足于以人为本，针对当前我国对虾养殖业存在的许多影响可持续发展的不利因素，根据

对虾健康养殖问答 （第2版）

各地虾农提出的许多有关健康养殖的具体问题，做了全面归纳，力求达到围绕养殖户的实际生产需求，解决问题、服务渔农的目的。本书包括虾场的建造、养殖新模式和苗种生产过程中的日常管理技术、渔药应用、病害防治技术、有益微生物的科学应用和对虾健康养殖水体调控策略、饲料选用、突发事故的解救措施等，对相关热点、难点问题进行了解答和阐述。本书力求做到通俗易懂、科学实用，以满足当前对虾健康养殖业者的迫切期待，希望能为广大养殖业者带来实质性的帮助，促发展，增丰收，使广大虾农走上科技致富的道路。

在本书编写过程中，得到中山大学海洋学院何建国院长、中国科学研究院南海海洋研究所胡超群研究员、中国水产科学研究院南海水产研究所江世贵所长的大力支持，得到农业部全国水产技术推广总站、广东省海洋与渔业局、中国水产科学研究院南海水产研究所职业技能鉴定站、广东粤海饲料集团有限公司、广东恒兴集团有限公司、广东海大集团股份有限公司等单位的热情鼓励和无私帮助，同时还得到有关专家提供的宝贵资料和支持，在此一并表示诚挚的感谢。

我们希望并相信，《对虾健康养殖问答》（第2版）的出版能帮助广大养殖业者认真做到科学健康地养虾，为我国对虾养殖业可持续发展做出更多贡献。

由于我们水平有限，书中难免有不足的地方或错误之处，恳请广大读者批评指正。

编著者于广州

2009 年 12 月 28 日

初 版 序

宋盛宪这个名字并不陌生。这不仅因为他享受着政府特殊津贴，还因为在普通老百姓眼里，宋盛宪是和海洋科普知识连在一起的。逢有什么水产科技难题，看到什么奇怪的海洋生物叫不出名字，养殖的鱼池里发生了病害不知该用什么药等，许多人会不假思索地说："找宋老师去。"他是中国水产科学研究院南海水产研究所的研究员，但你想象不出找他有多么容易。不管与你熟不熟，只要你拨通他的电话请教，他都会毫无保留地告诉你。有时因讲学或度假到国外去了，只要他觉得还有什么没讲清楚的，还会客客气气地写封信给你，不耽误你任何事。其实宋盛宪在大多数时间里是不需要"请"的，只要花上几毛钱买一张报纸，这"老师"就请进来了。从1978年开始，他有感于我国海洋生物科普工作的落后，就利用闲暇时间撰写科普文章。由于他抓的都是一些生产和生活中的热门话题，又专拣很实用的科技知识来写，且写得非常有趣，可读性很强，因此深受广大读者喜爱。报刊的编辑们知道读者爱看便又反过来向他约稿。他于是就一口气写下去。他的文章在各报刊发表后又编成书出版，十分畅销。

20世纪80年代后期，沿海的海洋养殖业骤然兴起，鱼虾病害问题和养殖品种等问题也相继出现，迫切需要科技工作者做出解答。

宋盛宪教授又投入到新的需要之中。他采用"短、平、快"的方法，通过报刊将一些鱼虾类新品种的养殖知识，防病害的方法以及如何吃鱼，如何保护鱼类生态环境等及时介绍给广大读者，还主编了《斑节对虾养殖》等实用教材，指导水产养殖，获得了广大读者和养殖工作者的好评。

宋盛宪教授的科普文章不仅对生产有重要的指导作用，对一代青少年也产生了较大的影响。1986年的一天晚上，一位广州美术学院画家的女儿来到宋老师家，她说她家与宋老师家只一路之隔，却从未谋面，但宋老师的名字早就记在心中。她是读着宋老师的科普文章长大的，对海洋有了浓厚的兴趣。为此，她报考了厦门大学海洋生物专业。像这样受过宋盛宪老师的影响但从未谋面的青少年不知还有多少。

现在宋盛宪教授已逾古稀之年，可仍然笔耕不止。他是《广州日报》等报刊的优秀通讯员，《中国海洋报》的特约撰稿人。不仅如此，他还但任了广州海神水族科技有限公司的顾问，与华南沿海几十家养殖基地和数以百计的养殖专业户建立了热线联系。

《中国海洋报》记者

徐志良

初 版 前 言

《对虾健康养殖问答》一书,是应广大养殖业者的迫切要求汇总了笔者在广东省水产学会主办的《水产科技》以及《南方农村报》上发表的文章,以及近年来应海南、广东、广西、江苏等各省(区)市县政府、各沿海水产部门的邀请举办研讨班、培训班的授课内容基础上编写而成的。本书的出版得到了各水产饲料生产企业,尤其是湛江粤海饲料有限公司以及湛江家丰饲料有限公司、广东中山新泰饲料厂、深圳新光饲料有限公司、恒兴饲料集团等的大力支持。

笔者曾先后与中科院南海海洋所研究员胡超群博士生导师、水科院南海水产研究所研究员陈毕生、中山大学生命科学学院教授何建国博士生导师、吕军仪博士生导师、湛江海洋大学副校长吴灶和博士生导师、吴琴瑟教授、邱德全博士等,深入生产第一线,为虾农和养殖业者讲解对虾健康养殖技术和科学养虾的知识,尤其是对虾病害防治的基本知识,深受群众的欢迎。在举办讲座和培训班期间,各地虾农及养殖业者提出许多有关健康养殖的具体问题,包括对虾病害防治措施等。笔者把这些问题也一并归纳在《对虾健康养殖问答》一书中。

本书内容包括虾场的建造,养殖的模式,清塘除害,纳水,培养基础生物所需的营养盐,种苗的选择,放养密度,饲料营养,中间养殖的水环境调控,饲料的科学投喂,药物的应用,养殖的管理,增氧机的应用,日常巡塘观察,养殖系统工程等,尤其是对养殖品种的生态特点、病害防治的具体问题进行了详细的解答和阐述,以满足当前对虾健康养殖中养殖业者的需要。由于本人水平有限,书中难免有不足的地方或错误之处,恳请读者批评指正。

宋盛宪于广州

2001 年 10 月 28 日

目　录

对虾健康养殖问答（第2版）

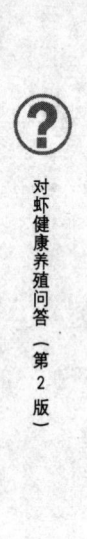

附录

第一章 对虾养殖业发展概况与对虾类的主要形态特征和生态习性

我国当前主要对虾养殖品种有南美白对虾、斑节对虾、中国对虾、日本对虾等，本章主要介绍了这些养殖品种的生态习性和分布情况，并对当前对虾养殖的新技术以及存在的问题与应对措施进行了概括，充分了解、掌握这些基础知识是养殖取得成功的必要前提。

1.什么叫对虾健康养殖？

　　目前国内外对虾养殖专家及养殖户都认为针对对虾病害的流行，必须采取有效的防治措施，那就是建立高健康的对虾养殖系统（HHSS，简称对虾健康养殖）。这是一个将健康亲虾的选育、健康虾苗的培育、养殖环境的综合调控、高效优质饲料的选用及科学养殖模式的建立等有机组合在一起的养殖系统。遵循这一养殖系统能有效地预防病毒病的发生，实现对虾养殖业的持续发展。对虾健康养殖系统已被广大养殖者所接受并应用于对虾养殖，在广东、广西等我国南方沿海地区已取得令人欣慰的成绩，使我国对虾养殖业在持续多年低迷后又出现了新的希望。

2.什么叫生态渔业？

　　生态渔业是指根据鱼类与其他生物间的共生互补原理，利用水陆物质循环系统，通过采取相应的技术和管理措施，实现保持生态平衡，提高养殖效益的一种养殖模式。开展生态渔业可充分利用当地资源，循环利用废弃物，节约能源，提高综合生态效益，实现渔业的可持续发展。

生态渔业是建设资源节约型、环境友好型渔业的有效途径，是发展农村循环经济的重要组成部分，也是现代渔业的发展方向。一是渔业养殖结构得到优化和调整。全面推广80:20模式化养殖，根据生态学的原理，突出主养品种，适当搭配青虾、河蟹、乌鳢、甲鱼、黄颡鱼等其他名特优水产品种，达到优势互补、质量改善、效益增加的目的。二是水域自然生态环境得到有效保护。按照食物链和生物与环境协同进化原理，突出了水域生态环境的调控。采取生物、物理措施调控水质，使渔业水域生态环境质量不断提高。如河蟹生态养殖通过水草种植、螺蛳移殖，适当混套养花白链、青虾等技术措施，结合机械增氧、注水的办法，不但营造良好的水域生态环境，而且有效提高渔业资源利用率。三是休闲观光渔业得到长足发展。在积极建设自然保护区和湿地生态保护区的基础上，着力开发建设观光休闲渔业带，使渔业资源开发与保护生态环境得到有机的统一。一个集渔业生产、观光旅游、餐饮娱乐为一体的观光休闲生态渔业已基本形成，并发展成为旅游的一个新亮点。

3. 我国水产养殖业发展状况如何？

我国的水产养殖业历史悠久，是世界上养鱼最早的国家。唐朝以前，我国主要以养殖鲤鱼为主。到宋朝和明朝不仅有淡水养殖，而且还开始探索海水和半咸水鱼类的养殖技术。

新中国成立后，鱼类养殖业进入了一个新的发展历程：1949—1957年为迅速恢复和第一个"五年计划"时期；1958—1965年是渔业发展缓慢上升的时期；1966—1976年是我国养鱼业的徘徊时期；1977年以后我国的养殖业进入了高速发展时期。从单一养殖种类转到多种鱼类的混养，这是我国养鱼历史上的一个重大转折，使我国的养鱼业跨入了一个新的发展阶段。养殖种类不断增加，并开始对名特优新品种的引进研发，如牙鲆、河豚、石斑鱼等工厂化养殖技术研究；淡水养殖种类如鳜、鳗鲡、大口黑鲈、鲇等肉食性鱼类和中华绒螯蟹、鳖等名优水产品开发。鱼类养殖已由"数量型"逐渐转变为"质量效益型"。

近年南美白对虾、斑节对虾、石斑鱼、锯缘青蟹、三疣梭子蟹等养殖取得高产量、高质量大丰收。海水、淡水养殖名特优新品种的引进、开发、繁育、增殖、病虫害预防、种养技术提升、渔业现代化装备及工艺等先进技术可持续迅猛发展。科学的进步为产业化建设和发展作出了重大贡献，使我国对虾产量居世界第一，成为当今世界养虾第一大国。

4.水产养殖业包括哪些类型？各有什么特点？

水产养殖是指将水生动物放入水体中并加以适当管理，使其生长、繁殖，最后成为食用鱼规格上市。鱼类养殖包括四个阶段：通过鱼类人工繁殖获得鱼苗；经过培育成鱼种；经过养成为商品鱼；养殖鱼或天然鱼经挑选培育为供繁殖用的亲鱼。养殖形式包括池塘养鱼、湖泊河道养鱼、稻田养鱼、工业化养鱼、海水网箱养鱼等。从广义来讲，水产养殖不单指养殖，还包括增殖。鱼类增殖包括天然水域鱼种放流增殖、水域养殖环境保护和自然增殖等。

（1）池塘养鱼　池塘养鱼是我国饲养食用鱼的主要形式。池塘是在尽可能的条件下创造适宜的环境条件，供养殖鱼类栖息、生长、繁殖的环境。饲养条件包括池塘位置、水源和水质、土质和底质、面积和深度、形状与周围环境等。

（2）湖泊、水库养鱼　天然水域的鱼类养殖包括内陆水域的湖泊、水库、江河以及沿海海域等天然水体的鱼类养殖。养殖方式可分为粗放式养殖和集约化养殖两大类：①粗放式养殖也叫粗养，其特点是人工控制条件差，在较大的水体中投入的人力和物力较少。在湖泊、水库及河沟等大水面进行粗放式养殖的特点是鱼类生长及群体的生产量全部依靠水体中的天然饵料。这就决定了人们必须根据水体自然条件选择适当的放养对象、放养密度、放养种类以及鱼种的规格。②集约化养鱼又称精养，是人工控制条件较好的养殖方式。通过增加放养密度、投饵施肥、强化管理等综合技术措施，向生态系统输入更多的物质和能量，使水生态系统以更高的效率生产生物产品，从而获得更高的产量。

(3) 稻田养鱼 稻田养鱼是淡水渔业的重要组成部分，根据生物学、生态学、池塘养鱼学和生物防治的原理，建立"鱼稻共生"理论，使水稻种植和鱼类养殖有机地结合起来。

(4) 工业化养鱼 工业化养鱼又称设施渔业，是集工厂化、机械化、信息化、自动化为一体的现代化水产养殖模式。在高密度饲养条件下，建立人工小气候，定量供应天然饵料和配合饲料，以控制养殖鱼类在最适的人工环境中健康快速生长。工业化养鱼属于知识与资本密集型产业，投资较大，技术要求高，通常用于具有较高价值的名特优水产品的育苗和养成。

(5) 海水、淡水网箱养鱼 利用天然海区或内陆水域，如水库、湖泊、河流等大水体，设置养殖装备，称为网箱。通过内外水体的不断交换，保持水生动物生长的适宜环境，利用天然饵料或投喂人工饲料，高密度地培育水生动物种苗或饲养成品鱼的养殖方式。

(6) 港湾养殖 指利用天然港湾、港汊等，通过挖沟、造闸，进行围堤建池，储蓄海水，利用纳潮放入天然种苗或投放人工种苗进行养殖的一种方式。其特点是养殖面积大、密度低、投入少，成本小、发病情况少、单位面积产量低、养殖条件难以调控。

5.我国南方适合养殖哪些对虾？各有什么优缺点？

我国南方一般指长江以南的地区，主要是指年平均气温在20℃以上的海南、广东、广西和福建地区。这些地区属于热带和亚热带地区，适合养殖的对虾有斑节对虾、日本对虾、中国对虾、墨吉对虾、长毛对虾、南美蓝对虾、南美白对虾以及刀额新对虾等品种。当前对虾养殖方式的类型较多，对虾养殖者应按当地自然条件、技术水平和经济状况等综合因素来决定。不同的养殖方式各有其利弊，因此要根据各地区特点，如海况、饲料来源等因素，因地制宜地开发适合本地区的养殖方式，以能创造显著的经济效益为目的。现以南美白对虾为例说明：南美白对虾（*Penaeus vannamei* Boone，1931）是一种原产于墨西哥湾的大型对虾，在分类学上属于对虾科滨对虾属，也可直译为凡纳对虾，英文名为whiteleg shrimp（白脚对虾）后经美国夏威夷海洋研究所引入夏威夷进行人工繁殖育苗和人工养殖成功后，逐步向世界推广。1999年我国首先在海南、广东、广西开始大面积养殖，多数养殖单位取得成功，并获得较好的经济效益。形态特征为额角稍向下弯，体表为青灰色，全身透明，尾扇最外缘呈红色，头胸部短，弹跳力强，外表与中国对虾相似。生活习性水温为15~40℃，最适水温为20~35℃；盐度为2~34，最适盐度为10~20；pH值为7~9.5，最适pH值为7.8~8.5。养殖周期高密度养殖为70~80天，每千克50尾；一般养殖需60~70天，每千克可达60尾。

（1）**优点** 肉质佳、出肉率高、售价好；虾苗成活率比斑节对虾高；饲料蛋白要求比斑节对虾低；与斑节对虾一样具广盐性。在高盐度条件下生长迅速，在盐度超过25时，生长速度快于斑节对虾。低盐度生长更快，最低可忍耐盐度为2；与斑节对虾一样能耐高温，而且耐低温能力比斑节对虾强得多；适合于高位池高密度精养或半封闭养殖，高位池亩[①]产达1吨以上，而且养殖周期短于斑节对虾。前者只需80天，后者则需120天；不喜钻沙、潜底，因此排水收虾比斑节对虾容易。

（2）**缺点** 同样会感染白斑病，对于某些常见的病害甚至比斑节对虾更敏感。一旦感染白斑病毒病，暴发快，死亡更快；壳薄，离水活运要求比斑节对虾和日本对虾高，运输途中易死亡；雌虾为开放式纳精囊，交配和受精比斑节对虾困难；雌虾产卵比斑节对虾少。

（3）**常见病** ①病毒病：包括白斑病毒（WSS）病、桃拉病毒（TSV）病，以及由传染性皮下和造血组织坏死病毒（IHHNV）、对

---

①亩为我国非法定计量单位，1亩≈666.7平方米，1公顷=15亩，以下同。

虾杆状病毒（BP）、肝胰腺细小病毒（HPV）等引起的病毒病；②细菌病：由弧菌、气单胞菌等感染所致的疾病；③附着生物症：由钟形虫等多种微型附着生物引起的病症；④营养和环境性疾病：营养缺乏症等。

6. 对虾类的主要形态特征如何？

虾类体型为梭形，身体长而略侧扁，腹部发达，雌雄异体。身体可分为头胸部与腹部，共由21节构成，除最前1节和最后1节外，各节皆具1对附肢。头胸部由头部6个体节及胸部8个体节愈合而成，共14节。除头部最前端具1对复眼及末端尾节无附肢外，每节上有1对附肢，附肢由基肢、内肢和外肢3部分构成。头部附肢5对：第1触角1对，多具柄刺；第2触角1对，具发达的鳞片；大颚1对，小颚2对，为第1小颚和第2小颚。胸部附肢8对：颚足3对，步足5对。颚足均由7节构成，外肢自基肢第2节生出，其各节名称为底节、基节、座节、长节、腕节、掌节和指节。步足为捕食和爬行器官。腹部附肢发达，共6对，它们为主要的游泳肢；第6对为对称尾肢，其内、外皆宽大，与尾节合称尾扇。中国对虾类属额角上缘有7~9齿，下缘有3~5齿，这是分类的依据之一。

7. 中国对虾的生态习性及水域分布如何？

中国对虾也称东方对虾，黄渤海对虾和明虾等。中国对虾属对虾派、对虾科、对虾属。额角上缘具7~9齿，下缘具3~5齿；头胸甲无肝脊；第1触角上鞭约等于头胸甲长的1.33倍；第3步足伸不到第2触角鳞片的末端。属于广盐性种类，自然环境中盐度一般为23~32。人工养殖条件下可在盐度1.5~40.0的环境中生长，但对盐度的突然急剧变化的适应能力较差。

中国对虾仅分布于中国沿海，主要产于渤海，在渤海湾生长、繁殖和生活。中国对虾属地方性特有种，是对虾属中产量最高的品种之一，也是我国沿海的主要养殖品种之一。

8.斑节对虾的生态习性及水域分布如何？

斑节对虾，俗称草虾、角虾，国外称牛虾、虎虾。斑节对虾是对虾属中个体最大、生长最快的一种。它的平均体长为30~35厘米，体重为350~400克，最大个体可达600克，是世界上养殖产量最大的种类。

斑节对虾体略侧扁，甲壳较厚，雌虾较雄虾大。在我国南海曾捕获体重475克的斑节对虾。该虾具有对虾属的基本形态，其主要区别在于：额角尖端超出第1触角柄部的末端；额角的上缘一般有6~8齿，下缘有2~3齿。头胸甲具触角刺、肝刺及胃上刺，不具颊刺及鳃颊刺；额角侧沟较短，仅延伸到胃上刺下方；肝脊十分明显，平直；无额胃脊；第1触角为双鞭，内外鞭的长度大致相等，均比柄部长；第3步足较长，超出第2触角鳞片；第5步足不具外肢，腹部4~6节背面具脊状隆起；尾节具中央沟，但不具侧刺。身体有明显的深色横条状斑纹，横斑纹的颜色往往随环境、年龄有差异，通常为浅褐色、蓝灰色、红褐色甚至黑色，体表横斑为浓淡相间的棕褐、蓝灰及黑白斑纹。体长1厘米左右的仔虾，沿腹面具深红色的条纹。

斑节对虾喜欢栖息于水草或藻丛间，故在台湾有"草虾"之称。其主要栖息于港湾、河口等低盐度的红树林浅海，随着个体的生长，逐渐移向较深的海区。成虾一般分布于水深60米以上的水域，以水深20~40米的海区较多。栖息底质为沙泥或泥质。斑节对虾食性较广，生长快，养殖周期短，对蛋白质要求低，饵料蛋白质含量35%~40%即能满足其生长需求。喜食贝类、小杂鱼虾、豆饼、花生饼等。成虾一般在凌晨、晚间食欲较强，白天则多伏于池底的沙泥中，但幼虾无潜伏性，故在白天也有摄食行为。斑节对虾对盐度适应范围较广，适应范围为3~45，最适范围为10~25，但盐度突变会使对虾不适应而引起死亡。斑节对虾不耐低温，在我国北方养殖不理想。对温度较敏感，适宜范围为21~35℃，最适范围为25~30℃。在低温18℃以下即停止游动，温度为14℃时即进入假死状态，但在5小时内提高温度即可使其苏醒。水温降至12℃时即冻死。如长期生活在高盐度（45以上）或低盐度（3以下）的环境中饲育即表现为行动缓慢、食欲减退、生长较慢、不易脱壳、甲壳上容易着生各种附着生物、体色变暗褐色而死亡。斑节对虾分布广泛，在印度洋、西太平洋、澳大利亚和日本沿海都有其踪迹。我国广东、广西和福建等南部沿海地区均有分布，以海南资源最多。

9. 日本对虾的生态习性及水域分布如何？

日本对虾，在浙江俗称为竹节虾、在福建称斑节虾、在日本称车虾。该虾肉质鲜美，个体大，仅次于斑节对虾，是上等佳肴，外贸出口价格昂贵，国内外市场畅销，具有广阔的养殖发展前景。

日本对虾甲壳光滑，体色棕黄，虾体有棕色和蓝色相间的横纹，色彩艳丽，附肢黄色，尾肢后缘呈鲜蓝色和黄色，边缘为红色。步足具有细密蓝点。日本对虾与其他对虾相比较，其主要特征是：头胸甲背面有3条明显的纵沟，1条中央沟、2条额角侧沟，它们均伸至头胸甲后缘，额角侧沟略狭于额角后脊，额角稍向下倾，末端尖细微向上弯，与第1触角柄末端相齐或稍短；额角上缘基部4/5处具8~10齿，在末端尖细部分无齿，在下缘有1~2齿。日本对虾喜栖息于沙质海底，具有潜沙习性。当虾体长到1.5厘米左右时，逐步从浮游生活转向底栖生活；随着个体长大，白天潜伏沙中，只露出额角和两眼，夜间出游觅食。食物以动物饵料为主，喜食双壳类等鲜活饵料。日本对虾为广温性虾类。其生存温度范围为5~33℃，最适温度为20~30℃，当水温降到10℃时，一般停止摄食。低于5℃以下出现死亡。日本对虾耐高盐而不耐低盐，生长的适盐范围为15~30，最适盐度为28左右，盐度低于7会出现死亡。若盐度突变往往会引起大批死亡。日本对虾的优点是，耐干露和耐低氧能力强。离水后长时间不死，适于活虾销售，市场价格较高。生长速度较慢，对蛋白质要求高，有潜沙习性，收捕比较困难。日本对虾分布于非洲东岸到太平洋中部的广阔海域，在日本数量较多；在我国主要分布于长江口以南海区。在自然海区栖息水深为10~30米。日本对虾是我国南方沿海重要的养殖品种。

10. 长毛对虾的生态习性及水域分布如何？

长毛对虾，在浙江、福建和台湾分别俗称为玉虾、红虾和红尾虾等。该虾属热带、亚热带种，对高温的适应性强。长毛对虾具有体大、壳薄、肉质多和生长快等优点。缺点是耐干能力差，繁殖时间比中国对虾迟。长毛对虾是池塘两茬养殖和低坝高网养殖的优良品种。在各种养殖虾类中，长毛对虾与中国对虾、墨吉对虾的形态相似，体色均一。其主要区别在于：长毛对虾的额角比中国对虾的短而细，额角基部隆起，上缘锯齿6~8枚，下缘锯齿4~6枚。额角后脊伸至头胸甲后缘，额角略成三角形，额角后脊有1~2个小凹点。第1触角的上鞭比中国对虾明显短，其长度约等于头胸甲的长度。体色黄白略呈红色，头部前端多蓝点，躯体布满棕色小点。每对游泳足上缘腹甲有一列明显的红色圆斑，尾扇末端有一条红色横纹。

长毛对虾常栖息在水深40米的浅水区，喜沙或泥沙底质，也有生活在沿海和咸淡水内湾、河口等地。一般不作长距离洄游。该虾为广盐性种类，适盐范围为10~30，适温范围为20~33℃，水温低于13℃时停止摄食，水温在12℃以下和32℃以上时不能正常生活。温度高于40℃或低于4℃时出现死亡。长毛对虾在西太平洋和印度洋的暖水区广泛分布。在我国主要在浙江舟山群岛以南的东海及南海，其中广东、福建和台湾附近海区资源丰富。长毛对虾是我国南方重要的养殖虾类，也是捕捞对象。

11. 南美白对虾的生态习性及水域分布如何？

南美白对虾主要分布在秘鲁北部至墨西哥桑诺拉一带，以厄瓜多尔沿岸最多。我国的人工养殖始于20世纪80年代末至90年代初。南美白对虾外形酷似中国对虾，正常体色为浅灰色，甲壳薄。出肉率高，生长速度快，离水存活时间长，抗病力强，易于进行集约化养殖，是迄今世界养殖产量最高的虾类之一。

南美白对虾分为头胸甲和腹部两部分。虾体表面透明的几丁质甲壳形成外骨骼，常呈浅青色，无斑纹。与其他对虾相比，其额角不超出第1触角柄的第2节，相对较短。第1触角内外鞭等长，而且极短小。大触须为青灰色，步足呈白垩色。头胸甲短，与腹躯之比约为1:3。体长而侧扁，略呈梭形，成体最大体长可达23厘米。南美白对虾常栖息于泥质海底。白昼多匍匐爬行或潜伏在海底表层，夜间活动频繁，喜静怕惊。自然情况下幼体随海流浮游，仔虾常聚于河口附近，长至幼虾之后逐渐移栖至近岸浅水区。体长为8~9厘米以后便移向72米深海水域中。对盐度适应范围较广（0.5~40.0），既能在海水中生长，也能在淡水中生活，但必须在海水中繁殖。其适宜水温为18~35℃，15℃以下停止生长。南美白对虾的食性较杂，对饵料蛋白质要求较低（特别在生长后期），含蛋白质为35%左右的饵料已能满足其生长需求。目前该虾在淡水池塘中养殖已获成功，每亩池塘产量可达150千克。在20℃以上的气温持续时间超过200天的地区，每年可养殖两茬，为海虾淡养增添了一个新的优良品种。目前我国北方和南方都有一定规模的养殖，但因其属于高温种，在我国南方养殖较适应。

12. 刀额新对虾的生态习性及水域分布如何？

刀额新对虾，俗称泥虾、沙虾、蚕虾，也称为"基围虾"。其肉质鲜美，营养丰富，经济价值高，是酒宴的上等佳肴。刀额新对虾隶属于节肢动物门，甲壳纲，十足目，游泳亚目，对虾科，对虾亚科，新对虾属。刀额新对虾分布广，适应性强，食性杂，生长快，产品价值高，适宜海水、咸淡水养殖，经驯化后也可以在淡水中养殖。在环境条件好、饵料丰富的情况下，养殖100天左右，便可长成10厘米左右的商品虾。因此，刀额新对虾作为一个新兴的养殖品种，在我国南部沿海和内陆山区得到较快发展。

刀额新对虾的个体比对虾要小一些（体长为8~10厘米），体表有许多凹陷，甲壳粗糙，被细毛，额角近于平直如刀状，故而得名。额角上缘锯齿7~9枚，下缘无齿，这是刀额新对虾属与其他对虾的主要区别。额角后脊较低，伸到头胸甲后缘附近。体色土黄至淡黄褐色，略带粉红色，并布满灰绿色或深红褐色的斑点，附肢红色，尾节上没有大的刺。对低盐、高水温和低氧有较强的忍耐力，离水后较长时间不死，适于活虾上市。虾农称之为"三夜活"。

刀额新对虾的雌虾大于雄虾，体长10厘米左右，大的可长到14~18厘米，为两年生虾类。主要栖息于沙质、泥质和泥沙质底海区，是一种广温、广盐性虾类。幼虾生活在低盐的河口、内湾，随着个体长大逐渐向15~50米水深的高盐区水域移动。对底质适应性较强，对沙质、沙泥质、泥质底均能适应。一般不潜沙，白昼潜伏于池底很少运动，黄昏开始捕食及运动。对水温适应范围很广，适宜水温为22~33℃，要求养殖水温在18℃以上，水温偏低影响生长。盐度适应范围为0~34。此外，还耐低氧、耐干露，溶解氧窒息点在0.6毫克/升以下。干露时间因气温及温度高低而不同，气温为25℃，湿度为80%~90%时，干露时间可在10小时左右。该虾为杂食偏动物性，而且随着不同的发育阶段而有所变化。在幼虾阶段主要捕食海洋底栖生物，随着个体增长，便能觅食底栖贝类（黄蚬、螺蛳、福寿螺等）、小杂鱼虾等动物性饵料，也可适当搭配颗粒饲料。摄食强度有明显的年日变化。一年中春季食量少，夏季食量多；昼夜摄食强度的变化为白天低、黄昏时增加，夜间继续增食，早晨达到高峰。在低温或水质澄清时有钻底现象。

13.南美白对虾在淡水中能养殖吗？

南美白对虾适盐范围较广，能从海水中转移到淡水中养殖，但必须在海水中繁殖。适宜水温为18~35℃，在15℃以下停止生长。由于南美白对虾是在盐度在23.5~28.8之间的海水中孵化，因此直接把卵化后的苗种移入淡水中养殖是不会成功的。必须先对苗种进行淡化处理。苗种淡化须循序进行，不能急于求成，否则淡化会遭到失败。在淡化过程中每天逐渐降低盐度，直至盐度降到2~3才可移入淡水中养殖。虾苗放养前必须试水，提前2~3天，从苗场拿回淡化好的虾苗后，用40目网箱装好放到池塘中观察，经过2天的试水，如果成活率在90%以上，表明池水适合；如果死亡率较高，则应推迟放苗，将池水调整好后再放苗。放苗应在晴天的上午或傍晚进行，切忌在中午太阳曝晒时放苗或雨天放苗。

目前我国淡水养殖南美白对虾已获得成功，经济效益明显，为海虾淡养开辟了一条新的途径，也为我国水产养殖增添了一个前景美好的新品种。

14. 如何选购斑节对虾的虾苗？

选购斑节对虾的虾苗须掌握以下原则：选购高健康虾苗（HHSS）及经对虾病害测定中心检测为不带病毒的虾苗；不用高温苗及滥用过抗生素育的苗；虾苗个体要均匀。同一批培育的虾苗，体长在1.0~1.2厘米、体表干净、活力强、腹节细长者为好苗，若似甘蔗头，呈短节，而且表面粗糙的是较差的虾苗；黑壳虾苗每一触角前端分叉呈"V"字形，健康的虾苗其两条小触须是并拢的，偶尔分开一下，但能立即合拢，无法合拢者为较差的虾苗。健康虾苗的尾扇是张开的；黑壳健康的虾苗有"黏壁行为"。若用水瓢舀起虾苗，强壮的虾苗会很快向瓢边游去，紧靠瓢壁不动；若在水中乱游动，则是未成熟不健康的虾苗；从育苗池中取出若干尾体长为1厘米左右的虾苗，把它包在湿毛巾中5分钟，取出后放回原水中，对它的存活率无影响便为优质虾苗。

15. 南美白对虾与南美蓝对虾有何区别？

南美蓝对虾和南美白对虾都是近年来我国从美洲引进的暖水性

对虾，已成为我国南方大面积养殖的优良品种之一。什么叫做南美蓝对虾呢？

南美蓝对虾的生物学名是细角滨对虾 （*Litopenaeus seyliostris Stimpson*，1874）。该虾分布在东太平洋墨西哥至秘鲁一带，与南美白对虾好像一对堂兄弟。南美蓝对虾在墨西哥是仅次于南美白对虾位居第二的重要经济种类。该种是西半球第二大养殖种类，其养殖产量居全球第七位，而南美白对虾居全球第二位。南美蓝对虾与南美白对虾在形态上极为相似，必须仔细观察才能清楚地区分它们。现把两种对虾的主要区别描述如下：①南美蓝对虾额角背齿7~8个、腹齿3~6个、额角形态细长，向上弯曲明显，幼虾额角超过第二触角端片；②南美白对虾额角背齿8~9个腹齿，额角形态较短直，稍向下弯，幼虾额角不超过第二触角端片。南美蓝对虾触角外鞭较长，蓝色素体较多，虾呈蓝色。南美白对虾外鞭较短，蓝色素体较少，虾呈青灰色。

16.南美蓝对虾与南美白对虾在养殖上有何区别？

这两种虾都是耐高温的广盐性种类，最适温度在23~30℃，最佳pH值为8.0~8.5，最佳盐度为15~25。它们的生长速度也是养殖虾中最快的。在适宜的养殖环境条件下，2克/尾的幼虾只需养80~90天，即平均3个月就可达25克/尾。虽然在养殖保护及养殖、繁殖技术方面两种虾基本相同，但仍有一定差别。这些差别主要表现在以下两个方面。

（1）对水温的适应性 如果水温超过30℃南美蓝对虾死亡率较高，而且生长慢；南美白对虾在水温30~32℃时生长要比南美蓝对虾快。但在低水温期（20℃左右）较长的我国南方，在冬季南美蓝对虾的生长速度要比南美白对虾快30%左右。在冬季相同的放苗密度和规格情况下，中国科学研究院南海海洋研究所研究员、博士生导师胡超群在海南省和广东省进行的两种对虾混养试验表明，在低温情况下南美蓝对虾生长速度明显要比南美白对虾快得多，而且在水温低至18~20℃时，南美白对虾摄食量大减，而南美蓝对虾摄食正常，这说明南美蓝对虾比南美白对虾更能耐低温，所以南美蓝对虾是我国南方地区适合养殖的优良品种。

(2) 能在低盐下生活 我国利用南美白对虾能够耐热、耐低盐的特点，采用海水加淡水，或者淡水加海水的方法进行养殖，在盐度低至0~22的低盐水或淡水中养殖取得成功；美籍华人学者黄汉津博士发现在盐度为5时，南美蓝对虾成活率较低，这说明南美白对虾比南美蓝对虾更能耐低盐。在传统的淡水池塘加上盐场卤水或海水晶养殖南美白对虾，技术上虽然没有问题，但大规模发展将严重破坏淡水生态环境，必须引起高度重视。台湾学者廖一久博士也再三指出，南美白对虾几乎能生存在淡水之中，但是底泥中必须含有少许的盐分。他建议，南美白对虾生长最适盐度一般应控制在26左右，它们与淡水的罗氏沼虾有根本的不同。

17. 何谓SPF南美白对虾?

SPF（specific pathogen free）南美白对虾即指"不带特定病原"的南美白对虾。SPF为"不带特定病原"的英文缩写，常见于生物学研究领域，例如SPF种猪、SPF种鸡等。既然是针对特定疾病，就表示不排除其他未经检验证实之疾病存在的可能性。因此，SPF生物是一种笼统的称谓。准确的说法是应该指明哪些疾病项目，经科学方法检测，确定不带其病原。例如无白斑病毒（WSSV）及桃拉病毒（TSV）的SPF白虾种苗，表示此种虾只能确定为不带WSSV及TSV两种病毒，但对其他病毒如IHHNV、MBV或BP等则未经检验，所以无法确定是否带病原。因此，SPF南美白对虾绝非是高度健康的南美白对虾的代名词，而仅仅表示在某种程度上具有安全保障而已。

18. 对虾正常生长的指标是什么？如何测量对虾的体长？

对虾的生长与放养密度、水质环境、饵料质量和投饵量等密切相关。养殖对虾的正常生长指标有如下几个：前期（体长8厘米以内）每10天可增长1.0~1.5厘米；中期每10天增长0.8~1.0厘米；后期每10天增长0.5~0.8厘米。一般每10天测量1次体长，应在塘内多点采样，每次随机取样20尾，算出其平均体长。

目前测量对虾体长的方法有全长测量、生物学体长测量和商品体长测量等几种。全长测量是指测量自对虾的额角尖端至对虾尾扇末端的长度。生物学体长测量是指自对虾眼柄基部起至对虾

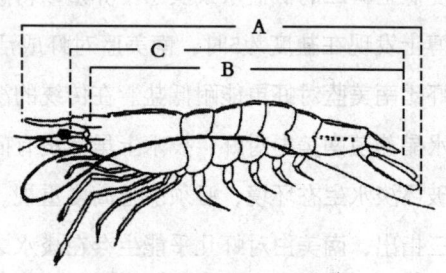

图1-1 对虾体长测量标准
A.全长；B.生物学体长；C.商品体长

尾节末端的长度。商品体长测量是指从对虾眼球后缘至尾节末端的长度（图1-1）。

19. 南美白对虾在不同生长阶段对蛋白质有何要求？

南美白对虾在不同生长阶段它们对食物蛋白质的要求不同。在幼虾期（体长5厘米以内）对虾对蛋白质和不饱和脂肪酸要求较高，它们应达到35%；在中虾期（体长5~12厘米）可相应减少蛋白质和不饱和脂肪酸，蛋白质含量达到20%；在成虾期（体长12~23厘米），对饵料中的蛋白质和不饱和脂肪酸要求高，蛋白质含量应提高到25%，尤其在性腺发育期要确保一定的蛋白质含量。总的来说，南美白对虾与斑节对虾或中国对虾相比，其对饵料蛋白质的含量要求较低，一般在20%~25%都能正常生长，现在市场上已经有南美白对虾专用饵料，可根据需要采购使用。

20.对南美白对虾养殖池及其配套建筑设计有什么要求?

(1) 池塘 养殖池塘的适宜面积为5~7亩,为圆形或方形切角。如果为长方形,长宽比不应大于3:2,池深为2.5~3.0米,养殖期可保持水深为2米以上。池底平整,向排水口略倾斜,比降为0.2%,做到池底积水可自流排干,以利晒池和清洁处理池底。养殖池底及池壁不渗漏水,可用塑胶膜铺设池底和池壁。为防止池坝坍塌,土质含砂量较多时应护坡。排水设施可用排水闸或使用管道。排水闸闸底高程要低于池内最低处20厘米以上,以利于排水。排水闸上部设活动闸板,以备暴雨时排出表层淡水。对于圆形虾池也可在池中心建排水设施。养殖池进水通常采用管道或渠从池坝上进水,紧贴池壁修导流槽,以免冲刷堤坝。在养殖池进水口处设两道闸槽,一道用以设滤水网,另一道用以设挡水板。

(2) 蓄水池 建蓄水池的目的是为了存储养殖用水,养殖用水经沉淀、净化、降低水中的病原微生物及病原体数量,改善水质的物理、化学、生物因子参数,使其达到对虾需要的养殖池用水标准。蓄水池水容量通常为总养殖水体的1/3。为处理用水方便,3~5个养殖池可配备一个蓄水池。蓄水池内可放养少量滤食贝类、鱼类,适当繁殖水草、挺水植物等。在疾病流行期,蓄水池进水后应先用消毒剂处理。蓄水池必须有排水闸,保证能完全排干蓄水池的水,以利于每年清污消毒。蓄水池应设渠道或管道与养殖池相通,用水泵向养殖池供水,水泵的功率应与渠道或管道配套。

(3) 废水处理池 养殖废水处理池采用循环用水方式,养殖池的水排出后,应先进入处理池,经过净化处理后再进入蓄水池。采用有限水交换系统,养殖后的废水应经处理池净化处理后排入排水沟。

(4) 进、排水渠道 为保护水源,保证养殖用水质量,预防病原传播,在集中的对虾养殖区需要建设进、排水渠道,协调各养殖场、养殖池的进、排水。进水口与排水口应尽量远离。新建虾场的排水口不得设在已建虾场的进水口或扬水站附近。根据水力学原理设计进、排水渠道的断面，避免因流速过大冲坏渠道，或因水量过大溢出渠外。除考虑排水渠正常换水量外，还应考虑暴雨排洪及收虾时急速排水的需要，所以排水渠的宽度应大于进水渠，渠底一定要低于各相应虾池排水闸闸底30厘米以上。

（5）**提水设备及扬水站**　养虾场必需设置提水设备。必要时可建大型扬水站，统一提水，供各养殖场使用。通常使用轴流泵提水。该类型水泵扬程低，抽水量大，节省电能。水泵日提水量应达到养殖池总蓄水量的10%~20%。

（6）**增氧设备及必备的分析仪器**　可选用水车式增氧机或叶轮式增氧机。通常按每千瓦负荷1~2亩养殖池配置，对于高密度精养，按每千瓦负荷500千克对虾设置。增氧机应正确安装使用，注意用电安全。进行工厂化超精养养殖，水体内对虾密度较高，为预防增氧机械伤虾，宜采用充气方式充氧。在无电源地区可选用柴油机带动的增氧设备。每个养殖场必须设置备用发电机，保证全天候不断电。应备有环境因子检测分析室，必须配置的仪器及设备有生物显微镜、盐度计（或比重计）、水温计、溶解氧测定仪器、酸度计、透明度盘，有条件的养殖场还可设置氨氮、总碱度、生化耗氧量等检测仪器、微生物培养设备、病原检测的染色液、试剂盒等。

（7）**设置防蟹屏障**　在滩涂蟹类比较多的地区，为防止携带白斑综合征病毒的蟹类进入养殖池，传染病毒，可在每个养殖池堤上围置高30~40厘米的光滑塑料膜或薄板，作为防蟹隔离墙。

21.南美白对虾养殖水系统及养殖程序如何？

（1）**应用有限水交换养殖水系统**　有限水交换方式实际上是一种半封闭式的用水系统。其特点是放苗前向养殖池注满清洁的、基本上没有病原的养殖用水后，或者养殖池经消毒清野处理注满水以后，在放苗的养殖过程中不再进行大水量交换。养殖用水流程为水源→蓄水池→过滤或杀灭敌害生物→养殖池→废水处理池→海域。养殖前期、中期不换水，为保持水位，只添加水，不排水。使用水质调控技术，养殖排换水和处理池、蓄水池相配合。养殖用水经过蓄水池沉淀、净化处理循环使用。一种经济、简单、循环用水模式的流程为水源→蓄水池→过滤、消毒→养殖池→沉淀池→生物净化→消毒→过滤→养殖池。南美白对虾养成期使用低盐度水有利于预防对虾白斑综合征。

(2) 对虾养殖的主要工艺程序　南美白对虾养殖周期一般需要3~4个月。就我国养虾地区来说，南北方气候有很大差别，南方的广东、广西、海南等省沿海由于全年气候温和，对虾养殖通常可以有两个生产周期，而北方地区则只能养殖一个生产周期。基本的养殖过程为水源进入蓄水池经沉淀、消毒、过滤后再进入已消毒的养殖池，首先肥水繁殖基础饵料，然后放苗，经过80~120天的养殖即可收获。收获时排出的养殖废水经沉淀净化处理达到排放的水质标准后排入海区。进入下一个养殖周期的准备：首先将收虾后的养殖池内积水排干，然后封闸，清除养殖场、虾池中的污物及杂物，翻耕曝晒虾池底泥，维修堤坝、渠道、闸门等，清洗虾池底表泥沙并翻晒池底，对养虾池消毒后才开始养殖。

22. 如何组织对南美白对虾养殖场址的选择和养殖池的改造?

对拟选场址应先进行地质地貌、水文、气象、淡水资源、生物相、生物资源等综合调查，同时对建场后生态环境影响及对其他产业发展的影响进行评估。提出设计方案，经过可行性论证，报有关部门批准后实施。可以对原有的粗养、半精养虾池，按照小面积精养池的要求进行改造。

(1) 地质地貌条件　需考虑安全因素、投资能力，选择在高潮线最高水位1米以上的地区。蓄水池可建在低一些的地方，便于利用潮差纳水，但也应便于排水。对对虾养殖池应考虑：①虾池建成后，易自动排干池水，方便收获和处理池底；②地势太高，增加提水成本；③养殖池应接近取水点；④应避开林地、红树林及耕地；⑤选择地势平坦、交通方便的地区；⑥必须对地质作详细勘察，对土壤、底质进行化学分析，特别在沙质地区，酸性土壤或潜在酸性土壤的地方建池，需建预防养殖池水漏渗、酸化的工程设施。

（2）水文与水质调查 调查该区的潮汐状况、历年最高水位、海区淤积、冲刷情况、海水周年的盐度及水质变化。选择潮流通畅、海水盐度一般不高于35，最低不低于1的海区，但以半咸水海区最适合养虾。酸碱度应在7.8~8.6。水源应选在避开工农业生产排污区，主要水质指标应不超过对虾养殖要求的安全浓度及《无公害食品 海水养殖用水水质》（NY5052—2001）标准的规定。在建造南美对虾精养池的地区，最好有可用于养殖使用的地表淡水资源，如河流、水库等，方便调节养殖池盐度。

（3）气象条件调查 了解当地气温、水温周年变化、年降雨量、最大日降雨量、雨量季节分布、经过养殖场区的积雨面积。尽量选择在雨量适中、每日的日照时数较多的地区建池。

（4）生物资源调查 调查建场附近的生物资源状况、敌害生物、病原宿主生物的种类、数量、繁殖期等。

（5）社会条件调查 建场主要的社会条件包括：①具有全天候的道路及通信工具，以便于运输生产资料及产品，保障与外界的联系方便；②有充足的电力供应，养虾场还应有备用的发电机组；③劳力资源丰富；④社会治安良好；⑤饲料来源充足；⑥生活用水方便等生活条件。

（6）旧养殖池的改造 应根据小面积池塘精养的要求，可逐步对原有不适于南美白对虾精养的养殖池进行改造，要求达到如下标准：①养殖池的单池面积为3~5亩；②池深应达2.5~3.0米；③池塘保水性能好，排水可彻底自流排干；④建蓄水池；⑤进、排水渠道分开；⑥按健康养殖管理要求配置设备或设施。

23.池塘养殖南美白对虾有何优点？

南美白对虾是目前世界上养殖对虾的三个主要品种之一。它具有适应性广、抗逆性能强、生长迅速、对饲料蛋白质含量要求低、出肉率高、离水存活时间长等优点，是集约化养殖的优良品种之一。其优点是：①繁殖期长，全年皆可人工育苗生产；②环境因子变化的抗逆能力较强，在氨氮不超过0.2毫克/升、溶解氧不低于0.3毫克/升、池底硫化氢浓度不超过0.2毫克/升、有机质含量不大于5毫克的环境中均可正常生长，相对来说比较容易管理；③离水存活时间长，控温充氧干运时间达48小时，可长距离运输，便于活虾销售；④抗病能力强，对白斑病的致病杆状病毒有较强的抵抗力，潮差式养殖成活率不低于50%，半精养一般可在80%左右；⑤经过驯化后的虾苗适宜在淡水中养殖；⑥体大壳薄、额短，肉质鲜美，出肉率较高；⑦生长快，养殖周期短，潮差式养殖仅需100~110天，半精养需90~100天，可达到商品规格12厘米以上；⑧对饵料食物要求较低，饵料中只要含有25%~30%的蛋白质即可正常生长，从中虾期到成虾期对不饱和脂肪酸要求也不高。

24.当前要提高南美白对虾的产品质量存在的主要问题是什么？

（1）**产品质量、安全问题突出**　这已成为扩大出口的重要障碍。质量问题主要是养殖个体偏小，养殖水体盐度太低影响肉质和出口；食品安全问题主要是药物等有害物残留超标问题比较严重。

（2）**优良苗种覆盖率偏低，亲体依赖进口问题较为突出**　良种的选育工作未突破，缺乏健康虾苗，苗种质量难以保证，导致成活率低。

（3）**多数养殖生产基础条件较差**　养殖池塘较大，水深较浅，技术配套程度不高，虾池年久失修，进、排水系统设置不合理，增氧机等必要的生产设备配套不足等。

(4) 病害风险仍然存在　南美白对虾虽然抗逆性较强，但是对虾病毒性疾病例如WSSV、TSV病害仍然严重。目前由于病害风险，生产者普遍提早收获，造成产品规格偏小，影响出口率，出口价格也偏低。

(5) 养殖废水可能过多　局部地区放养池密度过大，排出的养虾废水超过了海区的自净能力。

25. 要解决当前养虾存在的问题，必须强化哪些关键技术措施？

(1) 加快良种培育开发　建立高健康遗传改良体系；逐步形成南美白对虾养殖良种培育中心和较现代化的良种实验基地，加快对虾良种选育基地建设，保证南美白对虾养殖产业的可持续发展。

(2) 强化苗种检疫制度　加强苗种管理和质量监督，促进苗种生产管理的标准化、规范化和法制化，对育苗生产和经营等单位实行生产许可证制度，指导企业按标准组织生产，防止病害带入和传播。

(3) 加强养虾业的宏观调控　把养虾面积控制在一个适宜的范围内，提倡责任养殖观念，努力把养虾业对生态环境的影响降到最低程度。养殖方式应该以集约化为主。调整优化养殖结构和水生生物自净、理化处理等综合技术，加强对养殖自身污染的防治研究。

26. 对虾养殖包括哪些生产流程？要着重抓好哪些重要环节？

对虾养殖的整个生产程序如下：排除池内积水→封闭晒塘→清淤、整池、修堤→浸洗虾池→安装闸网→消毒（清池除害）→进水→肥水（培养饵料生物）→选购虾苗→中间培育→放苗→养成管理→收成出池。

在整个养殖过程中应注意什么问题？对虾养殖具有技术性强，

各个生产环节紧密相接的特点，因此任何一个生产环节只要疏忽大意、马马虎虎，就会贻误全局。有鉴于此，整个养殖过程务必抓好每一个生产细节，尤其是关键的技术措施。必须抓好以下几个重要环节：①彻底整治虾塘，重点抓好堤坝修理、堵塞漏洞和挖深虾塘。清淤必须彻底。干塘时间不得少于1个月。每亩要用生石灰100千克清塘消毒；②选好虾苗及抓好保苗关。要严格选购不带病毒的健康虾苗，算好放养密度。在早期应适量投喂高效优质饵料，注意保苗的成活率；③抓好水、饵关。水质管理和饵料投喂是整个养成过程的重要环节，要坚持"少吃多餐"，勤观察，勤投喂；④抓好病害防治。要以防为主，采取药物与生物相结合的预防措施。加强营养，提高对虾免疫力及抗病力。

27.什么叫做过滤海水养殖模式？其特点是什么？

随着科学技术的不断进步和发展，我国的对虾防病养殖模式取得较大进展，有淡化防病模式、全封闭防病模式、深水防病模式、砂质底防病模式、地膜防病模式、循环水生态防病模式以及过滤海水防病养虾系统模式等。中国科学院南海海洋研究所著名的水产病害防治专家和养殖专家胡超群研究员开发的"过滤海水防病养虾系统模式"（简称"过滤海水养殖模式"）适合南美白对虾、南美蓝对虾和斑节对虾的集约化养殖。该系统在工程设计和建造方面以及在养殖技术和管理方面都与传统的养虾模式有显著不同，打破了传统的养虾理论和技术模式。应用该模式在广东、海南养殖南美白对虾和斑节对虾均获得成功，该成果即在海南省通过鉴定的"过滤海水防病养虾系统的建立与应用"，获得中国科学院科技进步奖。该模式的特点如下。

（1）**建立水源过滤处理与贮存系统**　这是对虾防病的第一个关键。根据虾场及其海滩自然条件选址，采用井式或贮水池式过滤系统。前者是直接在海滩上建造"过滤井"，后者是把过滤水蓄存于贮水池中供养殖期间用，工程设计要保证有足够的水量供应。

（2）修建高标准膜底化池塘　作为高标准池塘设计的第二个关键是中央排污系统和管道化进排水系统的建造。池塘必须配备大量的增氧机，使虾池污物向池中央集中，通过设置在池中央的排污管道排出池外。中央排污系统的建立可以实现虾池的随时排污，保证虾池的良好水质环境。虾池设计成圆形池或方形圆角池。圆形池会浪费部分土地，方形圆角池有利于节约土地，但排污效果不及圆形池。为方便管理，高标准膜底化池塘的单池面积以3~5亩为宜。

（3）建立养殖废水无公害排放系统　主要采用理化方法，如过滤、沉淀、采用吸附技术截留虾池的废物，特别是固体废物，再用生物净化（如海藻净化、大型植物净化、微生物光合细菌净化）技术处理后排入大海，从而保护海洋环境。在整个养殖过程中必须保证用电，否则难以启动。

28. 过滤海水养殖模式是如何进行管理的？

该模式整个技术管理包括如下四个方面。

（1）虾苗管理　要选择采用健康培苗方法培育出的虾苗，同时对有关病毒的带毒状况应进行检测，以保证放养的虾苗健壮无病。在某种程度上可以说，选择提供虾苗的苗场比选择虾苗更重要，只有严格按照无病毒苗种生产技术培育出的虾苗对于养虾户才是最有保证的。

（2）饲料管理　由于采取高密度养殖，放苗量高，有的每亩放苗在10万尾以上，故要采用全人工配合饲料。本模式与普通泥沙底质池进行养虾有根本不同，因水源经过过滤净化处理，池水中无可供虾苗摄食的生物基础饵料，因此需要在放苗当天投饵。必须选择优质高效的人工配合饲料，根据对虾生长期的不同提供不同大小规格和营养成分的饲料，以满足对虾生长的需要。要严格掌握好投饵量，因投饵量的准确与否直接关系到对虾养殖的成本，如果投少了会造成对虾摄食不匀和自相残杀，投多了会造成水质恶化，所以投饵量要准确控制，这是整个养殖过程中的重要环节。

(3) 水质管理 本养殖模式与其他养殖模式相比最大的不同在于通过换水和采用微生物制剂来维持水质的稳定。维持水质的相对稳定是本技术的关键。

(4) 病害防治管理 通过过滤系统和排污系统彻底清除敌害生物，保证水源和虾苗不带病毒，通过换水和使用微生物制剂稳定水质。在整个养殖过程中，适时补足营养强化物质和免疫强化物质，保证对虾自身的防御系统发挥作用。出现病害时可采用对环境无害的中草药进行处理。

29.什么叫做循环生态精养模式？其特点及流程如何？

该模式是由广东省雷州市新科水产养殖有限公司曹耐高级工程师创造试验并推广的循环水生态养虾模式，该模式以投放有益细菌来取代药物防治病害，在养殖的整个过程中绝对禁用药物。在细菌池池底设有细菌繁殖槽，依据对虾的数量、生长情况、规格、水质、天气、pH值、透明度、水温、密度等综合考虑有益细菌的投放量和投放次数。过滤池滤出的清水因压力差流入细菌池。细菌槽里繁殖的细菌可控制有害细菌及病毒的发作，同时还可利用虾的排泄物及虾体排出的黏液进行生命代谢活动，化害为利，并产生溶解氧，其中有多种有益细菌也是幼虾的优质饵料。养殖的对虾一律用高效优质的配合饲料。用这种模式养虾不但对虾不易发病，而且生长快、体表光滑、肉质饱满、虾肉绝对不含虾药残留，是百分之百的"绿色"对虾。该模式是以种植水生生物来吸收水体中的有害成分。虾池中的水通过深水增氧机的离心作用，将残饵与排泄物集中排放到接污池，然后流入沉淀池，经一定时间的沉淀后抽入水生生物沟。虾池水中所含各类无机盐（含亚硝酸盐）被水生生物（海藻等）大量吸收，水生生物大量生长，降低了水体有害成分的浓度，保障了池虾的健康。养殖一造对虾只用一池水、整个养殖过程中池水除自然蒸发和吸底污损失一些采用井水补充外；一律不补充海水的养殖模式即称为循环生态精养对虾模式。

池水按以下流程循环：虾池→接污池→沉淀池→水生生物沟→过滤池→细菌池→虾池。所以它不但是一个节水工程、生态工程，也是一个不污染环境的环保工程，可谓实实在在的环保模式，可用于高密度养殖。

30.什么叫做对虾混养模式？都有哪些类型？其特点是什么？

对虾混养模式是指以养殖对虾为主、兼养其他生物的养殖模式。如虾鱼混养、虾蟹混养、虾贝混养和虾藻混养等。不同的混养模式各有各的特点，总体上讲都具有可提高养殖的总体效益和防止病害发生的特点。

虾鱼混养：该模式主要是利用鱼的食性。有的鱼是以虾的残饵和排泄物为食，用这种鱼与虾混养可以保持养殖池底质的清洁，减少细菌病的发作，但这种混养无法控制白斑病毒病的暴发和流行，不能消除白斑病毒病的传染源，不能控制并切断病毒病暴发的传染途径。有些鱼可以摄食活动力较弱或濒死的对虾，同时也能摄食对虾的残饵和排泄物。这一类鱼能起到改良水质、减少细菌病发生的作用，如果投放数量适当也可以同时清除因白斑病毒病而死的对虾，从而阻止了其他对虾个体对死虾的摄取，进而抑制白斑病毒病的暴发和流行。因此，在虾鱼混养模式中关键的问题是鱼的品种以及鱼的投放时间、大小和密度，要做好合理放养。

虾蟹混养：可分为以虾为主兼养蟹类和以蟹为主兼养虾类两种方式，但无论采用哪一种养殖方式它们都不能改良水质，从而不能减少细菌病的发生，而且虾和蟹类均为白斑病毒病的宿主，感染白斑病毒病后的虾或蟹会传染给另一方，造成白斑病毒病感染机会增多，容易暴发流行白斑病毒病。因此，虾蟹混养搭配鱼类混养较为合理，可起到优势互补的作用。

虾贝混养：贝类因其滤食性的特点而具有改良水质的作用，同时有些贝类也是虾的鲜活饵料，可改善虾的营养，促进对虾生长，此外贝类对白斑病毒不敏感，不会产生交叉感染问题，因而虾贝混养可减少对虾细菌病和病毒病的发生，但是贝类不能消除白斑病毒的传染源和媒介生物，也不能切断白斑病毒的传染途径，因此，虾贝混养不能预防和控制白斑病毒病的暴发和流行。

虾和江蓠混养：江蓠属藻类，白天释放氧气到水体中，可增加水体中的溶解氧，同时调节水体其他理化因子，有利于改良养殖水体，减少对虾细菌病的发生。同样，江蓠也不能消除白斑病毒病的传染源，无法切断白斑病毒病的传染途径，因此，不能预防和控制白斑病毒病的暴发和流行。

混养模式一般大多用于面积较大的粗放养殖。由于混养模式并不是无病害健康养殖模式，因此对于大面积的河口低盐池塘而言，如果采取该模式生产，必须管理得当，否则很难取得好效益。

31. 铺防渗地膜的养殖模式有何特点？为什么说是目前对虾健康养殖较理想的选择？采用该模式养殖对虾时须注意哪些问题？

近年来在广东、海南和广西沿海已开始采用铺防渗地膜的养殖模式。该模式是一种集约化的养殖方式，投资大、产量高、病害少、养成率高。目前铺地膜的材料主要采用广东省佛山市佛山塑料集团股份有限公司经纬分公司研制生产的防渗膜。该产品主要性能指标均达到国内领先水平、国际先进水平，而且在质量和价格方面都优于台湾省的同类产品，是当前水产养殖最理想的选择。铺防渗地膜的养殖模式具有以下几个特点：①可以有效控制对虾主要病害白斑综合征的暴发流行。地膜可以完全隔绝虾池与周围环境，切断病源，使对虾不易发生细菌病；②可以进行高密度养殖。若虾池水深达到2.5米以上，应备有池底增氧用直流式增氧机，配合中间处理水排污，并适当换水，效果会更为理想。以每亩放养8万~10万尾虾苗计，养殖周期为100天，亩产为1 000~1 500千克，因而效益较高；③清塘除害易，还可节省许多不必要的开支，包括药物开支；④可以养成健康的商品虾，即不用抗菌素的产品。该模式对养殖技术提出了较高要求，其中最好是有机肥与无机肥相结合。由于养殖密度高，对池中NH_3-N、H_2S等有害物质的控制及池中悬浮物的处理，最好采用有益的微生物制剂，保持养殖池的生态平衡。

32.什么叫做分段养殖？有什么好处？

为避免放养密度过高，在养殖中、后期因残饵、排泄物以及败坏的藻类等有机物的堆积而造成水质恶化或池底老化，可以将养殖期分成二段或三段，采用分段养殖的方法进行养殖。对这样的养殖方式虾农习惯称之为分级养殖。分级养殖有二级或三级之分。以二级为例，先把体长为1.0~1.2厘米的黑壳虾苗放入虾苗池，放苗密度为30~60尾/米²，保持较佳水质和增氧效果，培养1个月后放进二级虾池，用高效、优质饲料养殖2个月后即可上市。

分段养殖模式有很多好处：①可以充分利用池塘空间，打时间差。例如，在养殖池晒塘期间，虾苗池即可先行蓄养虾苗，以便养殖池晒塘消毒后立即放养。又如在收获后期，其他池可进行清塘、晒塘，充分利用池塘空间进行养殖；②池塘小，便于清塘、肥水及捕获作业，而且病害少，易管理；③每一个养殖阶段养殖时间相对较短，可避免池底老化。

将斑节对虾苗移至养成池的方法很多。若是两池相连，可先降低虾苗池水位，然后将两池间水门打开，让养成池中的水慢慢流入虾苗池，利用斑节对虾逆游的习性，让其自行游入养成池，亦可利用虾苗在黄昏时沿岸游行的特性，在水门处设"V"字形定置网，引导虾苗自行游入养成池。

33. 什么叫高位池养殖？其特点是什么？

高位池养殖是以提水方式进行的养殖，由于虾池的造价较高，因此是一项高投入、高产出的养殖模式。其特点主要在于对养殖用水可进行初步消毒和过滤，这是切断部分病原体水平传播的有效措施。一般以5~10亩为好，配备增氧机，能大幅度地提高养殖密度，再配以高效、优质的饲料，高密度对虾养殖成功的可能性将大大提高。控制水质是该模式的技术核心和成功养殖的关键。高位池的养殖技术要求比较高，所以人们称高位池养殖是一项高投入、高产出的养殖模式。

34. 对虾健康养殖对于虾塘建塘地点要满足哪些条件？在进、排水系统设计上有哪些要求？

选择虾塘应根据对虾的生活习性和要求，因地制宜，合理布局。在中潮区、沙泥底质、地形相对稳定、风浪小、高潮线最高水位1米以上的地区。可在潮间带高潮线区或高潮线以上区建池，也可选择地势平坦、滩面开阔、潮流畅通的内湾及河口沿岸。重点选择潮差大，海水清澈，生物饵料丰富，进、排水条件理想，周围无工农业污染且有淡水水源、电源供应与交通方便的地方。还必须从投资、安全可靠、管理方便、虾塘形状、大小和深度，建闸、筑堤的方式，进、排水系统以及排洪、抗浪等一系列设施和虾场今后的发展等方面去进行整体考虑和规划。

一个独立的虾塘应具有独立的进、排水系统，进、排水大坝（主坝）的两端距离不宜太近，以免新旧海水混杂。进、排系统示意如下：自然海水→进水大闸→进水渠道（主沟）→虾塘进水闸→虾塘→虾塘排水闸→排水渠道（排水沟）→自然海区。合理的地形结构，适当的虾池水深，相应的提水设备，完善的进、排水系统和充足的淡水水源是获得高产的基本条件。

35.利用养殖池塘对虾苗生态标粗有什么优点？

实践证明，利用养殖池塘进行生态标粗虾苗有如下优点。

（1）饵料生物丰富，虾苗生长快速 一般从育苗场选购长0.5~0.8厘米的虾苗放养到经消毒处理后培育好水色的池塘，每亩放养密度不超过20万尾，在池塘生态条件下，投喂轮虫、丰年虫等动物性饵料为虾苗提供了较丰富的多样化前期营养，从而加快了虾的生长。将体长1.5~2.5厘米的标粗虾虾苗养殖到每公斤60尾上市规格，采用传统养殖模式需100天左右，而采用池塘标粗的虾苗养殖只需70~80天，效果十分显著。

（2）减少病害发生，降低养殖风险 对池塘内的虾苗进行生态标粗是采用强化消毒水处理养殖，大大减少了虾苗携带病源到养成池塘，池塘经严格消毒处理，同时在虾苗标粗过程中已经淘汰了那些感染传染性皮下组织坏死病毒（IHHN）的虾苗（畸形虾），大大提高了成活率。

（3）缩短养殖周期，经济效益显著 池塘生态标粗比工厂化育苗优越，经池塘生态标粗的虾苗具有放养密度合理、虾苗活动空间大、水质清爽、有机污染少，氨氮、亚硝酸浓度低的特点，标粗的虾苗在自然生态环境中生长规格整齐、体质健壮、抗病力强，放养到养殖虾塘虾苗适应环境快、生长快，虾苗由0.8~1.2厘米长到2.0~2.5厘米可节省十多天时间，缩短了养殖周期。也就是说，池塘生态标粗虾苗成功的关键首先在于选择健康的优质虾苗。

36.请问基本农田能否开挖成鱼塘？

《土地管理法》第36条第3款规定："禁止占用基本农田发展林果业和挖塘养鱼。"根据这一规定，任何单位和个人都不得占用基本农田植树造林、栽种果树，也不得占用基本农田挖塘养鱼。

37. 申办无公害基地需要什么资料?

①申请人向产地所在地县级以上海洋与渔业行政主管部门提出申请，提交以下材料：（一）《无公害农产品产地认定申请书》；（二）《养殖证》或《捕捞证》复印件；（三）产地的区域范围、生产规模；（四）产地环境状况说明；（五）无公害水产品生产计划；（六）无公害水产品质量控制措施；（七）专业技术人员的资质证明；（八）保证执行无公害水产品标准和规范的声明；（九）企业工商营业执照和法人资格证书复印件；（十）要求提交的其他有关材料；（以上复印件材料须有申请人的盖章和法人签名）。

②县级以上海洋与渔业行政主管部门自受理之日起10日内，对申请材料进行初审。符合要求的，出具推荐意见，连同产地认定申请材料报地级以上市海洋与渔业行政主管部门；不符合要求的，书面通知申请人。

③地级以上市海洋与渔业行政主管部门对推荐意见和产地认定申请材料进行审查。

④符合要求的，报请省海洋与渔业行政主管部门委托报请人组织有资质的检查员参加的检查组（一般3人以上）对产地进行现场检查，并出具检查结论。不符合要求的自检查之日起15天内书面通知申请人。

⑤现场检查符合要求的，通知申请人委托具有资质的检测机构对其产地环境进行检测。

⑥检测机构应当按照标准进行检验，出具环境检测报告和环境评价报告，分送所在地地级以上市海洋与渔业行政主管部门和申请人，随同其他申报材料一并报省海洋与渔业行政主管部门。

⑦省海洋与渔业行政主管部门对所有材料进行审核，符合要求的组织专家进行评审，并作出认定终审结论。符合颁证条件的颁发《无公害水产品产地认定正书》；不符合条件的委托地级以上市海洋

与渔业行政主管部门通知申请人。

　　⑧省海洋与渔业行政主管部门在颁发《无公害水产品产地认定证书》之日起30日内，并备案。

　　⑨《无公害水产品产地认定证书》有效期为3年。有效期满前90日内要按本办法规定重新办理。

第二章 养殖水环境管理与
对虾健康养殖技术

本章通过对虾育苗、养殖过程中的大量具体实例，详细阐述了基于生态系统的健康养殖理念、技术，涉及选苗、投饵、水环境管理、日常管理等容易出问题的方方面面，深入实施生态养殖、健康养殖是对虾养殖业获得可持续发展的唯一出路。

38. 如何加强池塘养殖中的水质管理与控制技术？

　　随着养殖模式和养殖品种的不断增加或改进，"肥"、"活"、"嫩"、"爽"的水环境质量也有了新的内涵。针对我国池塘养殖中常常出现与水密切相关的一些问题，应根据周边实际环境情况，加强水源控制，切断一切污染源；加强水环境调控，走生态、无公害对虾健康养殖之路；严格遵守药物使用制度；加强饲料监管及进货渠道，选用合格达标的营养饲料；加强员工素质教育和技能培训，全面提升养殖的管理水平和实际操作技能，确保养殖成功。

　　当在养殖生产过程中发现水体中有机物过多时，一般是通过物理、化学方法将水体中大量有机物沉淀下来，然后加入氧化底改剂，或者施用EM菌、光合细菌，再植入新的藻种，加快池塘的能量流动和物质循环等生态调控技术。

39. 为确保渔业生产和人类的健康，保护水环境应采取什么措施和技术？

　　保护水环境，对于渔业生产和人类的健康，将是一项漫长、艰辛的工作。创建良好的生存环境是极其重要的，环境的保护应常抓不懈。

(1) 治理工业"三废" ①合理布局：合理布局是保护水环境、防止污染危害的一项战略性措施；②改革工艺：综合利用是治理"三废"的根本性措施；③净化处理：对于暂时还没有适当方法进行综合利用的"三废"，为了避免排放后污染环境，应采取有效的方法加以净化。可以利用臭氧技术、生物净化池（氧化塘）、应用益生菌（生物活性）的作用进行养殖用水的处理、净化。

(2) 预防药物污染 合理使用水产药物，减少药物残留。大力推广高效、低毒的水产药，限制使用毒性大、残留期长的药物；施用药物要严格按照规定控制使用范围，执行休药期，控制用量，以减少药物在水中的滞留量。

(3) 预防生活性污染 垃圾是生活中经常排放的固体废弃物，往往含有许多有用的物质，可以回收和综合利用，但垃圾中也含有各种寄生虫卵和病原微生物，因此必须经过严格的无害化处理。

40. 水环境的污染通常是指什么？

水环境污染通常是指由人类活动或自然过程导致污染物进入天然水体，使人对水的感官性状（色、嗅、味、浊）、理化性能（pH值、氧化还原电位、电导率、放射性）、化学组成（无机和有机）、生物组成（种群、数量、形态）和底质状况发生恶化，妨碍了天然水体的正常功能，造成对水生生物及人类生活、生产用水的不良影响。

41. 水产养殖用水污染源通常指什么？

向水体排放或释放污染物的发生源都称为污染源。通常可分为自然污染源和人为污染源。自然污染源是指自然环境本身对养殖水体造成的污染。其污染类型一般分为物理污染、生物性污染、病原微生物污染和化学物质污染。人为污染源是指在人为意识下引发的污染、超越自然环境本身对养殖水体造成的污染。

42.养殖水体引起污染的主要原因有哪些?

引起水体污染的原因很多,主要有以下几个方面。

(1) **工业废水的排入** 工厂排放的工业污水通常极浑浊,有臭味,并含有大量溶解和悬浮的有机质和无机质。工业污水的成分与其来源有关。例如,从制革、造纸工厂、金属和化学工厂等排出的污水。

(2) **土地排水和水土流失** 农业上大量使用化肥和农药,这些物质在农地排水时往往被大量带入河流,引起河水污染。在水土保持较差的山区,随着水土流失带走大量含有残留农药的细小土粒,它流入水体后导致污染。

(3) **生活污水** 在人口集中的城镇有大量的生活污水,这些污水通过下水道集中排入水体,引起污染。生活污水所含污染物十分复杂,其特点是含有多种多样的、大量的有机质(蛋白质、糖类、脂肪、食物及各种排泄物、纸、布、毛发等)以及各种肠胃病菌和寄生虫。

(4) **工业废渣的溶解** 工业部门将大量废渣堆集在河湖岸边,日晒雨淋,一些有害物质从废渣中溶解出来流入河湖,引起河水、湖水污染。

(5) **大气中污染物的降落** 受污染的大气中所含的污染物,由于下沉或雨水淋洗,可能降落到水体引起污染。

43.水体污染对水生生物会带来什么毒害?

(1) **直接毒害** 主要是一些重金属物质、某些有机质和农药,如氰化、硫氰化物、铜盐、铅盐、汞盐等,其次为甲酚、酚、环烷酸等,对水生生物毒害最为严重,轻者影响水生生物的生长和发育,重者致其死亡。

(2) **机械影响** 污水中夹带的悬浮物阻碍了水生植物的光合作用,浓度很大时,伤害鱼鳃,甚至使鱼死亡。悬浮物沉淀时,由于覆盖水底引起底栖生物的死亡和改组，轻者也使底栖生物量降低。若含有毒物时，则同时还能起化学的毒害作用，使鱼发生窒息，造成伤害。

（3）作用影响　气体中所含的溶解和悬浮有机物质进入水体后，在微生物作用下进行强烈的氧化过程，消耗水中的氧气。如果其中还含有氧化的无机物时，这个过程就进行得更加强烈。这时由于急剧降低水中的溶氧和放出有毒气体（H_2S、NH_3、CO_2等），会造成水生生物大量死亡。

44.新建的虾苗池使用前应如何处理？

对于新建的育苗水泥池，在使用之前一定要用淡水或海水浸泡5次以上，每次浸泡时间约1个星期，每次浸泡换水前应尽力冲刷池壁，也可用醋酸或稀盐酸冲刷池底和池壁，然后再浸泡，这样反复浸泡，使水泥池中的碱性物质析出，至pH值稳定在8.6以下时，再用清水刷洗干净，待干后在池壁四周和池底最后涂刷上水产育苗池专用的涂料，晾干待用。

45.对虾育苗场要进行哪些生物饵料培养？培养池应如何建造？

育苗场所需的鲜活生物基础饵料包括以下3种类型：①单胞藻→轮虫→丰年虫幼体；②单胞藻→丰年虫幼体；③豆浆→蛋黄→丰年虫幼体。

要培养优质的虾苗，育苗场一定要建设好生物饵料培养池，包括单胞藻类培育池、轮虫培养池、丰年虫孵化桶（池）。单胞藻的培育池是用瓷砖建造的，每池面积为2~10平方米，池深为0.8米，在池底和距池底20厘米处各设一排水孔，为防雨、保温及调节光线，饵料池应建在室内，屋顶用透光率较强的材料盖好，为防止池间相互污染，一室可分成几个单元。动植物性饵料池要分开建造，以免污染。轮虫池用玻璃钢化槽或水泥池进行控温，充气培育。扩大到生产规模时，多采用室外池塘培育。丰年虫孵化池可用水泥池或玻璃钢槽，水泥池一般为5~10立方米，锅形底，在底部及离池底10~20厘米处各设一排水孔，便于排污及收集丰年虫无节幼体。在孵化过程中应充气，用电热棒加温，并有计划地控制孵化数量和时间。藻类培育池通常有室内或室外水泥池，池子不宜过大，与轮虫池相当，一般以30~60立方米，水深1.5米左右为宜。

46.对虾人工育苗的用水应如何进行处理？

育苗对水质要求很严格，对水源一定要进行处理方可使用，其处理方法一般有以下几种。

(1) **砂滤池滤水** 砂层具有截挡及凝集作用，特别是凝集作用形成的过滤膜能阻止微生物、微细砂土及有机碎屑通过。由于被过滤下来的有机物质的分解会产生有害物质，影响幼体培育，故需经常进行反冲、洗涤砂层，保持砂层清洁。

(2) **消除水中的重金属离子** 如果育苗水源中重金属含量超过安全浓度时，应根据其含量的多少，使用3~10毫克/升的乙二胺四乙酸的钠盐（EDTA·2Na）或乙二胺四乙酸（EDTA），以螯合过量的重金属离子。

(3) **紫外线、臭氧消毒法** 育苗水可用紫外线消毒和臭氧消毒等方法，通过一定的装置，利用紫外线或臭氧进行处理，杀死水体中的有害微生物。

(4) **化学消毒法** 在育苗用水中加入120~150毫克/升含有效氯(8%~10%)的次氯酸钠溶液消毒，12小时后再加入硫代硫酸钠消除余氯，但是硫代硫酸钠会消耗水中的氧，故除氯后必须充分地向水中充气才可使用。

(5) **用滤网过滤海水** 用此法除去海水中的敌害生物，方法简便，成本低，但不能消除水中的致病细菌和纤毛虫类。在育苗前期一般用孔径80微米左右的150目筛绢滤水，而在糠虾幼体后则改用

80目筛绢过滤海水。

47.对虾健康育苗的技术路线如何？

要培育健康的优质虾苗，必须制订一套严格的、科学的培育虾苗的技术路线，其路线主要是：海水→砂滤井过滤→储水池→净化处理→沉淀→再次砂滤池过滤→育苗池→水体消毒→沉淀24小时→生物活化处理并加温→放无节幼体→24小时→溞状幼体→4天（藻类+营养免疫剂）→糠虾幼体→3天（藻类+轮虫）→仔虾（室外培养）→10~15天（鲜活的动物性活轮虫、丰年虫等）→健康优质虾苗→虾苗出售。

48.南美白对虾育苗生产中应注意哪些关键问题？

南美白对虾的人工育苗生产所需要的设备条件和对虾幼体培育的生产工艺也与对虾属的其他对虾育苗基本相同，可参照执行。

（1）**繁殖及育苗设施**　南美白对虾的亲虾培育设施、育苗设施以及育苗期的生物饵料培养设备基本上与繁育其他对虾的相同，但是需要增加亲虾交配池和蓄养池。育苗开始前，所有苗种生产设施、器具等应进行严格地消毒。使用经砂过滤和消毒的海水。

（2）**产卵、卵子消毒及孵化**　南美白对虾性腺成熟的雌虾一般在前半夜产卵、受精。怀卵量与对虾体长成正比，体长较小的对虾产卵量少。雌虾一次产卵量为10万~20万粒。亲虾在繁殖季节可多次交配产卵，卵巢成熟的间隔时间为3~5天。因此，雌虾产卵后小心将其捞出，加强护养及营养。黎明时收集受精卵，先经40目尼龙筛绢网箱（框）滤去杂物（残饵、粪便等），再用80目筛绢网箱（框）集卵，受精卵在消毒海水中冲洗（滤洗）3~4分钟。卵子经冲洗后，放入孵化池，卵子孵化使用过滤消毒海水，并加入2~10毫克/升的EDTA络合物。轻微充气，经过12~14小时即可孵出无节幼体。利用幼体趋光特性选优，将幼体移入培育池进行培育。

（3）**幼体培育**　南美白对虾幼体变态发育与中国对虾相似，经历无节幼体、溞状幼体、糠虾幼体、仔虾等幼体期培育。幼体培育适宜水温为28~30℃，盐度为28~32，pH值为7.8~8.3。溶解氧为5毫克/升以上，总氨氮为0.6毫克/升以下。各期幼体培育主要技术是保持育苗水体环境稳定，尤其要注意保持盐度、温度稳定。育苗期典型的饵料为单体角毛藻、扁藻、金藻、卤虫无节幼体、轮虫和枝角类等。饵料的选用及合理调配是保证育苗成功的关键。从溞状幼体至糠虾幼体，应使用规范的生物饵料；仔虾期以后可适量使用碎贝肉或人工配合饲料，如微颗粒饲料等。

（4）**仔虾出苗前培育及虾苗驯化**　在我国大部分地区南美白对虾养殖前期养殖池中的水温一般比育苗池中的水温低。许多养殖池盐度很低，因此需要在仔虾期对之进行低温及低盐度驯化。降低温度的驯化比较容易，只要停止加温，使水温缓慢下降到需要的温度即可。低盐度驯化，开始采取盐度每天下降3~5，每下降一个梯度，稳定1~2天后再降。当盐度降到5以下以后，改为每天盐度下降1，每下降一个梯度，稳定1~2天后再降，直至和养殖池的盐度一致。

49.选择虾苗时应注意哪些问题？

选择健康虾苗是提高对虾养殖成活率的重要环节。购苗前应对苗源进行病毒等重要病原检疫，重点检测对虾白斑综合征病毒，使用PCR检测，选择检测为阴性的虾苗。肉眼观察健康虾苗应具备如下特征：①南美白对虾虾苗体长为0.7~1.0厘米以上；②群体发育整齐，体形肥壮，身体呈半透明状态，形态完整，无断肢或肢损伤与畸形，体表光滑，外部无寄生物及附着污物；③活动强壮有力，对外界刺激反应灵敏，触动有弹跳反应，例如，不活动时，轻轻触动则有快速反应。虾苗游动活泼，游泳时身体平直；对水流刺激、逆流能力强；④腹节肌肉饱满透明，外观清亮。肝胰腺饱满，全身色素细胞成褐色、黑色星状分布。附肢色素细胞为深棕色、褐色。胃肠充满食物、肠道直。

如观察虾苗身体瘦弱、无游泳顶流能力、肝脏和消化道白浊、肠道弯曲或过粗，体色发红、白浊者均属不健康虾苗。体表有聚缩虫，可以多次观察，如果1~2天内可以蜕皮，只要其他指标符合要求，也是健康苗，但是对聚缩虫严重者应慎重。

50.虾苗计数常用几种方法？应注意什么问题？

虾苗计数可采用无水或带水称重法，也可采用干容量法计数。

（1）无水称重法 用60目筛网做一个直径为20厘米的网盘，用网盘捞取虾苗，待不滴水时称重，去掉网盘湿重，算出虾苗纯重，计量每克尾数后按质量求得总虾苗数。每次称苗不要太多，以免虾苗相互挤压伤苗。注意操作要轻快。

（2）带水称重法 先取少量虾苗，用药物天平称取净重，计数单位重量尾数（如每克尾数）；用10升塑料桶加6~7升水称重，然后用捞网捞虾苗入桶，倒入虾苗时桶应以不溢水为准，称其总重，去掉桶和水的质量，计算纯苗重。注意称量对虾苗的密度不可太大，时间不可拖得太长，预防对虾虾苗缺氧死亡。称量的虾苗量，每桶次不得超过500克。

（3）干容量法 用一个底部为筛网或具多孔的小杯，捞取一杯虾苗，计量杯内虾苗数，然后以此杯为量具，捞苗计数。

51.运输虾苗中应注意哪些问题？

运输虾苗应根据路程远近、运输时间及运输者所具备条件而定。近距离运输通常可采用帆布桶内衬尼龙袋，远距离运输使用尼龙袋充氧。在我国南方地区，运苗应避开中午高温时间。

（1）帆布桶运输 直径为80厘米的帆布桶，加水1/3，在水温20℃以下时，0.1立方米水体可装全长1厘米虾苗10万~15万尾，可经受5~8小时的运输。帆布桶内衬大塑料袋，桶内装水1/3，充氧，扎口运输，运输量可增大至40万~50万尾。

（2）尼龙袋运输 使用容量为10升的尼龙袋，装水1/3，可运输体长1厘米虾苗1万~2万尾。充入氧气，在20℃左右的气温下可经受10~15小时的运输。

52. 如何估算虾塘内对虾的数量？

测定对虾的数量是养殖管理中不可缺少的一项工作，每个养殖者对自己养殖的每口虾塘都要做到心里有数。经常测定虾塘对虾的数量，可及时发现对虾数量的变化情况以便采取必要的措施；随时掌握虾塘的对虾数量，也是经常调整投饵量的依据，是健康养殖必须进行的工作。

由于对虾的活动和分布在虾塘中受到多种因素影响而呈现出不均匀状态，所以要准确估计对虾数量是有一定困难的。有经验的虾农往往根据虾群游动或启闸纳水时引起对虾窜跳等情况，或者通过观察饲料来观察网中对虾摄食的情况，便可大体估计出虾塘中的对虾数量，但有时误差很大。

(1) 旋网法　一般在对虾体长达到5~6厘米后，养虾户可采用旋网法（抛网）来测定对虾数量。此法较简便。

首先用旋网在陆地上多次试撒，求出抛网口的平均面积；再由同一人操作，按虾塘的地形、滩面比例进行多次撒网，数清网内对虾的总数，求得每网获虾的平均数；再根据抛网口的平均面积求出每平方米的对虾数量，然后乘以虾塘总面积（平方米），再乘以经验系数K即得虾塘虾的总数量（大概数量），公式如下：

虾塘对虾总数（尾）=［每网平均虾数（尾）/网口平均面积］×虾塘面积×经验系数K。

式中经验系数K，可根据水深来确定，亦应考虑撒网后逃逸的对虾因素。1米水深其值约为1.5，2米水深约为3。

(2) 标志计数法　取一定数量对虾（50~1 000尾），剪一侧尾肢的末端作为标记，放回虾塘1~2天，然后随机捕捞取样，按下列公式计算虾塘内的对虾总数：

虾塘对虾总数（尾）=平均取样虾数×虾塘标志虾总数（尾）/平均取样中标志虾数（尾）。

53.如何提高虾苗成活率？

为了提高虾苗的成活率，必须做好以下工作：①首先要购置优质的虾苗，不要在对虾病毒病暴发区采购虾苗，选购虾苗一定要"六看"后选择健康优质虾苗；②在要放苗的虾池，一定要定向培育好虾苗所需的足够的藻类以及投放有益菌、EM菌、光合细菌等，以做好提高虾苗成活率的最基本措施；③养殖者在购虾苗前一定要进行虾苗试水；④对放苗池要调水，放苗池的盐度、PH值与选购标粗池的水质一致，以减少水质因子的差异；⑤把握好放苗时间，水温一定要在20℃以上方可放苗，因为水温低于20℃时，虾苗很少摄食，体质渐差，当水温回升时无法脱壳会造成大部分死亡，在高温季节放苗时，要掌握在当天低温时间，如10：00之前放苗，或19：00后放苗；⑥运苗时一定要控制好运输密度，缩短运输时间，用冰块降低运苗水温并充氧。

54.如何选购优质的南美白对虾虾苗？

苗的优劣关系到养虾者的切身利益，优质的虾苗能给养虾者获得高的产量和经济效益，因此如何选购优质的南美白对虾虾苗就成为确保养虾成功的关键。

（1）了解育苗场的情况 育苗场的种虾、幼体、虾苗来源于南美白对虾幼体，它们应为SPF亲虾或不同品系的第二代母本和第三代父本所产，更重要的是亲虾经过多代选育，其繁育的后代生长性状如抗病力有很大的优势，经过严格的检疫措施，大大降低了子代感染病毒的概率，降低了养虾风险，确保健康养殖成功。有些育苗场仅仅是购进幼苗或从其他地方购回无节幼体来培育体长约为0.8~1.2厘米的虾苗出售，这样的虾苗风险较大，因此必须了解幼体来源、培育的技术措施和往年放养成活率的比例等。

(2) **育苗场的技术水平和管理**　①育苗场是否建造在无污染的海边，是否有良好的生态环境、水源、水质等，以保证虾苗的健康；②育苗场的基本设施是否先进，如亲虾的培育育苗池、藻类池以及丰年虫的孵化池等设施。优秀的省级育苗场配备有户外的虾苗标粗池，为虾农提供所需不同盐度淡化的健康虾苗；③育苗场是否有PCR检测仪，是否有监控、检测水质、饲料生物、致病微生物等的生化实验室，是否有技术水平高的人员；④育苗场是否用抗生素或采用高温来育苗，使用抗生素会在虾苗体内残留而产生抗病性，造成药物对虾体的毒害。采用高温育苗培育的虾苗体质较常温或低温育出的虾苗体质差，抗应激能力差，这是不健康的虾苗；⑤培育虾苗饲料。育苗分为四期，即无节幼体、溞状幼体、糠虾幼体、仔虾，各期对饲料要求也不同，溞状期以浮游生物、小型原生动物及有机碎屑，如单胞藻、轮虫等为主；糠虾与仔虾以动物性活鲜饲料（如丰年虫）为主。有些育苗场从成本考虑，用人工配合饲料（如虾片、微囊饲料）代替动物性鲜活饲料，甚至在工人饲料中添加抗生素和激素等以提高虾苗生长速度，这种做法育出的虾苗体质差，成活率低，结果损害了养殖者，所以一定要选购以投喂活鲜饵料为主的育苗场的虾苗，对养殖的成活率有保证。

(3) **观察虾苗的状态**　南美白对虾最适合的放苗规格为0.8~1.2厘米的仔虾，此时可用肉眼观察到虾苗的形态和活力，优质的虾苗一般应具有以下特点：①虾苗个体大小均匀，体色明亮，活力强；②虾苗的触须并在一起尖挺向前，腹节要细长，尾扇要完全打开；③虾苗体表干净，无寄生生物和损伤；④虾苗胃饱满，呈橙红色或墨绿色，腹节宽度与肠道宽度之比大于4:1；⑤在静止状态下，大部分虾苗呈伏底状态，偶有顶水现象。

(4) **用虾苗进行试水**　目前养虾者最担心的就是放苗成活率低，我们建议养殖户在选购虾苗前一定要把苗进行试水，（在要放苗的虾塘取下风外底层水），以降低养殖的风险，理由有三点：①可检查核实用于清塘消毒的药物毒性是否已消失；②比较虾苗在虾池水的活力是否与育苗池水一样；③可观察虾苗入池后短时间内有否出现抽筋、脱壳、沉底等不正常反应。

(5) **精心选择育苗场** 购苗要选择育苗场规模大、信誉好，技术雄厚的国家、省级等良种场购苗。一般来说，规模大的育苗场设施和技术都较完善，建场历史久，管理规范，生产的虾苗品质较可靠，尤其是那些信誉一贯良好、被虾农公认的育苗场，它们与养殖户已建立良好的供应关系，虾农应以获取优质虾苗为主要目的，而不应只看价格，购买那些没有把握的虾苗，以免因购到劣质虾苗影响收成。

55.在缺少完善的科技设备的情况下应如何选择好虾苗？

一般在没有完善的科技设备情况下要如何选好虾苗是虾农特别关心的事，从实际情况出发，挑选健康的虾苗必须从六个方面来观察，也就是通常购虾苗时所说的要"六看"。

(1) **看虾苗的外表** 健康的虾苗体表光滑洁亮，甲壳有弹性，体型完整，无附着物。不健康的虾苗甲壳软或有杂色斑点，体色变黑，体表不干净，虾有断须，烂尾或瞎眼等症状。

(2) **看内脏** 正常虾苗鳃腔清洁，心脏跳动有力，肝胰腺正常。若虾鳃叶溃烂，鳃腔污浊，鳃叶变色，肝胰腺肿胀或萎缩变白，消化道弯曲，肠胃不饱满等，这是不健康的虾。

(3) **看肌肉** 正常虾肌肉饱满，有弹性，呈淡蓝色且透明；有病的虾消瘦、肌肉发白或混浊，用手指轻轻捏有壳肉分离的感觉。

(4) **看活力** 正常虾游泳快速，有方向感，应激能力强，难于抓捕。静息时头部高仰，附肢支撑力强。不健康的虾游泳不规则，出现漫游或圈游打转等异常行为，活力差，易捕获，静止状时垂头，弓背，附肢撑无力。

(5) **看摄食** 正常虾苗在未脱壳期间摄食旺盛、一般投饵1小时后虾达到胃饱状态、虾粪呈绿色且粗长。不正常的虾苗厌食或食欲减退，虾粪短细且散烂。

（6）**看血液** 健康的对虾血液呈浅蓝色且透明，凝固时间短（30秒），较稠，有病的虾血液混浊，血液难凝固。

56.南美白对虾养成池对放苗条件有什么要求？

养成池放苗，可根据每个养殖场的具体情况，选择放养经中间培育的苗或者选择未经中间培育的虾苗。

（1）**放苗条件** ①养成池水深应达1米以上，养殖池内的微藻以绿藻、硅藻、金藻类为主，水色为黄绿色、黄褐色、绿色，透明度在40厘米左右；②放养南美白对虾虾苗池的水温应在22℃以上；③养殖池盐度在32以下，池水盐度与虾苗培育池盐度差不应超过5，养殖池盐度与育苗池盐度相差大于5，应逐步调节育苗池或中间培育池盐度，使虾苗驯化适应。通常24小时内逐渐过渡，盐度差不应超过3~5；④养殖池水pH值在7.8~8.6；⑤在大风、暴雨天不宜放苗。

（2）**放苗密度** 可根据养殖条件适当增加或减少放苗量。在增氧条件较差的室外养殖池，通常每亩放养全长为1厘米的虾苗3万~4万尾；经过中间培育体长为2.5~3.0厘米的虾苗成活率高，每亩放苗量为2万~3万尾。对于条件较好的小面积集约化养殖，每平方米可放苗100~150尾。

（3）**放苗注意事项** ①放苗前必须先对养殖池水水质进行分析，确认符合养殖水质条件方可放苗；②为了使虾苗购进后适应虾池的温度和酸碱度，可将装有虾苗的塑料袋浮放在养殖池水面，待袋内外温度达到平衡后，打开塑料袋，向袋内缓慢加入池水直到袋内水外溢，使虾苗逐步散入池中；③放苗点应设在池水较深的上风处；④在每个养殖池应一次放足同一规格的虾苗；⑤为了观察放苗后的急性死亡情况，可在养殖池放网箱，每个网箱放100尾虾苗观察24小时。网箱内可适量投饵。网箱观察期内，应用显微镜观察对虾如下内容：a.对虾肠胃饱满情况，是否摄食投喂的饵料。如果不摄食，应分析原因；b.触角和附肢是否有黏附的污物，健康虾不应有黏液和污物；c.健康虾游泳足和尾节肌肉应透明，有少量色素斑，如果受到胁迫，尾节肌肉白浊；d.观察对虾体形是否畸形，蜕皮后是否正常；e.对虾在网箱内游泳是否正常；f.死亡情况及相互残食情况。24小时后成活率在85%以上为正常。如果低于70%，则应再观察24小时。直到死亡率相对稳定。如死亡严重，需要分析原因，重新补充放苗。

57.每年什么时候放虾苗最合适？

首先，要看当年的虾苗价格走势，如果虾苗比较缺乏，要提前做好定苗的准备；其次，年初一般天气比较不稳定，主要要注意天气预报情况，如果天气热得比较早，就在3月底到4月初养殖首造比较合适；第三，以往放养虾苗，我们一般建议农户在清明后放苗，那时候天气比较稳定，虾病大面积暴发现象较少，放养好虾苗是将来增收的关键环节之一。

58.在出苗放苗时要掌握哪些基本条件？要注意些什么？

为了确保虾苗质量，提高成活率，在出苗和放养过程中要严格掌握下列几个基本条件：①放养中国对虾，池水温度应稳定在14℃以上，放养日本对虾应在16℃以上，放养斑节对虾则要求在20℃以上。放苗温差不宜太大，如果温差超过4℃，应采取逐级过渡，使之适应后再放苗。②放苗时虾塘滩面水深应达到50厘米。塘内水深能较好地保持水温昼夜温差变化小，这样有利于提高虾苗成活率。③虾苗应一次性放足，切忌多次放苗，避免出现"两极分化"，给管理和投饵带来困难。④虾苗运到后应统计死苗数量。暂养苗放养时，要重新计数，做到心中有数，以便正确掌握投饵量。⑤放苗点应选在虾塘避风处，不要迎风放苗或在闸门附近放苗，以免虾苗被吹向塘边浅滩晒死。⑥放苗时最好在网箱中放养一些虾苗，试养3~5天，作为估算池塘内虾苗初期成活率的参考数据。

注意事项：①清塘除害不彻底不要急于放苗，否则放苗成活率会很低，而且难以养成；②天气不好不放苗，放苗要选择晴朗的天气，应在08：00—09：00或下午太阳下山时放苗。不要在中午放苗；③虾塘水色不好和水质不好不要放苗；④放苗前应先算好虾塘所需的苗量，要一次放苗，数量要准确；⑤放苗时水位在0.8米以上为好，使虾苗有个稳定的环境。水必须经过消毒，pH值为8.5左右；⑥不要在闸门口放苗，最好在水池中间较深处顺风放苗；⑦虾苗放塘之前，最好能够试苗，即向虾苗厂取些虾苗放进虾塘的水中试养1天。力求虾苗的水环境和虾塘水体的盐度、pH值的差值在安全范围内，盐度相差不超过4，水温不超过2~4℃，pH值不超过0.2~0.4；⑧虾苗运到虾塘边，可把整袋虾苗放入虾塘适应一下，待水温基本一致后放苗，以免温差太大，伤害虾苗。

59. 如何造水培育好虾苗的基础饵料？

能否将基础饵料培好是解决虾苗出池后"粮食"问题的关键，也是关系到成活率问题的重要保证。

当计划在虾苗入塘前的10~12天内，就应开始培养基础饵料，直至虾苗入池后15~20天都需补肥保水。一般对新建虾塘宜施经充分发酵的有机鸡粪，最好杀菌后用生物制剂再发酵一次后使用更好。发酵的有机鸡粪每亩为80~100千克，尿素为2千克，10天后另少量补肥追肥，确保水色稳定。对于老虾溏或泥底池建议施用化肥较好，每亩用尿素5千克，过磷酸钙0.5~1.0千克，发酵的有机鸡粪10~20千克，10天后另少量补肥追肥；也可选用广州市绿康渔业有限公司研制的单胞藻营养素和肥宝产品，用量少，如配合少量已发酵的有机鸡粪同时便用，10~15天后再取本品（减量）施用，对培育基础饵料很好。水色先呈黄褐色，有利虾苗生长。施肥要坚持

"水色深时不施"、"阴天雨天不施"、"早晚不施中午施"的施肥原则。

60.养殖南美白对虾每塘应放多少虾苗为宜？

放苗密度，与养殖模式和养殖水体的生物负载能力、管理水平等密切相关。一般半精养虾池，由于人控条件差（无增氧设备），因此放苗密度不宜过大。如果投放已标粗的大苗，每亩可放1万尾左右；若投放未经中间培育且体长不小于0.7厘米的幼苗，其投放量也不应超过3万尾。而设备好的高位池，放苗密度可适当大些。有人在珠海、湛江和三亚每亩放苗12万尾，养殖获得成功。

61.如何正确计算虾苗的放养密度？

放养多少虾苗才算合理，这是一个比较复杂的问题，因为放养虾苗涉及诸多因素，如虾塘面积、塘水深浅、换水条件、虾苗规格、混养品种、饵料种类、技术水平以及产量要求等具体情况来确定虾苗的放养密度。计算虾苗放养量可参考下列公式：

$$放养密度（尾/亩）=\frac{计划1亩产虾量（千克）×计划养成对虾尾数（尾/千克）}{预算成活率（\%）}$$

说明：式中的计划产虾量（1亩）可参考历年邻近地区产量；预算成活率以40%~55%计（中间暂养苗以70%~80%计），一般情况下，1亩以2万~3万尾为宜（虾苗规格为0.7~1.0厘米）。经过中间培育的虾苗（规格为2.5~3.0厘米），1亩放苗量以1.0万~1.5万尾为合适。

62.虾苗放养密度过低或过高有什么优缺点？

虾苗放养密度过高，会提高苗种和饵料成本，而且成虾规格偏小，甚至会导致缺氧泛塘，虾病蔓延；放苗太稀，不能充分利用虾塘潜力，使产量受到影响，经济效益低。为此，放养虾苗应权衡利弊，因地制宜，确定合理的放苗密度。

63.优质虾苗和劣质虾苗的一般特征有哪些？

（1）**优质虾苗的特征** ①虾苗体长基本达到0.8厘米，为变态4~5期仔虾。额角齿4~5枚，以底栖活动为主，受惊时腹部已能弓起弹跳。形态完整，大小均匀，无损伤与畸形，群体发育整齐。②肌肉饱满透明，胃肠充满食物，附肢干净无附着脏物。③游动活泼，游泳时身体平直；两条触鞭并拢（分开后又会并拢）；有明显的方向性。垂直游动时敏捷、灵活；触鞭不时地摇动，尾扇张开越大越好。④虾苗体色深浅分明，鳃部清晰。

（2）**劣质虾苗的特征** ①虾苗体质瘦弱，个体大小悬殊；②体色发红或浊白者；③游动无顶流能力，有时打圈游动；④在高温期间和滥用抗生素培育的虾苗，抗病能力很差，死亡率高，绝不能选用。

64.如何估算虾塘中虾的成活率？

在放苗时采用网箱放养法，投苗时按该塘平均密度投苗于网箱中，进行定期抽查计数。如果没有敌害，一般该池虾的成活率比网箱的成活率高10%左右。用旋网进行取样抽查，在池中不同点抽样得出单位面积尾数，然后乘以池塘面积，再乘以逃逸系数来确定虾池虾的数量。一般水深1.2米以下系数取1.3，水深1.3~1.5米时取1.5，然后按水深每次增加10厘米系数增加0.1计。

65.如何做好南美白对虾放苗养殖前的准备工作？

（1）**清污整池** 全部收获对虾之后，应将养殖池及蓄水池、沟渠等积水排净，封闸晒池，维修堤坝、闸门，并清除池底的污物、杂物，特别要清除丝状藻。在沉积物较厚的地方，清除后应翻耕曝晒或反复冲洗，促进有机物分解排出池外。

（2）**清除敌害** 清除不利于对虾的敌害生物、致病生物及携带病原的中间宿主等，尤其注意对白虾、穴居甲壳类如蟹类、美人虾的杀灭工作。并对养殖池、蓄水池及所有渠沟进行消毒，清除病原细菌、病毒及其他有害微生物。消毒药物可选用含氯消毒剂、含碘消毒剂、氧化剂等，对药物应严格按使用说明应用。严禁使用易引起人畜中毒的药品。消毒方法通常采用水溶液消毒，可向池内注入10~20厘米深的水，把药物溶入水后搅动均匀，并将药物泼到药水溶液浸泡不到的堤坝等地方。经常使用的药物有下列几种：①生石灰：每立方米水体用量为1~2千克，均匀撒入池中。可杀灭鱼、虾及微生物。如池底为酸性土壤，可酌情加大生石灰使用量。②漂白粉：每立方米水体加入含有效氯25%~32%的漂白粉50~70克，杀灭原生动物、病毒、细菌等病原生物，主要作为消毒药物使用。③茶子饼：使用时将茶子饼粉碎，用水浸泡数小时。按每立方米水体15~20克的用量撒入水中，经1~2小时即可杀死鱼类，该药对贝类也可杀灭。④茶皂素：药效与茶子饼相同，但使用量应按每立方米水体加1~2克的用量，撒入水中。

（3）**纳水及繁殖基础饵料** 根据水源及水处理条件来决定蓄水时间，如果水源比较清洁，在虾池进水前几天蓄水即可，但是如果水源水质复杂，则需要向蓄水池进水。对虾养殖池用水来源于蓄水池或沉淀池，并经砂滤或80目筛网过滤。养殖池消毒结束1~2天后，可开始纳水，繁殖基础饵料、微藻及有益生物。主要措施是施用肥料、有益菌制剂，繁殖优良单细胞藻类及有益菌，小型底栖生物。对新建的养殖池可施有机肥如发酵鸡粪，每亩为15~20千克（干重）。水色开始变浓，添加水至1.5米。对老虾池可施用化肥，氮磷比为5∶1，多次施用，首次加氮肥量为2~4克/米³，以后每2~3天施1次，用量是首次的1/2。可施有利于单胞藻繁殖的微量元素肥料、复合化肥等。放苗前池水透明度应在40~50厘米。浮游植物繁殖后，如水色又变清，应查明原因，重新肥水。肥水期间，每天可在中午开动1~2小时的增氧机。纳水繁殖基础饵料，当水色及透明度达到放苗要求即可放苗，但是适当增加繁殖基础饵料的时间，对增加池内基础饵料数量有重要作用。

66.什么叫做虾苗的中间培育？应如何操作？

虾苗中间培育是指将体长为0.7~1.0厘米的虾苗在小型池塘培育到体长为2.5~3.0厘米的大规格虾苗的过程。目的是提高养成的成活率，减少养成池的使用时间，同时大苗成活率相对稳定，便于准确估计投饵量。

（1）**中间培育池**　中间培育池可利用养成池培育，最好是修建专用温室或塑料大棚的培育池。中间培育池水深为1.0米，池底坡度大，比降为1%，便于顺利排干池水。排水闸门应具有安装锥形袖网的闸槽。在北方地区，使用塑料大棚有利于提高池水温度，减轻水温的日变化，可提高虾苗成活率。

（2）**放苗及放苗量**　放苗前应清池、消毒，繁殖浮游生物。当池水透明度达30~40厘米即可放苗。在放苗前注意中间培育池水的盐度、水温应与育苗池盐度、水温接近。在室外培育池如果没有增氧条件，每亩放苗量达10万~15万尾。在温室及塑料大棚内有充气条件，每亩放苗量达50万~100万尾。

（3）**中间培育管理**　中间培育管理工作主要是做好水环境与投饵管理。放苗前应使用化肥肥水，水色为黄绿色、绿色、黄褐色。透明度为0.3~0.4米。建议使用充气设施，主要水质参数为：溶解氧为5毫克/升以上，总氨氮为0.6毫克/升以下，pH值为7.8~8.6，水温为26~28℃。在培育过程中，应对盐度逐步调整，出苗时应该达到与养成的养殖池盐度一致。出池前几天，应将水温调整到与养成池一致。饵料可以使用微颗粒配合饵料，但是尽可能投喂一些活卤虫、洗干净的并剁碎的鲜贝肉。控制投饵量为摄食量的70%~80%。控制饲料使用量以防水质恶化。中间培育期一般为20天，培育后期酌情少量换水，每日换水量不超过3%~5%。每日多次投饵，每次少量。使用鲜活卤虫前，须对卤虫作WSSV病原检测。

（4）**收苗**　虾苗体长为2.0~2.5厘米后，应及时收苗，然后把它放入养成池。收苗时可使用小型推网。有闸门暂养池的，使用末端连活水网箱的袖网出苗。网箱长为2~3米，宽为1.5米，高为1米。缓慢放水收苗，虾苗切勿在网箱内长时间积压。

67. 为何要对虾苗进行中间暂养？这样做有什么优缺点？

刚出厂的虾苗，个体小，对环境的适应能力差，如果将其直接放入虾塘（养成塘），由于虾苗活动范围大，觅食困难，易遭敌害侵袭，往往造成重大伤亡。

对虾苗进行中间暂养有如下优点：①虾苗在小塘内实行高密度培养，便于饲养管理，精心投饵，虾苗生长好，大小均匀。②虾苗体型大，体质强壮，防御敌害的能力增强，放养后成活率高，成活率一般在75%左右。③虾苗移入大塘时可进行重新计数，因此能正确掌握投喂量，提高饵料利用率。④可延长塘内基础饵料的繁殖和生长时间，使虾苗移入大塘后能有丰富的自然饵料，供其摄食。⑤缩短了在养成塘的养虾时间，减轻了因投喂鲜饵而引起的水质污染程度，使水质保持清洁，从而减轻对虾发病的机会。

虾苗中间暂养虽有诸多优点，但也有不足之处。这是因为虾苗暂养密度较高，生长速度比放养大塘的缓慢；在移苗时由于受收苗、计数等操作影响，虾苗难免会受到不同程度的损伤，因此对于中、小型虾塘，一般不必进行中间暂养，还是直接放入大塘为好。

68. 对刀额新对虾虾苗如何进行淡化处理和中间暂养？

（1）**虾苗淡化处理**　刀额新对虾苗由海水移入淡水池塘内养殖必须经过淡化处理。刀额新对虾虽耐低盐，但在仔虾期仍需一定的盐度，而且盐度的变化幅度不能过大。育苗盐度一般都在20~25。用作淡化的虾苗，规格宜大（体长为1.5~2.0厘米），过小成活率低。淡化时在苗池一端逐渐添加淡水，在另一端渐渐排水。淡化时要注意盐度梯度变化，梯度越小，淡化时间越长，越有利于虾苗成活。在24小时内盐度降幅在5左右，直至盐度降到1~2。经过淡化后的虾苗应稳定48小时以上，并保持池子的水体盐度与养殖池塘水体一致，便可移入淡水池塘中养殖，这是提高虾苗成活率的关键。如有条件，在虾苗移塘前，在养殖塘内放入适量食盐（每亩撒食盐150千克左右），或吊挂盐袋。尽量使塘水盐度与虾苗出塘时的盐度相接近，使虾苗逐渐适应在淡水中生活，这样做效果会更好。

（2）**虾苗中间暂养**　刚出厂的虾苗个体小，对环境的适应能力差，如果直接放入大塘，成活率不高。虾苗经过20~25天的中间暂养，体长由0.7厘米长到3.0厘米左右（处于安全期），可增强对环境的适应和抵御敌害的能力，因此成活率高，成活率一般在75%~80%。暂养苗的池塘以土池为好，面积为养成池的1/10左右，便于投饵与清除敌害。初期进水20~30厘米，后期增至50厘米。随着苗体长大，逐渐增加水位。暂养池放苗密度为每亩20万~25万尾。仔虾培育期饵料以鲜贝肉较好，将肉绞碎（用1%益康露消毒剂浸泡15分钟）后投入池中。如有条件，可用光合细菌拌沙后洒入塘内，效果较好。

69. 采取高位池养殖模式的虾场应如何设计和建造？ 放养虾苗前应做哪些工作？

高位池养虾是一种投入大、效益高的养殖模式，因此在虾场的选址、建场等方面都要进行认真的研究，并请专家论证。现把提水式（高位池）高密度养殖模式介绍如下，供参考。

（1）**场地的选择与建设**　虾场选址要依据养殖对虾的习性和要求来进行周密的调查和勘测，要因地制宜，请专家论证，要根据地形合理布局。要经当地政府同意，选择安全可靠、海水清澈、无工农业污染、进排水方便、有电源供应、交通方便、有淡水水源的地区建场。不要在红树林区附近建场。对规模大的虾场，设计要科学，布局要合理，同时要建育苗场、加工厂等配套工程。要求虾场有优良的水质，土质要适宜，虾池进排水闸要分开，出水口要便于排干池水，清塘除害。池水循环要快（增氧机的布局）。每个虾塘面积以1~5亩为宜，不要超过10亩。池塘形状宜圆形。要建筑池塘护坡，便于清除投饵区的废物。护坡材料有复合红土、复合黏土、聚氯乙烯（PVC）、聚乙烯（PE）和高密度聚乙烯（HDPE）等，可根据情况选择。在广东一般用水泥预制板和砖石结构，池堤坡度为1.0∶（1.0~1.5），池深为2.0~2.5米，水深为1.5~2.0米。根据养殖面积和日换水率情况，配置引水PVC塑管，通过地下引水管从大海引水修建蓄水池。建2米×3米的蓄水池，用水时由水泵抽水上灌渠，再由灌渠自流到虾池，每口虾池配备1马力[1]增氧机10台，平均每亩1台，对砂质底的虾池都用塑料膜包底，以防池水渗漏。

（2）**池塘设计** 虾塘小便于管理，一般0.5~1.0公顷的虾塘用于精养，1~2公顷的用于半精养。池塘要高出海平面4~6米。① 供水系统：通常用水泵将水抽入虾池。水泵要安装在合适位置，使蓄水池能在4~5小时内进满水。在水泵口的进水渠安装一个筛网，以防止进水管被阻塞。②蓄水池：应占养殖总面积的30%左右，以保证充足的水供应。蓄水池必须有出水口，以保证能完全排干池水。③供水渠：精养池应设有进水渠，使蓄水池抽入的水能通过进水渠自流入池。进水渠大小取决于虾塘大小。④池塘形状：有长方形、正方形或圆形3种。正方形池的四角作成弧形，以便于池塘中水的循环。池角作成圆弧形可以提高正方形和长方形池塘的水循环。⑤进、排水闸：进、排水闸要分开。闸门宽一般为0.8~1.2米。排水口的位置必须在池塘的最低点，从进水口到出水口的斜度为1∶200，以便在收虾的时候可以完全排干水。闸门建在池塘的一端，设置双层网。在

---

①马力为非国际单位，也不是我国的法定计量单位，已停止使用，应该用瓦表示。1马力=735.499瓦，以下同。

养殖初期用细目网，在后期用大目网。有的虾农在一个框架上同时装有大小两个网目的网。当虾体长到大于粗网目的网眼时，将细网撕去即可。⑥中央排水：包括水平排列在池塘中央的有孔的管子。这些管子通过一根管子连接到出水口。在开始养殖前50天用细网目的筛网覆盖在排水口的上面。当对虾长到大于管孔直径的时候再移去筛网。此法的优点是在养殖期间都可以排污和清理池塘的底部。⑦排水渠和沉淀池：虾池的排水管要比虾池的最低点低50厘米，以保证通过重力作用排干池水。废水在泵入蓄水池或是排放到虾塘外之前必须先排入沉淀池。沉淀池的面积占养殖面积的5%~10%，池要深以沉淀一些特定废物。在沉淀池中设置一些细网目筛网或是用塑料板制成的挡板，通过木桩插入池底，促进废物沉淀。这些废物须定期清除并排放到排放区。⑧废物排放区：虾塘应提供5%~10%的面积用于排放废物，把池中废物收集后排放到专门的排放区。

（3）新建虾塘放养前的准备工作 ①浸池。新池建成后须加满水浸泡10天以上，排干再进水，连续反复3次，将池塘边水池中的碱性成分充分清洗干净；②用生石灰按每亩75~100千克或漂白粉10千克消毒除害；③过滤进水。消毒5天后进水，用网隔离有害生物；④肥水。投苗前1个星期，选择阳光充足的日子，用氮磷肥水，用量比例为10∶1；尿素用量为2~3毫克/升，分两次施完。

70.如何调节好新挖虾塘的酸碱度？

华南地区沿海滩涂大部分是酸性土壤，尤其是红树林丛生地带，土质酸性特别强。新挖的虾池破坏了表层土，酸性上升，pH值为4~5，因此要采取治理措施，不然虾是无法生存的。调节酸性比较有效的方法如下：①在挖塘时最好把表层土保留下来，待虾池建成后再将表土覆盖于池底或堤的表面。防止底层酸性水上升，或者下雨将堤上酸性土壤中的水冲入虾池中。②要充分浸泡与冲洗新池。可利用潮汐进、排水，将池内酸性物质随水排出。对新池一般要处理1个月左右才能取得较明显效果。③新池内可加生石灰调节酸碱度。将石灰撒入底土，要比带水施入石灰效果更好。一般将池水pH值稳定在8左右为佳。

71. 对虾养殖最适宜的水温是多少？温度的高低会影响对虾生长吗？

温度是影响对虾生长与存活的重要因素之一。外界环境温度在对虾养殖过程中起着重大作用。各种对虾对温度的适应下限即临界温度大都在10℃，较长时间的低温（13℃以下）可使对虾死亡率在80%以上；临界温度的上限为40℃，此时对虾血液的血清蛋白凝固。对虾最适水温在22~30℃。池水温度变化不宜太大，温差变化4℃以上时，对虾会出现异常现象。温度逐步上升，虾体细胞中的生化反应速率会随之加快，生长速度也相应加快，但温度继续上升到一定程度，便开始对虾体产生不利影响。温度过高时，对虾摄食量减少，伏于池底，活动力下降，残饵变质，细菌数量增加，聚缩虫等原生动物大量繁殖，对虾抵抗力降低，特别是水深不到1米的池子危害较大，会导致泛塘；温度过低时，对虾不摄食，慢性消耗，甚至冻死。

72. 为什么要建蓄水池？如何配置？

建蓄水池是为了储存海水，以便经过沉淀净化等处理后供养殖使用。其最终要达到净化消毒海水，降低水体中病原菌及病原体宿主数量、稳定水环境的目的。在海区水质较差、赤潮生物、病原生物较多时，建蓄水池尤为重要。当外来水供应较困难或采用循环用水时，蓄水池更是必需的设施。蓄水池的容量通常为总养殖池水体的1/3，即3~5个养殖池可配备一个蓄水池。蓄水池采用纳潮方式进水，以节省能源，但也应有提水设备，这是为了增加可纳水时间，尽可能多地纳入水质较好的水，以提高水位。可以利用蓄水池放养一些滤食性的贝类或肉食性鱼类等。在疾病流行期间，对蓄水池中的水可用消毒剂进行处理。蓄水池应设渠道或管道与养殖池相通，也可用水泵向养殖池供水。水泵应与渠道或管道配套。蓄水池必须有排水闸，用于排干池水，以利每造清污消毒。

73. 如何选购增氧机？如何安装使用？

常见的虾池增氧机有水车式、射流式和潜水式等。水车式也就是叶轮式，该增氧机一般选用3马力的电动机驱动，射流式一般选用5马力的电动机驱动。一般1~2亩安装一台增氧机，密度大时，每亩要设1台增氧机（视放养密度和需氧量而定），以保持水环流为原则，保证溶解氧在4毫克/升以上。增氧机类型的选择应因地制宜。水车式和射流式各有优点，水车式在较浅的虾塘效果比较理想，射流式在较深虾池中效果较好。在同一虾池两种兼用效果更好。设置增氧机数量要考虑单产水平。按亩产200千克设计，一般15~20亩虾池需配备6~8台增氧机。水车式可安装在池边浅水处，射流式安装在虾池深水处。增氧机的固定方式有用悬浮绳索固定和水泥打桩固定两种，水车式多用前者，射流式多用后者。

增氧机的使用，一般在养成前期启用1/3，在中期启用1/2，在应急期和后期要全部启用。在肥水和养成期，多使用水车式增氧机；在中期两种增氧方式可轮流使用；在应急及后期；两种全部使用。在时间上，一般在前期间断充气，在应急和养成后期全天充气。

74. 什么叫做水色？良好的水色有何特性？

水色是指溶于水中的物质，包括天然的金属离子、污泥或腐殖质的色素、微生物及浮游生物、悬浮的残饵、有机质及黏土或胶状物等，在阳光下所呈现出来的颜色。但组成水色的物质中以浮游生物对水色的影响最大。

良好的水色具有以下特性及性能：①可增加水中的溶解氧。由藻类形成的良好水色，由于光线作用，白天能有效增加水中的溶解氧；②可稳定水质，降低水中有毒物的含量。当水中藻类、细菌或原生动物等大量繁殖时，能吸收养殖对虾排泄物或残饵产生的NH_3和H_2S，并能吸收金属离子使其沉淀，维持生态平衡；③可当饵料生物，提供对虾天然的饵料；④可减少水体透明度，抑制丝藻及底藻的滋生；⑤水体透明度的降低有利于对虾防御敌害鱼类和鸟类的蚕食；⑥可稳定水温；⑦可抑制病菌的繁殖。

75.养殖池水体中溶解氧是如何产生的？

水中溶解氧的来源有两个方面：一是大气中的氧与水面接触溶解入水中，这种溶解氧的溶入作用非常缓慢，特别是静止的水面；二是水生浮游植物在光合作用时所释放出的氧气，这是水中溶解氧的主要来源。由于光合作用的结果，往往能使近上层水体中的溶解氧达到饱和甚至超过饱和的程度。植物的光合作用只能在白天有光的时候进行，在黑夜，由于浮游植物不进行光合作用，而鱼类和浮游植物的呼吸还要继续消耗氧气，因而清晨是水体中溶解氧含量最低的时候。此外，水中溶解氧有明显的季节性变化。

76.养殖池水体中溶解氧为什么会消耗下降？

水体中溶解氧的消耗大概有三种情况：一是水生生物如鱼、虾、贝、藻的呼吸耗氧；二是水体的悬浮物质、溶解的无机、有机物氧化时所消耗的氧气；三是底泥。鱼类的呼吸耗氧仅占5%~20%，底泥耗氧约占10%；有机物的氧化耗氧约占70%。现以鱼类为例加以说明。在鱼类生长适宜的温度范围内，鱼类呼吸耗用的氧是随温度升高而增大的，在水温较高的时候，鱼类的呼吸成为消耗水中溶解氧的重要原因之一。如在15℃时，每千克鲤鱼每小时需要呼吸58~75毫克的氧气；当水温在30℃时，便增加到200毫克。鱼类为了维持正常的生命活动，必须不断地呼吸，消耗氧气，其消耗氧气的速度与鱼类的种类、年龄、体重、性别及食物质量等状况有关，也与水中溶解气体、含盐量、酸碱度、温度等有关。

77. 藻类属于哪一类植物？

藻类具有叶绿素、吸收光能和营养盐进行光合作用、制造有机物质的功能；藻类形体结构简单，植物体也很简单。某些高等藻类外形上似有根、茎和叶的分化，但是其基本结构和功能与高等植物有着本质上的区别，藻类的生殖器官都是单细胞的，不在母体内发育成多细胞的胚，不开花结实，用孢子进行繁殖或以配子结合产生合子。藻类是一群具有叶绿素，营自养生活，没有真正的根、茎、叶分化，以单细胞孢子或合子进行繁殖的低等植物。

78. 藻类的繁殖方式如何？

藻类繁殖方式有营养繁殖、无性繁殖和有性繁殖三种。此外，还有绿藻门接合藻纲的接合生殖。

（1）**营养繁殖** 营养繁殖是不通过任何生殖细胞来进行繁殖的繁殖方式。细胞分裂是最常见的一种营养繁殖。

（2）**无性繁殖** 通过产生不同类型的孢子来进行繁殖。产生孢子的母细胞叫孢子囊。

（3）**有性生殖** 进行有性生殖的细胞叫配子，产生配子的母细胞叫配子囊。根据结合的两个配子的大小、形状和行为，可分为同配、异配和卵配三种。同配是指形态上和生理上均相同的两个配子结合。异配是指形态和结构上不同的两个配子结合，大的一个较不能活动，称为雌配子，小的一个较能活动，称为雄配子。卵配结合的两个配子在形态上差异明显，大而不游动的为卵子，小而游动的为精子，它们分别在卵囊和精子囊中形成。

各门藻类的有性生殖方式不尽相同。如绿藻门有性生殖主要是同配和异配，卵配生殖较少。此外，接合藻纲的有性生殖为接合生殖。

79.藻类可分为几大类？其主要生活方式如何？

藻类主要生活在水体中，营自养自由生活，有的营共生或寄生生活。根据藻类生活环境的特点及其与环境的相互关系，可将藻类分为浮游藻类、底栖藻类、流水中的藻类等生态类群。

(1) **浮游藻类** 生活在水层中，营浮游生活，又叫浮游植物。浮游藻类不仅是鱼类和其他动物直接或间接的饵料，而且还是水体初级生产力的重要组成部分，是水体中重要的生物。它对水体的理化性状、生物生产量和经济动物的产量都有极为重要的影响。

(2) **底栖藻类** 营固着或附着生活的藻类。以水体中的高等植物、其他物体以及水体底质为基质，用附着器、基细胞或假根等营固着生活。许多种类是重要的经济海藻，对水体中有机物的分解、净化有一定的作用。

(3) **流水中的藻类** 由底栖和浮游的藻类组成，是一类特殊的生态类群。它能在急流中生活和繁殖，对流水净化起很大的作用。

通常把藻类归属为11个门：蓝藻门、红藻门、隐藻门、甲藻门、金藻门、黄藻门、硅藻门、褐藻门、轮藻门、裸藻门、绿藻门。

80.养殖池塘水色的种类有几种？对养殖会产生什么影响？

水色主要是由水体中浮游生物及底栖生物的种类决定，大致可分为以下几种。

(1) **红棕色水** 主要含硅藻，如三角褐指藻、新月菱形藻、角毛藻、中肋骨条藻、小球藻等是对虾幼体的优质饵料，有利对虾的生长。

(2) **淡绿、翠绿色水** 主要含绿藻。常见的绿藻有小球藻、海藻、衣藻等。绿藻能吸收水中大量氮肥，净化水质，因而对虾在绿色水体里生长快。这种水色虾农称为绿豆清。

(3) **暗绿色水** 主要含蓝绿藻，在老化池易发生。在这种水体中，对虾尚可存活，但得病率高。

（4）**黑褐色与酱油色水** 主要含鞭毛藻、裸藻、褐藻等。在投饵失当、底质恶化的老化池这些藻类易发生。有些鞭毛藻会分泌麻痹性神经毒素，使虾中毒死亡。这种水色是因管理失常造成的，如投喂劣质饲料过多，残饵增多，导致溶解性及悬浮性有机物增加，褐藻大量繁殖。

（5）**黄色水** 主要含金黄色鞭毛藻。池中积存太久的有机物经细菌分解，使池水pH值下降时易产生此色。这种水色不适合对虾和鱼类养殖，但适合贝苗的生长。应立刻换水，增加氧气，至少要使水色转为黄中带绿色。

（6）**白浊色水** 主要含纤毛虫、轮虫、桡足类等浮游动物及黏土微粒或有机碎屑。在此种水色池虾易得病，存活率大减。

（7）**土黄浊白色水** 为雨水冲刷堤上细黏土入池所致。不适合养虾。

（8）**清水色** 因缺乏营养盐或受重金属污染而无浮游植物，故不利于对虾养殖。

81.什么原因造成养殖池水体水色的不稳定?

影响水色不稳定的主要因素有以下几个：①因乱用肥水素等造成池塘中营养盐不平衡；②水体中缺乏二氧化碳；③水体中浮游动物量过大；④水体中各因子指标突变范围大；⑤因某种突发原因造成环境突变而引发。

82.人们常说的瘦水色、肥水色、老水色是什么意思?

池塘水的颜色主要是由分布于水中的浮游生物种类和数量所引起的。水色也是识别池水肥瘦程度的重要标志。各种池塘的水色大体可分为下列几种类型。

（1）**瘦水色池** 浮游生物量少，水中丛生各种绿色丝状藻类，因此池水澄清，水色清淡或呈现浅绿色，透明度在70厘米以上。属于这种水质的池塘要彻底清除杂藻，进行重点施肥，培养浮游生物，为鱼、虾提供丰富的饵料生物。

(2) 肥水色池 浮游生物量多，水中硅藻、隐藻或金藻为优势种群，浮游动物以轮虫较多，故水色呈黄褐色或黄绿色。透明度小，一般为30厘米左右。由于硅藻类容易被鱼、虾类消化吸收，所以对其生长有利。

(3) 老水色池 浮游生物数量多，但大多属于难消化的种类，如蓝藻类等，所以池水呈蓝绿色或深绿色。浑浊度较大，透明度较低（池水的透明度一般低于肥水池的透明度）。属于这种类型的池塘不利于鱼、虾类生长，必须彻底清除，并注入新水，同时适当引进有益浮游生物，让其自行繁殖，以补充饵料生物之不足。

83.什么样的水色才算是良好的水色？

养虾池的水色是指池水在阳光下所呈现出的颜色。良好水色的类型可分为褐色（茶色）水、绿色水两大类（系）别，如细分还可分为黄褐色水、褐色水、黄绿色水、绿色水水几种。水中浮游植物硅藻、绿藻的稳定生长，对虾池的水色和水质变化起着积极的作用。在养殖过程中良好的水色应该是"肥"、"活"、"嫩"、"爽"四大特点，这样的水藻类多且平衡，并处在旺盛期。早（上）青、晚（上）绿的颜色，透明度在25~40厘米，水质肥而不老，鲜嫩不衰，活生清爽的水色即为良好水色。

84.发现池塘水体偏瘦了应采取什么措施？

水体只有保持在一定的肥度，才能维持水体中良好的物质循环和能量流动。发现池塘水色偏瘦了，常采取的措施是施肥，但应该注意施肥的方法：①在池塘养殖中，往往采用施足有机肥，追施无机肥的方法，在春季多施氮肥，在夏季多施磷肥，以磷促氮，这样既满足浮游植物对氮磷吸收的比例，又不使氨氮过分富积；②在追肥时应把无机肥充分化开，选择晴天上午均匀泼洒，切忌泼洒后立即开启增氧机，以便营养成分被浮游植物充分吸收；③如果检测水中氨氮偏高而水又很瘦，可采取晴天上午多次用铁链、棕绳等拉、搅底泥，同时开启增氧机，这样使富积底泥的营养成分释放出来，既降低氨氮含量又肥了水。

85.池水很清、透明度很大，水肥不起来是怎么一回事？该怎么办？

出现这种情况大多是因为虾池底部出现有害水生植物。养虾池内最常见的有害水生植物有沟草、浒苔和刚毛藻等。这些植物在一定程度上能起净化水质的作用，但是虾池内环境特殊（水肥，水流不大），这些水草生长迅速、繁殖力强，有较强的抗逆能力，因此用一般药物很难将它们彻底消灭。一旦出现这种情况，会给养虾者带来极大威协。

虾池内大量出现这些有害水生植物的危害主要表现在：①能迅速使水质消瘦、变清，抑制池内基础饵料生物和单胞藻类的正常繁殖和生长；②防碍对虾活动和取食，影响投饵管理；③高温时腐烂在池底的植物可使底质黑化并产生有毒物质，影响对虾生活，严重时使对虾死亡。

沟草一般喜欢在烂泥较多、水质肥沃、盐度稍低和水浅的沿岸静水区生长。沟草的出现主要与清池不彻底和早期池水太浅等有关，所以要做到彻底清池，包括施石灰、翻耕池底、压实底土、曝晒池底，以达到斩草除根的目的。另外，首次纳水的虾池水位不要太低（以阳光透射不到池底为准）。提前肥水繁殖单胞藻类，使水透明度小于20厘米即可抑制沟草生长。另一方法是在水温合适的时候（18℃以上），纳入适量的海水（20~30厘米），在光照条件的配合下诱发沟草种子发芽，然后用漂白粉或二氯异氰尿酸钠将它们杀死。但这必须在肥水之前进行。刚毛藻俗称"水棉"，属丝状绿藻类。其丝状体多呈分枝状。细胞体多层，常呈圆形，漂浮于池边静水处，可借分枝状的假根附着于基质之上。由于它们的繁殖量大，繁殖速度快，稍不注意，就可能造成大的危害。浒苔也是属于丝状绿藻类，但细胞体为单层结构，植株分枝或者不分枝，呈扁条状或细丝状。一般可用生石灰泼洒，适时肥水，使池水中有益浮游植物保持适宜的密度，维持池水正常的透明度是抑制其生长的有效措施。如已经大量出现时要组织人力尽量捞走，然后再投放药物杀灭。

86.池水pH值偏高或偏低对养虾有什么影响？要如何处理？

由于底质本身含碱性物质过多，藻类大量繁殖，或者过多使用石灰清塘造成pH值偏高（指在9.0以上）。pH值偏低（指在7.5以下）是由底质酸性物质含量过高、施用化肥过多、池中雨水累积及有机物含量过高所引起。

池水pH值偏高容易造成对虾蜕壳困难，水中溶解氧含量减少，对虾食欲减退和出现浮头等；pH值偏低容易造成对虾呼吸困难和出现虾体褐斑等症状。因此，要经常检测水质，若出现不正常现象，应及时做出处理。具体方法为：①水质偏酸时可用生石灰处理，按8~12毫克/升用量全池泼洒，连用3天，一次性用量不可过大，以免造成对虾应激性反应过大而带来其他副作用；②如果水质偏碱性，有条件的最好排出20~30厘米池水，注进20~30厘米已消毒的新水，然后每亩施放沸石粉约30~40千克，再放利生素调整水色。

87.虾池在放苗前为什么要肥水？如何肥水？对新挖的虾塘如何肥水？对旧的虾塘又如何肥水？

肥水主要是使虾塘浮游生物繁殖起来，为放苗做好准备。放苗前一定要培养虾池内的饵料生物，营造一个藻相和菌相平衡的水环境，发挥优势藻种的抑菌作用，使水质保持最佳状态，达到生态防病的效果，具体做法如下。

(1) 新挖的虾池或高位池　这些虾池底质较干净，可采用有机肥来肥水，用鸡鸭粪（必须发酵）30~50千克/亩，肥水时启动增氧机较好，也可用吊袋方法肥水。在养殖中期可定期施放生物肥或有益微生物制剂，按说明书使用，以确保水色稳定。

(2) 老塘或将鱼塘改造为养虾的池塘　因池底有机物较多，可施用无机肥或施用南海水产研究所研发的"单细胞藻类生长素"来肥水，培育单胞藻类，同时可施用加强型利生素，"肥力多"或"氨基酸养水宝"等，它们能有效激活有益微生物繁殖，稳定藻（菌）相、延缓水质老化。在晴天情况下，一般3天后可培育到良好的水色。

88.地下水能否作为养殖水源？

每一处的地下水中所含的物质含量均不一样，有些含盐、碱、卤，有些含铁和锰，有些铁、锰、钙、氟含量都较高，有些物质中的硝酸盐含量甚至严重超标，每一种养殖生物对理化因子的要求和耐受度也不一样，所以不能泛泛地判断地下水是否能作为养殖水源。大部分地下水含有丰富的铁质，铁质多以离子状态存在。含铁质的地下水被抽入池后，铁离子即被水中的氧气氧化成黄褐色的氧化铁而沉淀，当池水流动时，氧化铁常悬浮在水中，呈絮状，在鱼类呼吸时随水流水入鱼鳃，黏在鳃丝上，影响鱼的呼吸，甚至引起窒息死亡。铁离子在氧化过程中要消耗水中的大量氧气。这种含铁质多的地下水注入池内不仅起不到补氧作用，反而会减少水中原有的氧气，所以含铁质过多的地下水不宜做养殖水源。在一般情况下，水中铁的含量如超过2~3毫克/升时就不能使用。在确无其他水源的地方，也应先将这种含铁质多的水引入其他池中曝晒氧化，使其中的绝大部分铁离子转变成氧化铁沉淀后再注入池内。

89.用地下咸水或淡化的低盐水养殖斑节对虾和南美白对虾有哪些好处？

斑节对虾和南美白对虾具有广盐性的特点，用打出的地下咸水进行养殖有阻断病原传播的好处。地下咸水经消毒处理后由于不再进海水，海水中的病原菌、病原体不能传播到虾池中，因而WSSV等病毒通过海水进入虾池的途径被切断。养殖对虾的另一类病原菌——弧菌也因此不能通过海水传入养殖池，况且在低盐条件下养殖对虾本不易患弧菌病，因此用淡化水养殖在防病上有一定作用。

90.为什么说咸淡水区是养殖斑节对虾和南美白对虾较理想的地方？

咸淡水区的基础性饵料生物较丰富，对虾不但可以摄取到充足的人工配合饲料，而且还能摄食到大量的桡足类等动物性活饵料。在饵料丰富的情况下，对虾易脱壳，从而生长迅速。所以，咸淡水区域是养殖斑节对虾和南美白对虾较理想的地方。

91.水环境中耗氧有机物有什么危害性？

水体中的动植物残体、生活污水和某些工业废水中的碳水化合物、脂肪、蛋白质等易分解的有机物以及直接由外界排入的天然水体中大量中氨态氮、硝酸盐、氮和磷酸盐等植物营养元素，能造成天然水体的富营养化。它们在分解过程中主要通过耗氧来实现，消耗水中的溶解氧，富营养化是天然水体遭受耗氧有机物污染的一种表现。水体的植物营养盐含量增加，导致水生生物的大量繁殖，使藻类的总量剧增，形成"藻华"。水质的不断恶化，鱼类的生活空间不断减小；藻类死亡分解重新转化为营养盐，供藻类繁殖利用。周而复始，形成了水环境中营养盐的自我循环，并在水体中保存下来，最终结果将恶化水质，破坏水产资源。

92.水体富营养化最终引发水生生物的生态效应如何？

水体富营养化是指水流缓慢和更新期长的地表水中由于接纳大量的生物所需要的氮磷等营养物质引起藻类等浮游生物迅速繁殖，最终可能导致鱼类和其他生物大量死亡的水体污染现象。

富营养化也是天然水体遭受耗氧有机物、无机营养物质污染和水体衰老的一种表现。水质的不断恶化，鱼类的生活空间不断减少；藻类死亡后藻体分解重新转化为营养盐，水体的植物营养盐含量增加，将导致水生生物的大量繁殖，形成藻华。海域的富营养化可能导致赤潮，藻类和赤潮生物的大量繁殖尤其是大量死亡后藻体的分解可导致水体严重缺氧，使养殖对象窒息，同时释放出来的毒素可以引起水生生物死亡。

93.对虾养殖期间为什么要进行巡塘观察？巡塘观察包括哪些内容？

养殖期间要自始至终注意对虾活动状况和环境条件的变化，以防意外情况发生。为此养殖户要认真进行巡塘观察，并把它列为养殖管理中不可缺少的一项经常性工作。具体内容如下：①检查闸门是否严密，堤坝有无决口；②注意虾池水位变化；③观察水色，观察池水水质浓度和有无异常气味逸散；④察看池底污染状况，注意黑区扩大范围；⑤检查饵料消耗情况；⑥观察对虾蜕皮数量；⑦注意虾塘内丝状藻类繁生情况；⑧注意虾情动态，观察对虾有无反常行为；⑨夜间观察虾塘内的发光现象和强度；⑩注意天气和潮汐变化趋势；观察对虾可能发生浮头的各种迹象，注意观察虾塘内的敌害生物，暴雨之后注意池水分层现象，观察同一虾塘对虾个体大小有无出现两极分化现象，密切注意有无病虾和死虾，谨防虾病发生和蔓延。

94.如何从观察对虾活动情况入手来了解对虾是否健康、正常?

正常情况下对虾静息于水底或游动觅食,一般没有跳动现象。如果对虾跳动频繁,这可能是受到惊吓(例如害鱼追逐),亦可能是体部附有寄生物。若是出现全池性跳动,则表明水环境有问题,可能水质不良。对此应做调查和具体分析。

在进行对虾生长测定时,要进行对虾质量检查,从中可发现饲养管理中可能存在的问题。正常健康的对虾表现在以下几个方面:①体表光洁明亮,甲壳富有弹性;②鳃叶肉白色,鳃腔清洁;③心脏跳动有力;④静息时头胸部高仰,附肢支撑有力;⑤游泳能力强,对刺激反应灵敏;⑥难以抓捕,手握时挣扎感强。如果对虾体色异常(发暗或变红),甲壳有锈斑,壳发软,肌肉浊白,肠道弯曲,鳃腔污浊,鳃叶溃烂,鳃出现水肿,第二、第三对颚足外肢横伸头胸甲之外,游泳缓慢,容易被人抓捕等,则是对虾体质差、质量不好的表现,健康有问题。

95.虾池的水环境监测一般都包括哪些项目? 如何监测水温、盐度?

水环境的监测工作在养成期间是非常重要的,常规监测内容包括水温、pH值、溶解氧含量、硫化氢浓度、氨氮含量等,其中短期效应较大的因子,如水质、溶解氧等则需经常监测甚至每天进行测定。一般每天进行1~2次水质状况监测,变化较大时应增加测定内容和次数。要进行上述水质监测,养虾塘需配备水温计、比重计、透明度板、pH试纸、溶解氧测定仪等,有条件的还应建立水质分析室。

(1) 水温 监测在每日05:00—06:00和14:00—15:00分别进行,主要测量虾场最低和最高温度。测温还要定深度(可使用铝壳或铁壳的浅水温度计）进行，一般在水满时测量离表层约50厘米处的水温，夏季则需分别测量表层和底层水温，以了解上、下层水温之差，最好能测知虾塘内水温的昼夜变化。

（2）**盐度**　通常用盐度测定仪测量盐度，也可用比重计或盐度计测量。在用精密比重计测定比重的同时应测量水温，以便换算盐度。在实际生产中，有时需要马上知道海水大体的盐度，这时可用普通比重计测出海水比重后以"快速简算法"求出大体的盐度。其方法步骤如下：①用比重计测知比重，例如比重为1.021。②将所测比重最后两位数21乘以0.3得6.3。③将6.3与比重最后两位数（21）相加（6.3+21）得到27.3，27.3就是海水大体之盐度。如比重为1.005，其大体的盐度为6.5，比重为1.030，其大体的盐度为39。

96. 如何做好养殖期的水环境管理工作？

（1）**保持水位及换水**　在养殖前期每日添加水量为3~5厘米，直到池水达到所需水位并保持该水位不变。此期间如果盐度在32以上，并且盐度还继续升高，又无淡水可加，则每日可排出少量池水，同时加入蓄水池的水。在养殖中、后期根据透明度及藻相变化，如透明度过低（低于20厘米），或者透明度较大（大于80厘米）、有害的单细胞藻过量繁殖等，均需酌情换水，采取少换、缓换的方式，勿大排、大灌。进水缓慢加到池塘水上层，日换水量控制在5~10厘米以内，排水后加入蓄水池的水之前，在养殖池应先加入粒度为80目以上的沸石粉，每亩用量为20千克。整个养殖期要保持水位在1.5~2.0米以上，严防养殖池渗漏。如有可用的淡水资源，可适量使用淡水，使养殖池保持适宜的低盐度。

（2）**使用增氧机**　保持池内有足够的溶氧。有限水交换系统必须使用增氧机械。建议在电力充足的地区使用水车式增氧机或叶轮式增氧机。增氧机的开机时间可根据溶氧需要，但在正常情况下，在放苗以后的30天内每天开机两次，在中午及黎明前开机1~2小时；养殖30~60天后可根据需要延长开机时间。养殖90天后，由于水体自身污染加大，对虾总质量增加，需要全天开机。此外，在阴天、下雨天均应增加开机时间和次数，使水中的溶氧量始终维持在5毫克/升以上。放置增氧机的数量及放置在何处应依据池形、面积决定。通常每池设2~4台，设置在池的四角。设置点离开池坝3~5米。各增氧机相互成一定角度，有利于形成同方向水流，集中残饵、污物。注意：对虾投饲时应停机0.5~1.0小时，以利对虾摄食。

(3) 维持稳定的单细胞藻藻相　在养殖全过程中，培养以单胞藻为主的水色和保持适宜的透明度是非常重要的管理内容。要求形成水色的微藻为绿藻、硅藻、金黄藻，它们的优势藻相能形成绿色、黄绿色或褐绿色。透明度控制在30~40厘米，经常检查浮游生物情况。

(4) 使用水质保护剂　每半月加沸石粉或以沸石粉、过氧化钙为主要成分的水质保护剂。沸石粉的使用量，正常情况下每15~20天按20~30千克/亩添加，或者按产品销售使用说明使用。也可使用麦饭石粉，使用量同沸石粉。适当使用石灰石粉（$CaCO_3$）或白云石粉 [$CaMg(CO_3)_2$]，可以维持养殖池水总碱度，预防pH值大幅度波动。施用方法是在养殖过程中每半月施甩1次，每亩用量为10~20千克，或每2~3天施用1次（每亩用量为1~2千克），石灰石粉或白云石粉的粒度应在80目以上，要求池水总碱度应达120毫克/升。

(5) 使用有益细菌制剂　有益细菌在对虾养殖上的应用是无公害养殖的重要技术手段。当前在我国经常使用的作为环境保护剂的有益微生物制剂有两大类：一类是利用光能的光合细菌，另一类是有益的化能异养细菌。①光合细菌：目前在养殖生产上应用较多的是红螺菌科的菌种。光合细菌在池塘底部，对池水及底泥中的氨氮、硫化氢、有机酸等可很好地利用，因此可以迅速净化水质。虾池使用的光合细菌，应该使用培养基的盐度和养殖池盐度接近的光合细菌，活菌量不低于10亿~15亿个/毫升，每亩至少施用10升。主要撒播在池底，以后定期每20天施用1次。②芽孢杆菌：每克产品（干）含菌量达20亿个。对虾池投放虾苗后3~5天开始使用。对首次使用的养虾池每立方米水体施用1.5克，以后每15~20天再施用1次，用量减半。

97.在养殖斑节对虾和南美白对虾时为什么要添加淡水？如何添加才科学？

斑节对虾和南美白对虾是广盐性的虾类，适应盐度在0.5~45.0。笔者1986年在深圳南头、西乡一带养殖对虾时，池水盐度几乎等于零，但是斑节对虾仍然养得很成功。为何要加淡水？淡水对海水养殖来说是最好的消毒剂，绝大多数适应海水环境的细菌及病原体、寄生虫都不能适应淡水，故在养殖过程中要根据对虾不同生长阶段对盐度的适应能力而淡化海水，这有利于对虾快速生长。整个对虾养成过程可分为三个阶段。

第一阶段，虾塘盐度必须与育苗厂的盐度接近，盐度最好控制在20~30，到对虾长到5厘米左右为止。

第二阶段，开始逐步淡化池水，即注淡水入虾塘，使池水盐度逐步下降到10~15，再淡化到盐度8左右，再淡也可以，至对虾体长长到12厘米以上为止。

第三阶段，到对虾收获前半个月，再逐步调高虾塘水的盐度，盐度恢复到20以上。

提高池水盐度的主要目的是使之成为虾壳坚硬、肌肉结实、活力更强的高品虾，活体运输时成活率高、可卖出好价钱的商品虾。

98.日常对虾塘管理重点要检查哪些内容？

俗话说"三分苗，七分管"，就是这个道理。虾塘管理要检查如下内容：①检查闸门是否牢固、严密，各类拦网有否破损，堤坝是否漏水；②观察虾塘水色，正常的水色呈淡茶褐色或黄绿色，水色新鲜，透明度在30厘米以上，无异味。若虾塘水色突然变清或出现红、绿、白浊等水色，表明有害藻类正大量繁殖，应及时更换新水，使水质得到改良；③检查塘内对虾摄食情况及饵料消耗量。若塘内残饵过多，必须及时清除，应视情况及时调整饵料结构或投饵数量；④早晨和傍晚应加强检查对虾活动情况，有无浮头预兆。一旦发生就要立即增氧，防止因严重缺氧而引起泛塘；⑤检查发光现象。塘内闪闪发光，虾农称"水红星"，主要是夜光虫、甲藻或发光细菌大量繁殖之故。夜光虫大量繁殖往往引起虾塘缺氧，造成对虾窒息死亡。甲藻类能分泌毒素，对鱼虾有毒害作用。可通过换水或泼洒0.7毫克/升的硫酸铜溶液将其杀死；⑥要按时收听气象预报，注意天气、潮汐变化趋势，防止台风暴雨或大潮带来的灾害性天气给养虾生产造成损失。

99. 如何促使对虾蜕壳？

据研究，对虾一生约需经历50次蜕（皮）壳。它每蜕1次（皮）壳，就长大一点。相反，对虾不蜕壳，就不会长大，那些附着在体表的生物也不会随壳蜕掉。对虾要是长期生活在水质不良、投饵量不足和营养成分低劣的环境中，往往会影响蜕壳。改良水质，并适当投喂优质饵料或泼洒10~15毫克/升的茶粕液，以促使对虾蜕皮，加快其生长速度。

100. 为什么在同一虾池内生长的对虾会大小悬殊、"两极分化"？原因是什么？该怎么办？

一般来说，同一虾池对虾个体大小应趋于一致（同步生长），但有时同池对虾个体大小悬殊，出现"两极分化"的现象，广东虾农称之为"公孙虾"。在斑节对虾中，这种现象尤其明显。主要原因是投饵不足，有部分对虾长期无法食饱，另外是饲料质量不佳所引起的。在饲料质量优良而投量不足时，个体强壮的对虾竞食能力强，获得食物多，生长快，反之，竞食能力差的个体生长缓慢。如果投饵不足的情况继续下去，强者更强，弱者更弱，就会出现个体明显差异，导致对虾相残现象。在个体参差不齐、大小悬殊的虾塘中，对虾的产量和质量都不甚理想。遇到这个问题，应主要采取以下两种措施予以补救。

一是增加投饵次数。采取"先大、后小，先粗、后精，先干、后鲜"的措施。每日投饵6次以上，在投饵时先投颗粒较大的饵料，让个体大、竞争力强的大虾先食饱。后投颗粒较小、营养价值较高的饲料，或者投喂些新鲜的活贝类，让个体小、竞争力差的虾能充分摄食。这样处理后，小虾就会加快生长，经一段时间逐渐使虾池内的对虾大小趋于一致。

二是用茶子饼刺激虾蜕壳。对斑节对虾除用投精饵来增加个体小的对虾营养之外，还要用茶子饼来刺激蜕壳，才能更有效地促进对虾个体大小较接近。其方法是在虾苗放养后1个月左右，每隔15~25天在虾池中施一次茶子饼（20毫克/升左右）。施茶子饼4小时后配合换水效果更佳。其作用如下：①可促进虾蜕壳，减少对虾大小悬殊的现象；②能杀死害鱼，减少肉食性鱼类的危害；③能起到肥水作用，增加虾池的饵料生物。采取上述方法可使虾池内对虾"两极分化"趋势得到缓解，从而提高对虾的质量水平。

101. 对华南地区的半精养虾池及老化池应如何彻底清塘？

华南沿海地区的养虾塘大多数是潮间带低位池，一般建在港湾河口周围，底质条件复杂。这些虾塘又多位于红树林地带，底质为海滩淤泥沉积而成，新开挖虾塘的底质往往含有大量硫、氮、铁等物质，污泥腐败发臭和铁锈水十分严重。许多虾池排不尽水，晒塘也难。有的旧虾塘已老化，根本无法使用，加上近年来生活废水、工业废水及养殖自身污染水的排放，造成近海水域水质大面积富营养化，使对虾养殖纳水问题很难解决，所以必须做到彻底清塘清毒，才能进行健康养殖。养水要先养土，这是对虾养殖整个系统工程中的首要问题。

要做到彻底清塘必须注意以下几点：①清塘排水时，伴以冲洗，去除池底污泥，待干底之后移去上层污土；②底质要翻、耙、曝，使其充分氧化；③修整池岸，去除池边的敌害及蟹洞、鼠洞等；对老化排不干水的池塘要彻底加以处理；④加水或用微生物制剂和氧化剂进行浸泡、冲洗；⑤去除污泥后铺上沙土并加以翻耕多次，效果更佳；⑥纳水、消毒；⑦如果底质含偏酸性的硫化铁成分，最好铺设人造地膜，其上再覆盖处理过的泥沙等。铺地膜的虾塘管理要比硬池更难些。

102.彻底清塘除害后纳水以多少为宜？

以往许多书籍及有关报告都认为苗期虾池水深以30~40厘米为好，理由是阳光充足对光合作用有利，便于藻类的繁殖，但从多年的经验来看，在华南地区一般放苗较早，中午气温高，早晚较凉爽，而且常有冷空气南下，如果苗期池水太浅，水温热容量少，温差变化太大，超出虾苗适应能力，所以清塘消毒后纳水的水深最好在50~80厘米或以上为佳。水位高，一则藻类稳定，二则不会使丝状藻过量繁殖，使水变清而影响虾苗的成活率，尤其是在封闭式及半封式养殖中，虾苗一开始就进入一个生活环境较稳定的深水环境，可以保证成活率和水质的稳定，防止病害的侵入。

103.虾塘池底青苔很多，池水很清，为什么水肥不起来？该怎么办？

南方地区气温高，老虾塘水色很不稳定，不仅对虾难以生存，而且有益藻类也培养不起来，这时候如果施肥，则越施肥料塘水越清。原因是肥料问题，特别是化肥沉到入水底后很快会被底藻吸收，有益浮游藻类就得不到营养。塘的水深越浅，池水越清，水色越培养不起来。因为阳光能直射水底，底藻得以疯长。一旦形成了恶性循环，只能放水重新施肥了。因此，肥水时一定要一次性进水并达到最高水位，这样可以减少底藻被阳光直射后疯长的机会。另外在施肥时使用的肥料不能单一，要按塘底本身的营养程度，视老塘还是新塘，泥底还是沙底而施用不同的有机肥或无机肥。现在有的养殖者用化肥在进水口吊袋和用发酵的鸡粪吊在塘边追肥，这样可以很好地解决有益浮游藻类生长问题。

104.对老化虾塘应如何改造养水？改造后应如何正确投入使用？

有些虾塘已完全老化，因此年年养虾，年年失败。对这些老虾塘该怎么办好？以下是改造老虾塘的具体做法。

（1）**彻底清塘** 清除池底表层15~25厘米的污泥，将各种有机物与污泥搬至池外，要重点清理虾池死角。清池不彻底的要加铺3厘米以上消毒的新沙土，否则陈年污物翻起将后患无穷。这是养虾中最为关键的一环，也就是养虾必养水，养水必先养好土（底质）的道理。

（2）**排水** 对池底积水不能排干的虾池，可用吸泥浆机将池底淤泥连同污水一同抽出去，封塘，氧化池底有机物，再用拖拉机对泥土进行翻耕，使被覆盖在深层的有机物氧化。冬天，反复浸泡、冲刷池底，带走污泥浊水。

（3）**重新改造底质** 斑节对虾喜泥沙质底，日本对虾要求砂质或沙泥底，清淤结合挖深改造老化的不合格虾池，底质不适宜的可以铺沙改造底面。老化塘改造后可鱼虾混养或虾鱼贝混养，根据虾塘的面积和地理条件，最好有淡水，可混养不同鱼类。在华南地区可将虾与罗非鱼混养，最好与鲻鱼混养；在面积小的虾塘可吊养蚝。另外，老虾池第一造不养，可收卖第一造收获的斑节对虾（每

千克80条健康成虾），每亩放养2 000尾（25千克），养到年底每千克
有20条左右，可取得显著的经济效益。

老化池改造后放养密度要小些，一方面可给对虾较大的活动空
间，另一方面也可减少水质的污染。对虾防病可采取"强化营养、
提高对虾免疫力、稳定水质环境、加强对虾抗病力、缩短养殖时
间"等措施进行健康养殖。具体步骤如下。

①早期壮体：虾苗入池后必须投喂高效、优质的高蛋白鲜活饲
料，调配可口的诱食剂以增强幼虾的体质，增强对虾免疫力和抗病
力。可投喂优质天然饲料如打成浆的小牡蛎（蚝）肉和广州市嘉仁
高新科技公司研制的鱼虾壮元。②中期加强防病措施，保持水质的
稳定，使pH值保持在8.0~8.5，每日变化最多不得超过0.4或0.5个单
位（如果虾很健康，则可容忍较大的变化）；盐度最适范围为10~
20，每日变化不得超过5。定期测定水质，可添加石灰、沸石粉、
白云石粉或微生物制剂。漂白粉只可半个月添加一次，而且以少量
为宜。要选用高效、优质、营养均衡的新鲜饲料，饲料中应定期加
入免疫成活剂，饲料中亦可定期加入药物，如大蒜、穿心莲、五倍
子等。人工饲料中应添加多种维生素C，维生素E，叶酸以及肌醇、
矿物质等，以增强虾的活力。③后期要注意饲料的强化。在中期的
基础上加大投饵量，特别是在傍晚和深夜，此时是对虾食欲旺盛的
时间。还要加强饲料的营养，适当提高虾池的盐度，促进对虾脱壳
或增强虾壳的硬度，提高对虾的商品质量。

105. 如何把动物肥变成养殖肥？

把动物粪便变成生物肥的办法很多，这时介绍两个方法供参考。

（1）把粪便和生石灰搅拌进行熟化 一般每吨动物肥加生石灰
100千克，粪便腐熟成稀泥状再使用。这样不但可以杀灭粪便中的
大部分病原微生物，同时生石灰亦是一种良好的水质改良剂。

（2）把微生物制剂加入到粪池内进行生物分解 把粪便转变成

有机物，有益于饵料生物的快速培养和生长。

106.为什么虾苗放养30天左右最易发病？

虾苗本身携带病毒，放苗后往往养殖1个月左右即出现症状。在华南地区，一般发生在第一造养殖的最后一个寒流的清明后。从气温条件看，25~26℃是病毒暴发的最合适气温。如果选择不带病毒的虾苗，只解决了病毒垂直感染问题，如果清塘彻底、水质稳定，做好放苗前的防范工作，并以高效、优质的饲料养殖，就可以渡过养殖1个月左右发病的难关。

107.养殖期间突降暴雨应采取什么措施？

突然而降的大暴雨会使虾池中的水质因子如盐度、pH值、水温等发生突变，此时对虾必须迅速改变身体机能，调节机体代谢功能来适应外界环境的突变，这通常需要付出较多的能量，而这又往往会影响对虾自身抵抗病害的能力，给病原体提供了入侵的机会。在这种情况下，应采取如下防病措施。

①雨后尽快测定池水的pH值，如PH值降到8.0以下，就要用生石灰调节。要提高水体的pH值，生石灰的用量约为10毫克/升，要根据虾塘的实际情况，算好用量。

②有条件的可投入沸石粉或施放光合细菌。

③尽量投喂高效、优质的蛋白饲料，饲料中添加0.5%的维生素C或0.05%的多维添加剂。

④由于雨水进入虾塘，为避免陆地上有机物把池水搅混，造成悬浮物增多、藻类死亡、池底溶解氧降低、理化因子急剧变化，应开动增氧机。

⑤大范围降雨时，要防止池水分层。如发现对虾浮头，有条件的要马上启动增氧机和鼓风机增氧，同时每亩可投放光合细菌2~3千克。

⑥对虾养殖在不同的环境中情况会各异，即使在同一个虾场

内，由于虾池不同状况也会不同，因此防病不可盲目，要根据各虾池的具体情况具体处理。

⑦养殖实践告诉我们，对虾养殖环境是多变的，必须控制好养殖过程中的每个环节。为此，要多学习有关对虾的科学养殖知识，否则虾病发生时慌乱防治成效是很低的。虾病防治重中之重在于防。

108. 对虾的体长、体重与日摄食量有何关系？

日摄食量是指1尾对虾1天所要摄取食物的数量，以克计。日投饵量主要依据对虾日摄食量来确定。通常情况下，虾塘都要设置饲料观察台，用伞网放饲料以观察对虾的摄食情况。摄食量因对虾发育阶段而异，随体重增长而有变化，随个体生长而逐步增加。日摄食率（对虾日摄食量与自身体重之百分比）随体重增加而下降。一般说来，对虾的日摄食量与体长、体重具有如下关系：体长为1~2厘米的对虾，其日摄食量约占其自身体重的150%~200%；3厘米长的虾为100%；4厘米的为50%；5厘米的为32%；6厘米的为26%；7厘米的为24%；8厘米的为18%；10厘米的为13%；12厘米的为10%；13厘米以上的为5%~8%；以斑节对虾为例，其日投饵量（配合饲料）一般按每尾体重来计算。若每尾虾重为1克，则应投饲料为体重的16%，即需0.16克的饲料；2克的虾为14%；3克的虾为12%；5克的虾为10%；8克的虾为8%；15~20克的虾为5%~6%；20~30克的虾为5%；30克以上的虾为4%左右。

109. 在对虾健康养殖中怎样做到合理投饵？

合理投喂是对虾健康养殖管理中的一项相当重要的工作。要做到合理投喂，就需要根据如下具体情况计算出投饵量：①必须掌握虾场内现有对虾的数量和个体大小，这是计算投饵量的主要依据；②根据当时对虾所处生长阶段、生活状态和生理状况；③根据当时天气、水温和水质条件；④根据饵料的品种和质量；⑤了解虾场内基础饵料生物的多寡。

110. 养殖斑节对虾为什么要添加淡水？添加淡水有什么好处？

斑节对虾是广盐性种类，可忍受盐度为2~45。黑壳苗在海水和淡水的环境中几乎都能养殖成功，尤其是低盐养殖，成长快，所以养殖者应以2~12盐度范围放养，最好是将盐度逐渐降低。因为在低盐养殖环境中对虾抗病能力较差，需要使用优质饲料，增加对虾抗病力和对虾自身的免疫力。到养殖后期，可添加海水使成虾养得更加结实。一般情况下，斑节对虾最适生长盐度为10~20，有淡水更好，可预防白斑病毒病的暴发。

111. 养殖南美白对虾应如何对池塘进行换水？

养虾就是养水，这是广大虾农的经验之谈。南美白对虾对水质的要求虽不如其他对虾对水质的要求高，但也要注意水质变化，坚持严格的要求。

由于近海养殖环境超负荷、污染严重，因此要改变过去大排大进的换水方式，实行少排少进或只添加少量新鲜海水的方法，也就是搞封闭式内循环、半封闭的养殖方式。南美白对虾对盐度变化适应能力强，只要一次盐度变化幅度不超过5，也能照常成活，对生长不会有不良影响。养殖池内经常注入适量淡水，改善生态环境更有利于对虾的生长。

换水是养殖过程中的必要环节和措施，但换水量及换水方法要结合每口虾塘的实际以及对虾的生长等情况来确定。在正常情况下，养虾池换水总的原则是勤换、多换。但必须重视以下几种情况：①白天少换，傍晚后多换；②天晴少换，天阴多换；③有风（池面见波浪）少换，无风多换；④对虾密度大时多换，密度小时少换；⑤池内生物量高时多换，反之少换；⑥水色深，透明度小于30厘米时多换；⑦水温超过30℃时多换；⑧对虾出现暗浮头时多换；⑨不纳潮头水，防止污水进塘；⑩严禁用已经污染的海水（包括赤潮水）。对高位提水池或使用增氧机养殖时，开机时水面出现较多泡沫不散或固体悬浮物增加时必须换水，但换水量不宜超过30%，可先排到一定水位后再进水。

112.怎样检查虾胃的饱满度？

对虾胃的饱满度大致可分为饱胃（胃内充满食物，胃壁膨胀）、丰胃（胃含物占胃区的1/2以上）、残胃（胃含物不足胃区的1/4）、空胃（胃内无食物，虾体呈透明状）四个等级。检查虾胃的饱满度可以及时了解投入塘内的饵料质量与数量以及对虾的摄食强度。一般来说，池塘内饵料充足，虾的饱胃和丰胃应占半数以上，但有时会遇到这种情况，即使池内饵料缺乏，对虾仍吃得很饱，原因是对虾常摄食杂藻或底泥，造成营养缺乏。

113.就斑节对虾而言，怎样投喂饲料才科学？

根据斑节对虾昼伏夜出的生活习性，要着重掌握好如下几点：①每日投喂的次数应多，而量要少，投撒均匀；②夜间多投，白天少投，夜间投饵量占全日投饵量的65%，白天投饵量占35%；③天气差时少投，天气好时多投；④水温高于34℃或低于20℃时少投或不投；水温在27~31℃时多投；⑤水质差时少投，水质好时多投；⑥下药时少投或不投，饲料变质时不能投；⑦6级风以上时不投，虾大批蜕壳时少投；⑧在高温季节每日10：00—16：00不宜投饵；⑨蜕壳后第一天投饵量要增加20%，以后按正常投饵；⑩大风暴雨时不投，水质恶化时不投，对虾浮头时不投。

114.可以利用蚯蚓喂虾吗？

蚯蚓历来是钓鱼佳饵，但也有人利用蚯蚓来养虾以增加动物性蛋白。不过使用前必须将蚯蚓用高锰酸钾消毒，冲洗干净后用绞肉机绞成糊状，拌入一定比例的干粉料，也可把活蚯蚓烘干或晒干，磨成粉状，作为添加剂使用；有的科研单位采取生化提取法，将活蚯蚓中所含的氨基酸提出，制成液体添加剂。实践证明，用蚯蚓饲养对虾有以下好处：①蚯蚓是动物性天然活饵料，蛋白质含量高，营养全面，易于对虾消化吸收；②用蚯蚓喂虾不污染水质，可降低饲料成本；③蚯蚓作饵料可以就地取材，不受储存和运输等条件限制。可见利用蚯蚓养虾是有科学根据的，是可以利用蚯蚓喂虾的。

115. 采用高位池养殖对虾在饲料投喂方法上如何做到科学投喂？

高位精养虾池是一个全人工控制的生态系统。该系统对虾苗、饲料营养以及水质、底质、增氧设备等均有较高的要求。就饲料而言，必须选择饲料系数低、配方合理的优质高效饲料，即选择设备好、技术力量雄厚的大型知名企业生产的饲料。因为饲料的好坏直接影响到水质与底质，使用劣质饲料会使残饵增多，破坏水质、底质，降低对虾的抗病力，甚至诱发疾病，所以选购优质饲料和投饵方法是一项既复杂又简单的工作。说其复杂是因为要做到科学投喂，必须掌握虾的成活率、规格、天气变化、水温、蜕壳周期、水质变化及对虾健康状况等因素。建议每天投饵4~5次，以少量多餐为宜。在实际操作中虾苗入场后应以0号料投喂，每天投喂5次。从1号料开始每天投喂4次；在低水温期间全天投饵5次。投饵时间见表2-1和表2-2。

表2-1　5餐次投喂时间及投饵比例

5餐次	投喂时间	投饵比例/%
第一餐	05：00	30
第二餐	10：00	10
第三餐	15：00	10
第四餐	18：00	30
第五餐	23：00	20

表2-2 4餐次投喂时间及投饵比例

4餐次	投喂时间	投饵比例/%
第一餐	05：00	30
第二餐	11：00	15
第三餐	18：00	30
第四餐	02：30	25

注：在低水温期，第一餐时间可推迟到07：00，以后每餐投饵比例也应做相应调整。

116. 高密度精养南美白对虾应如何投饵才科学？

根据对虾的摄食习性，在养殖过程中每天必须定时投饵，一般对投饵次数及时间不应轻易频频变动。在水质恶化、虾体摄食量下降的情况下，应减少下次投饵量，而不应推迟投饵时间。

在高密度养殖南美白对虾时，对虾在虾池内分布均匀，投饵时力求均匀撒布，切忌造成堆积。因为饲料成堆或分布过密，对虾争食时会将底泥及污物搅动起来，把部分饲料埋掉，导致残饵分解腐败使底质变坏。在养殖前期投喂0号饲料加"鱼虾壮元"。由于分量较少，很难撒布均匀，因此最好事先用干净海沙按1:1混合后再投喂，利用沙粒将饲料分散，沙先下沉，饲料落于沙上，便于虾仔摄食。从0号料过渡到1号料应渐次加入1号料，先投0号料，后投1号料，直至1号料占90%才算过渡完成，但仍需保持10%的0号料，沿池边水面投喂，照顾较小的虾仔也能吃到饲料。1号料过渡到2号料同样依上述方法，这对养成后的虾体均匀有益处。

在养殖前期，投料时可暂停增氧机，待虾吃饱后再重新启动增氧机。在养殖中后期，如密度较大，虾已养成到一定的规格，投饲时如增氧机全部停机，可能会引起虾缺氧而浮头，特别是在夜间或清晨，更有可能出现缺氧现象，这时可采取停开部分增氧机或投料时避开增氧机增氧产生的流水道，以免饲料被水流冲积成堆，造成浪费，甚至产生污染。在养虾池内要设立饵料观察网4只，分别设在深水区及浅水区，以便了解池塘内虾的摄食状况、健康状况及底质现状、饲料质量等，便于及时调整下一天的饲料投喂量。以每餐所占的比例，调整投饵区的比例，在吃得好的区应多投，在吃不好的区要少投。有时观察网内的饲料被吃光，这并不代表池底饵料也被吃完。如池底质变坏，许多虾专吃观察网内的饲料，结果误导虾都到那里吃食。所以要结合巡塘对天气、水温、pH值、盐度、水色、水质等的记录随时做出调整。

117. 为什么在养虾池中要设置饲料观察网或饲料台？其作用是什么？

要健康养殖对虾，投喂饲料是头等大事。设饲料观察网是获得科学投饵依据和观察对虾生长情况的重要手段。在每口虾池一般设饲料观察网4只。观察网应分散放置在设定的投料区内，并分深水线区和浅水线区，投饵后约1.0~1.5小时，分别核查饲料观察网内的如下情况：①饲料是否已被吃完；②网内遗留下多少虾的粪便；③网内虾的数量、活力；④剩余的饲料颗粒是否完好；⑤网内虾的胃及肠道是否充满饲料（空胃、半胃或是饱胃），肠道有否断节，虾体色及外观是否正常。对上述观察到的情况以及观察网是在哪一料区、哪一时段（哪一餐）都要做好记录。通过观察饲料观察网的情况与虾池的pH值、水温、盐度、水色、水质等情况，便可全面了解对虾生长概况。

118. 配合饲料的投喂方法和控制饲料量的技术有哪些？

（1）投喂次数及方法 在南美白对虾放苗后的第一个月，通常日投喂4次，即每日早上06：00—07：00、中午10：00—11：00、下午15：00—16：00、晚上20：00—21：00。以后随着对虾增长加大投饲量，可以增加投喂次数，每日投喂6次，即从早上06：00—22：00，大约每3个小时投喂1次，下午以后的投喂量约占全天投喂量的60%。在养殖初期对虾活动范围小，应全池投喂。随着对虾的生长，可选择虾经常聚集处、无污物区投喂。

(2) 投喂数量 每一种饲料生产厂家均列出了按对虾体重计算出的投喂量，可供参考。影响对虾每日摄食量的因素十分复杂，投喂量最重要的参数是池内对虾的存池量。可以用打网及经验来估计池内对虾的存池量。一般较好的配合饲料，可以按照饲料系数1.5来设计整个养殖期饲料总需求量。如果使用优质饲料，掌握投饵技术，池内基础天然饵料利用较好，饲料系数可降至1.2~1.3。根据对虾生长情况控制饲料质量及数量。例如当水温达32℃以上的高温时，溶解氧低于3毫克/升，氨氮含量超过1.0毫克/升，水温低于22℃时，南美白对虾摄食量大幅度下降，一般均达不到正常摄食量的50%，应相应减少投饲量，直至停止投喂。估计南美白对虾的投饲量可以使用饲料网盘。饲料网盘可用细筛网制作，以饲料不漏失为准。每个饲料网盘的面积约0.5平方米，方形或圆形，周边有高5厘米的框边。通常每5亩放置饲料网盘2~3个。根据饲料网盘中饲料的剩余情况来估计全池投饲量是否合适。计算方法如下：在对虾体长5厘米以前，可按本池每次总投饲量的1%~2%投放饲料。当对虾体长为6~8厘米时可按本池每次总投饲量的2%投放饲料。体长9~12厘米时可按本池每次总投饲量的3%投放饲料。检查时间为下次投饲料前1.5~2.0小时。如基本吃完表示投喂量合适；如有剩余，则表示投饲量过多；如投饲后0.5~1.0小时全部吃光，则表示投饲量不足。对虾摄食后，饵料的最高利用效率是出现在对虾摄食量为80%时的饵料利用效率。饱食后的饵料利用效率并非最佳。考虑到养殖池有许多天然饵料可以利用，因此实际投饵量以对虾饱食量的70%~80%为佳。

(3) 利用鲜活蓝蛤及卤虫的注意事项 我国许多地区有蓝蛤及

卤虫资源，经调查它们虽然偶尔也检出白斑综合征病毒阳性，但检出率甚低。在有条件的地方应适当地使用这些饵料生物作为对虾饲料，这对提高养殖对虾的体质、提高抗病能力有重要作用，但使用这些生物应注意其鲜度，不但投喂前应冲洗干净，而且应小心地剔除其中的蟹类、虾类等甲壳类生物，一定要使用活体。一般情况下，只在养殖后期使用，每日的投喂量不超过对虾当日摄食量的1/3。使用卤虫同样也应注意其新鲜度，并且经常抽样作白斑综合征病毒病原检测，做到当天采捕当天投喂，不过量使用。

119. 对虾养殖为何要实行"四定"投饵法？

饵料投喂是对虾养殖生产中非常重要的环节。投饵不足，对虾处于饥饿状态，必然影响其生长发育；投饵过量，提高了生产成本，又因残饵过剩，容易污染水质，引发虾病。因此，虾塘投喂要实行"四定"投饲法。

（1）**定质** 投喂鲜饵，质量要新鲜、清洁适口；切忌投喂腐败变质的饲料。在投喂鲜饵前，应洗净消毒。对带壳贝类要冲洗压碎后投喂，但体长为7~8厘米的对虾可活体投喂。

（2）**定位** 为便于清理残饵和保持水环境的清洁，虾塘应搭设食台，使虾群集合在一起摄食，同时注意不要把饵料投到环沟和软泥处，以免污染底质，影响对虾栖息。

（3）**定时** 投喂饵料要定时。一般日投喂2次，即清晨和傍晚各投喂1次，但投喂配合饵料每天不少于5次。潜伏型对虾由于夜间觅食多，最好安排在傍晚和夜间投喂。

（4）**定量** 根据各期对虾的体长、摄食情况、天气变化、水温、水质以及投喂品种等具体情况，投喂一定数量的饵料。每次投饵后1小时左右要对对虾的摄食情况做一次检查，若饵料基本吃完，则说明投饵合理，但若提早吃完或塘内剩饵过多，则应根据实际情况对投饵量作一次调整。每日的投饵量切勿时多时少，以免对虾饥饱失常影响正常生长。

另外，如有下列情况应减少或停止投饵：塘内溶解氧低，对虾发生浮头时不投；水质严重污染、浮游生物大量死亡时不投；夏季水温超过30℃时少投；大潮汛时多投，小潮汛时少投；台风暴雨、天气闷热时少投或不投；天气晴朗时多投，阴雨时少投；对虾大量蜕皮时少投，蜕皮后大量进食时多投；虾体大小悬殊时适当多投；虾病暴发时停止投喂。

120.投饵时应注意哪些事项?

(1) **合理确定投喂量** 在投饵时一般不需要投喂饱食量，否则剩下的会使虾塘水质环境变差。另外，池塘内也会繁殖一定数量的天然饵料，再考虑到蜕皮等对虾停食的因素，一般可按日摄食量的70%~80%投喂。

(2) **观察对虾摄食情况** 投料后仔细检查对虾的摄食情况，注意投饵是否很快被吃光。一般情况下投饵后1.0~1.5小时应有90%以上的对虾达到饱腹程度，否则是投饵不够。如在下次投饵时，虾塘内仍有残饵，则应减少投饵或停止投饵。

(3) **观察对虾生长和活动情况** 7—8月份对虾体长日增长值应在1毫米以上，如达不到这一数值，可能是投饵不足。对虾白天成群结队地沿池边朝一个方向游泳，也可能是投饵量不足所致。如有上述现象，则应适当增大投饵量。

(4) **观察环境和水质情况** 水温过高或过低、盐度突变以及水质不良，均可引起对虾摄食量下降，尤其在水质不良时，如果仍按正常投饵量投喂，便会出现残饵。残饵将加剧水质、底质恶化，形成恶性循环，严重时将引起对虾窒息死亡。因此，在水质不良时应努力设法改善水质，及时施用沸石粉或消毒剂。

(5) **对虾饲料存放** 应在干燥、阴凉的地方，一经开包，尽快用完，以免香味、药物流失和变质。

121. 南美白对虾健康养殖应如何提倡科学投喂饲料？

饲料是对虾养殖的物质基础，要健康养殖对虾，首先就要选择配方合理的优质饲料。光有好的饲料，如果没有投饵技巧，也不可能提高产量。投饵管理要做到相对合理化，即既要保证对虾吃饱，又要兼顾养殖环境不受污染和节约成本。下面讲讲怎样投饵才更科学：①坚持少吃多餐（每天投饵次数不少于4次）的原则；②不投喂腐败变质和劣质饲料；③傍晚后和清晨前多喂，烈日情况下少喂；④投饵1.5小时后，对虾空胃率超过3%的适当多喂；⑤水温低于15℃或者高于32℃时少喂；⑥风和日暖时多喂，大风暴雨天气暂时不喂；⑦对虾大量蜕皮的当日少喂，蜕皮1天后多喂；⑧池内竞食生物（如脊尾白虾）多时适当多喂；⑨水质好时多喂，水质变坏时少喂；⑩对虾出现暗浮头时少喂，发现浮头死虾或有病虾时必须暂停投喂。

在投饵时应该注意投饵方法：①分散投饵比集中投饵的效果好；②在上风面投喂比在下风面投喂效果好；③配合饲料药饵料配好每半个月投喂以防病害。以上所列的投饵要求必须因时、因地制宜，做到灵活掌握。

122. 对虾的日摄食量与哪些因素有关？如何估算日投饵量？

饲料是对虾生长的物质基础，掌握对虾食性特点，进行正确的投饵是养虾成功的关键之一。合理投喂就是根据虾塘投放多少苗，现有多少虾以及对虾在不同生长阶段的生理需要和当时的生活状态进行精确的投饵，避免盲目投饵。虾塘内现有对虾数量和个体大小是计算投饵量的主要依据，其次是当时对虾所处生长阶段、生活状态和生理状况，天气、水温和水质条件以及饲料的品种和质量。日摄食量是指1尾对虾1天摄食该饵料的克数，投饵量主要依据对虾摄食量来确定。摄食量因对虾发育阶段而异，随体重而变化，随着个体生长而逐步增加，而日摄食率（日摄食量与自身体重之百分比），则随对虾体重增加而下降，各种对虾大同小异。

一般说来，对虾日摄食量与体长、体重的关系大体如表2-3所示。

表2-3 对虾日摄食量与体长、体重的关系

对虾体长/厘米	日投饵量/(千克·万尾⁻¹)	对虾体长/厘米	日投饵量/(千克·万尾⁻¹)	对虾体长/厘米	日投饵量/(千克·万尾⁻¹)
1.0	0.13	6.0	3.07	11.0	8.99
1.5	0.27	6.5	3.54	11.5	10.00
2.0	0.44	7.0	4.03	12.0	10.47
2.5	0.66	7.5	4.56	12.5	11.26
3.0	0.90	8.0	5.12	13.0	12.07
3.5	1.19	8.5	5.68	13.5	12.85
4.0	1.53	9.0	6.30	14.0	14.63
4.5	1.85	9.5	6.93	15.0	15.50
5.0	2.23	10.0	7.59		
5.5	2.63	10.5	8.27		

123.怎样掌握对虾的投饵技巧？

投饵要坚持优质、适量、多餐、吃饱的原则。既要保证对虾吃饱、吃好，又要兼顾养殖环境和节约成本。投饵的技巧可参照第121问中南美白对虾的投饵方法执行。投饵量的多少、不同阶段的投饵品种，要因地制宜灵活掌握，一般在仔虾阶段以池内基础饵料为主，不投饵或少投饵；在中期改投鲜活饵料和配合饵料为主（交替投喂）；在后期接近收获时，应适量投喂鲜贝类，以增加其肥满度。

124.为什么在养殖的中后期要在饲料中添加一些增强对虾抗病力的物质？需要添加哪些物质？添加多少，怎么添加？

在养殖过程中，经常要在饲料中添加一些增强对虾抵抗力的营

第二章 养殖水环境管理与对虾健康养殖技术

养物质，以补充目前饲料生产工艺过程中损失或不足的营养。常用的添加物有维生素C、维生素E、鱼肝油、甘草、大蒜等。维生素C、维生素E的用量为每千克饲料3~4克，鱼肝油用量约为每千克饲料2克，甘草用量为2%，大蒜为2%~3%。如对虾健康欠佳，还必须投喂预防药或治疗药，大多用"鱼虾壮元"（由广州嘉仁高新科技公司研制），以增强对虾的抗病力。不管添加营养品还是药品，关键是黏合工艺要处理好，目的是将药品均匀地黏在饲料上，使其不容易散失，这样虾吃进去，药物才能发挥作用。在添加时先把所需添加的药物兑水，再加入适量的海带粉，用搅拌机充分混合后，均匀地喷洒在饲料上，晾干后再喷上一层鱼油，再晾干后便可投喂。最好一天投喂2次，并选摄食情况最好的两餐。如发现对虾摄食不佳，必须立即添加"鱼虾壮元"以促进虾体恢复健康。

125. 在高位池养殖初期怎样才能有效控制池底浒苔的过度生长？

在高位池养虾前期经常会出现池底浒苔过度生长的情况，特别是在天气炎热的夏季和初秋更为常见。这是由于夏季光照强、水温高，加上虾池注水太浅，或者是虾池水色长时间没有培养起来，使池底的浒苔具备了良好的生长条件。虽然浒苔不会直接危害对虾，但浒苔的过量生长会严重影响对虾的活动和摄食，造成饵料的浪费。此外，浒苔与藻类争夺营养，加大了培养水色的难度。因此，在天气炎热的季节放苗，注水务必要一次注足，水深要保证在1.5米左右，并按照高位池和铺地膜的肥水方法，采用有机肥料挂袋和单胞藻类生长素全池泼洒相结合的方法，开动增氧机，尽快把虾池的水色培养起来，使透明度为30~40厘米，以有效抑制池底浒苔的生长。若浒苔已经大量生长，就必须捞除。施肥培养水色同步进行才能收到良好效果。硫酸铜虽有抑制或杀灭浒苔的功效，但同时也会抑制藻类的生长繁殖，治标不治本，一般不宜使用。

目前较有效的方法是定期撒"池底净"，浒苔多的地方可多撒些，当粒状消毒剂沉淀到池底后，慢慢溶解而发挥药效，如浒苔浮上水面，此时可用人力将其捞除。此方法既可去除浒苔，消毒池底，同时又不影响单胞藻类的生长繁殖，可获得事半功倍的效果。

126.如何做好南美白对虾养成期日常检查工作？

养虾技术人员应每日凌晨及傍晚各巡池1次，仔细观察养殖池环境变化、水色、对虾活动、安全状况，并做好记录。检查的主要内容如下。

(1) 养成期应经常做病原生物检测 重点作白斑综合征病毒和弧菌检测。对虾白斑综合征病毒检测，通常使用核酸探针、PCR技术。发现对虾有WSSV潜伏感染，最主要是保持水环境稳定，强化对虾营养。对养殖池水环境中的弧菌，应用弧菌选择培养基——TCBS平板培养计数，作环境中的弧菌数量变动监测。养殖池水环境的弧菌数量控制在10^3cfu/毫升以下。

(2) 清除养虾池周围的蟹类、鼠类 滩涂蟹类是WSSV的主要携带者，并且可因感染WSSV而死亡，是白斑综合征病毒的重要传播者。鼠类常在虾池边搬移死虾，可能造成同病原相互传播的危害。

(3) 测量水温、溶解氧等水质要素 每日日出时及16：00测量溶解氧、水温和pH值。每日测1次透明度，不定期测池水盐度变化，经常检测池内浮游生物种类及数量变化，有条件者可检测氨氮等其他水质要素的变化，水环境要素指标应达到我国的南美白对虾健康养殖要求。养殖池内溶解有机物、细菌量较多时，水受到搅动易发生泡沫，因此增氧机开动后水面不形成大面积泡沫堆积，可作为水质良好的重要指标。

(4) 观察对虾活动及分布 正常情况下对虾在池底索食。如发现沿池边长时间定向游动，属于不正常情况，例如缺饵料或池底不适。少数虾在池表层水面无方向缓慢漫游，时沉时升，应捞出检查是否发生疾病。注意发现病虾及死虾，发现少量病虾、死虾及时捞出。检查病因、死因。

（5）**每5~10天测量1次对虾生长情况** 可测量对虾体长，也可测量体重。对虾体长是指从对虾眼柄基部到尾节末端的长度，每次测量随机取样不得少于50尾。测量体重可捞取不少于50尾的对虾，一次称总重，再计算平均尾重。对虾生长速度因对虾大小、水温、饵料有较大差别，目前养殖的南美白对虾，每周生长速度应该在1.2厘米以上。90日龄体重可达18~19克，110日龄达20克。在28~30℃条件下，放养10毫米的虾苗，养殖70~80天，可达到25尾/500克。南美白对虾蜕皮周期为4.5~34.0天，平均为12.5天。每次蜕皮，头胸甲增长的范围为0.2~1.4毫米，平均为0.7毫米。每周体重增长量为体重的6%~55%，多数为20%。

（6）**观察对虾摄食及饲料利用情况** 通常对虾体重在10克以前，投饵量占体重的8%~12%；对虾体重为10~15克，投饵量占体重的4%~8%；对虾体重为16克以上，投饵量占体重的3%~4%。每天分4~6次投喂。投饵量应根据虾的摄食情况来确定，虾摄食多可多投，摄食少可少投，不摄食则不投。摄食情况如何应根据投饵后的检查，一般采取在虾池设置的小缯网内放置少量饲料，根据摄食情况判断投饵量。

（7）**定期估测池内对虾尾数** 对虾体长为3~6厘米时可使用已知面积的小抬网，在池内多处用抬网多次捕虾，凭经验估测存池尾数。体长为6厘米以上的对虾，可用旋网捕捞，抽样定量。在池内多点打网，按池内对虾分布抽样。根据捕到的虾数，利用如下公式求全池虾数：

全池对虾尾数=［每网平均对虾数/旋网撒开面积（平方米）］×虾池面积（平方米）

（8）**注意闸门、沟渠、池坝安全** 严防纳入其他虾池的死虾及发病虾池排出的水。注意增氧机运转是否正常，雷雨天气注意用电安全。

第三章 养殖水环境调控、修复与病害防治技术

俗话说"养好一池虾，首先要管好一池水"，养殖水环境的好坏直接关系到养殖的成败，水环境中各种因子的变化与对虾的健康状况和发病程度休戚相关。本章重点介绍了养殖水环境中各种因子与对虾病害的关系，并详细介绍了水环境的调控、修复技术与病害防治技术。

127. 消毒的基本概念是什么？

消毒是指用化学、物理和生物的方法来杀灭、消除环境中的致病微生物达到无害化的过程，不仅指池塘和水生态环境，还包括水产动物的体表和暴露的组织器官，如鳃等，此外还包括养殖用的工具和室内温室池的消毒。

128. 如何做好养殖水体的消毒？如何操作？

在水产动物养殖过程中，要定期对养殖水体进行消毒，根据不同的养殖品种和模式，选择不同的药物，可采用全池泼洒法、悬挂法或浸沤法进行。如预防细菌性疾病，可选用漂白粉泼洒，使水体浓度达1毫克/升。如选用生石灰，其水体浓度应达20毫克/升，还可在食场周围悬挂漂白粉，或选用乌桕、松针等中草药，扎成小捆散放在池中沤水来预防细菌性烂鳃病。如预防寄生虫类疾病，可选择硫酸铜、敌百虫等灭虫类药物，在经农业部渔业行业职业技能鉴定站组织的正规培训和经技能鉴定合格、取得高级以上职业资格的病害防治员指导下进行操作。

129.现代水产养殖中最担心的污染是什么？

现代水产养殖通常是要在有的限空间内放养大量的鱼或虾等品种，这种模式势必影响到养殖环境的性质，尤其是集约式的养殖，通常只是针对单一品种的鱼虾，要求在最短时间内获得最大的产量，于是放养密度大，投放大量的饲料，所产生的排泄物与残饵等超过自然界菌丛新陈代谢的负荷量，这些有机废物不能完全分解而累积于池底，导致池底有益微生物如硝化菌活动范围逐渐萎缩，并间接影响养殖系统的硝化能力，无法充分进行硝化作用，于是水质恶化，氨的浓度会剧烈升高，病菌大量繁殖，从而威协到鱼虾等养殖生物的健康，导至养殖生物死亡。因此，现代水产养殖中最担心的污染是氨、亚硝酸盐等有毒物质，它们被人们称为水产养殖的头号隐形杀手，可见危害之大。

130.常见几种重金属污物对水生生物的生态影响如何？

(1) 汞 汞的毒性大，挥发性强，但无机汞化合物大多数不易溶解，而有机汞化合物在脂肪中的溶解度比在水中高百倍，容易在生物体内积累，其毒性超过无机汞化合物。

(2) 银 银是一种危害性仅次于汞的金属污染物，安全浓度系数不大于0.005，在生物体内可竞争取代生物活性物质中的银，破坏酶和激素的正常功能；若由食物链进入人体，则可引起银中毒。

(3) 铬 微量铬是生物体必需的，高浓度时对生物毒性极大，其中以六价铬的毒性最大，有致癌作用；《渔业水质标准》规定铬浓度小于0.1毫克/升。

(4) 铅 在环境中非常容易与腐殖酸络合；铅在水体中的迁移形式主要是随悬浮物在流水中迁移，是蓄积性毒物。

(5) 铜 是生命过程中必需的微量金属元素，有30多种蛋白质及酶含有铜。铜对造血过程、细胞繁殖、酶的活性及某些内分泌功能都有重要影响。过量的铜也有毒性，对水生生物的毒性较强。

131.使用药物清池有哪些方法？如何操作？

一般在放养前选用合适的药物对养殖池塘进行消毒清池，清除池中的病原体和敌害生物。

(1) 生石灰清池法 生石灰有杀灭池中各种病原体及敌害生物的作用，使池水呈微碱性，保持pH值稳定，增加池水的缓冲能力，使水中钙离子浓度增加，起到施肥作用。生石灰还可降低池水浑浊度，有利于浮游植物光合作用，调水改水等作用。①干塘清塘：先将池水排干（湿池）或留5~10厘米池水，用打细的生石灰直接均匀全池泼撒，也可用水溶化（发）后不待冷却立即均匀全池泼洒。生石灰用量各地不一，还要结合原池塘底质酸碱性程度加减，一般用于干塘清塘每亩池塘用50~60千克；②带水清塘：在不排出池水或少排水的情况下施用生石灰清塘。将生石灰溶化后趁热全池均匀泼洒，每亩水面用量为130~150千克（平均水深为1米）。用生石灰清塘7~10天后其药性自然消失。

(2) 漂白粉清塘法 把漂白粉充分溶解后全池均匀泼洒，一般用量为每亩13.5千克，含有效氯30%的用量为20毫克/升。清池后4~6天药性自然消失。

(3) 茶子饼清塘法 茶子饼是油茶的果实榨油后剩下的渣，内含皂角苷，是一种溶血性毒素，能杀死野杂鱼类及部分敌害生物，但对病原体无杀灭作用。具肥水作用，但对敌害生物杀灭不彻底，还能助长蓝、绿藻的繁殖。

茶子饼清塘法在操作上也分干池清塘和带水清塘等方法，使用时提前将茶子饼用水浸泡一昼夜，与水搅拌连渣带水均匀泼洒。干池清塘用量为每公顷300~450千克，带水清塘用量为每公顷600~750千克（平均水深为1米）。除此之外，还可用三氯异氰尿酸（强氯精）、二氧化氯、鱼藤精、氨水、巴豆等药物清塘，在清塘时一定要注意药物的有效期限，并在确认毒性消失后才能放养水产动物。

132. 为什么要实行彻底清池？如何进行清池？

对虾与生存环境的关系表现在对虾与养殖池的关系上。对虾在养殖池内通过不断摄取营养物质而发育生长，同时在生命活动过程中，不断地将排泄物排入到池水中。对虾的生长、发育离不开一定的外界条件，换言之，它只能在虾池内的一定条件下才能生存、生长。如果虾池环境条件发生改变，那么就必然会影响到对虾的生活。

当前除小部分新开发的虾池外，我国有80%以上的虾池存在着严重老化问题，如果不进行翻新改造，就难以使养殖获得成功。从调查的情况来看，如果池底堆积大量淤泥、残饵、排泄物、生物尸体、休眠卵、病原菌、病毒粒子以及其他有机物和空气中的灰尘等，这些物质腐败分解就会消耗大量氧气，使正常状态的虾池出现还原态。而含硫化氢的有机物在缺氧分解过程中会析出带有恶臭的硫化氢等有害物质。缺氧和硫化氢的联合作用会导致池底和近底层各类小型生物大批死亡，使池底黑化加速。由于硫化氢的浓度不断增大，并且向水的中上层扩散，全池水环境逐渐恶化，会导致池养对虾健康状况和存活率下降，其恶果有时可延续几年，可见要彻底切断池底病原菌的传播途径，最有效的办法之一就是彻底清池。

其做法如下：①把虾池的水彻底排干，清除池底表层15~20厘米的污泥，在投饵多的地方及虾池死角要进行重点清理，对污染严重的养殖池要采用综合技术长期治理，最好铺一层2~3厘米厚的沙土，或者铺上人工地膜；②对池底积水不能排干的虾池，可使用吸浆机或水泵，将池底淤泥连同污水一同抽出，曝晒池底，使残留在池底的有机物氧化分解。可用拖拉机对池底的泥土进行翻耕，以利于较深层有机物的氧化。可利用冬季反复浸泡、冲刷虾池，翻动池底表层污土1~2次，然后用水反复冲刷池底，冲走污泥浊水。边沟清淤尤其重要，也可把原来的边沟填平以防患；③在清淤时可结合改造不合格的虾池，有条件的应铺沙以改造虾池底面。

133. 什么叫做ppm？ ppm如何与标准计量单位换算？

ppm是一种浓度单位，表示溶质在溶液中占百万分之几。例如，经常讲的1ppm漂白粉就是指1吨或1立方米水体含有1克的漂白粉。

如0.8ppm漂白粉，就是指1吨水或1立方米水体需用0.8克漂白粉。再举例如下：有一口虾塘为1.5亩，平均水深为0.8米，现在需要用量为0.8ppm的生石灰调节池水pH（酸碱度），那么这口虾塘需要投洒多少克的生石灰？若虾塘的体积为666.6×1.5=999.9（立方米），999.9×0.8=790（立方米），0.8×790=632（克）。则你的虾塘需要632克的生石灰。需要说明的是，ppm现已被禁止使用，因此，推荐大家使用标准计量单位，如毫克/升或克/米³，其换算关系为：1ppm=1毫克/升=1克/米³=1毫克/千克。

134. 水生动物为什么会生病？

水生动物生病的原因比较复杂，当外界因素的有害作用超过了水生动物的适应能力时就会发病，各种不同的致病因素引发的疾病表现出不同的病症。

135. 水生动物致病的因素有哪些？

任何疾病的发生都有一定的原因和条件，外因必须通过内因产生变化，内因是变化的关键。引起疾病的因素很多，基本上可以概括为生物、理化和人为三大因素。同种或不同种的鱼类，由于它们的年龄、性别、机体结构和分泌系统的不同，其免疫能力有很大差异。同科鱼类也存在"种"的差异，因此水生动物对病原的敏感性强弱与其自身的遗传性质和免疫力有关，而生理状态、营养条件、生活环境等也都能影响水生动物对病原的敏感性。

（1）生物因素　生物因素是引起水生动物疾病的最重要因素之一。引起水生动物疾病的生物因素大致可分为传染类生物、侵袭类生物和敌害生物。

①传染类生物：传染类生物主要有细菌、病毒、真菌等病原体。

水生动物受病原体感染后引起传染性疾病。此类疾病的特点是发病速度快、来势猛、死亡率高，是鱼虾等的主要疾病。

②侵袭类生物：侵袭类生物引起疾病主要是指由原生动物、扁形动物、线形动物和甲壳动物侵袭养殖水产动物引起的疾病，也称其为寄生虫病，如黏孢子虫病、车轮虫病、小瓜虫病、指环虫病、三代虫病、复口吸虫病、线虫病、中华鳋病、锚头鳋病等。

③敌害生物：凶猛鱼类、鸥鸟、水蛇等直接吞噬鱼虾；水生昆虫及其幼虫伤害幼鱼；青苔、水网藻等危害鱼苗。

(2) 理化因素 水是水生动物的生活空间和生存介质，一切外界因素和环境条件都是通过水的作用对养殖动物产生影响，因此水的理化指标直接影响水生动物的代谢、生长和繁殖，理化因素对水生动物的影响极大。在养殖水体中理化因素主要是指水温、溶氧、酸碱度、水中营养盐的变化、无机盐及有毒物质的含量等。

①水温：按水生动物对温度的要求，一般分为广温型和狭温型。水温变化的影响主要表现在鱼类呼吸频率和新陈代谢的改变等方面。在适温范围内，水温升高呼吸频率增快，代谢作用增强，耗氧量增大；反之，温度的迅速变化会导致新陈代谢速度的改变、渗透压调节和免疫系统功能低下等问题，更严重的会导致水生动物体内各种酶的失活，从而引起鱼类死亡。水温突变对幼鱼的影响更严重，初孵出的鱼苗只能适应±2℃以内的温差，6厘米左右的小鱼种能适应±5℃以内的温差，超过这个范围就会发病。水温的变化明显影响水中溶氧的含量，水温上升，溶氧下降；水温升高还能使病原微生物活力增强，导致其致病性增强。

②溶氧：水中的溶氧为鱼类生存所必需。溶氧对水的化学及生物学性质有重要的影响，溶氧含量高，水体处于氧化还原状态，对养殖生物有利。一般情况下，溶氧在4毫克/升以上鱼类能正常生长，5毫克/升是比较理想的生长环境。溶氧量高，鱼类对饵料利用率通常也高，反之则低。但溶氧也不能过高，若达到过饱和，往往会产生游离氧，从而引起鱼苗、鱼种的气泡病。

③酸碱度：水中氢离子浓度的负对数称为水的酸碱度，用pH表示。水生动物对水的酸碱度有较大的适应性，以pH值为7.0~8.5为最适宜；pH值低于5或超过9.5均会引起鱼类死亡。一般条件下，pH值下降金属离子浓度上升；pH值上升金属离子浓度下降。如在pH值高时，NH_3浓度上升，引起水生动物发生氨中毒；当水的pH值过高时，鱼类的鳃丝被腐蚀，容易继发感染，造成死亡。

④水中化学成分和有毒物质：水中的化学物质主要来自土壤和表面径流，如钠、钾、钙、镁、铁、铝等常见元素；硫酸盐（SO_4^{2-}）、硝酸盐（NO_3^-）、磷酸盐（PO_4^{3-}）、亚碳酸盐（HCO^{3-}）、碳酸盐（CO_3^{2-}）、硅酸盐（SiO_3^{2-}）等阴离子是水生动物生活、生长的必需成分；汞、锌、铬等元素，当其为微量时能促进水生动物的生长和发育，若含量超过一定限度会引起中毒反应，危害养殖鱼类的生长。

（3）人为因素　在渔业生产中，由于管理和技术上的原因而引起的鱼病统称为人为因素。主要有下列几方面。

①放养密度不恰当：在养殖池中，每一尾鱼都占有并利用一定的水体，若放养密度过大，则容易造成缺饵、缺氧，既恶化了生态环境，又加剧了生存竞争，其结果是鱼体生长快慢不均，瘦弱的鱼就易于患病而死亡。

②混养比例不恰当：在养殖生产中可根据鱼类食性的差异混养不同种类的鱼。但由于食物链关系仍会存在争食现象。

③饲养管理不善：饵不匀，时投时停，时多时少，使养殖生物饥饱失常，极易诱发肠炎。在高温季节，不及时清除草渣、残饵，不经常加注新水，池水污浊不堪，病原微生物大量繁殖，也极易使养殖生物患病，造成鱼病暴发性传染。

④技术操作不细致：因操作不慎，使养殖生物造成不同程度的创伤，如鳍条断裂、鳞片脱落、皮肤擦伤等。这就会引起细胞和组织的变性及坏死，甚至直接引起部分鱼死亡。这些创伤又为微生物

入侵敞开了门户，造成继发性感染而引起流行性疾病的暴发。

136. 在什么环境条件下容易引发养殖对虾发病？为什么？

对虾不是生活在真空中，有些虾苗本身就携带病毒、病菌，加上所生活的环境中存在病原体，所以会发病。除了病原体外，在不良环境条件下也容易引发养殖对虾发病，例如：①池内消毒不彻底，水质恶化；②海区生态环境恶化，养殖用水遭到污染；③池内基础饵料耗尽，营养下降，病菌大量繁殖；④盐度、温度等水质因子发生突变，虾体不能适应；⑤对虾自身对病菌的抗病力下降；⑥饲料营养差、质劣，诱食性差；⑦滥用药物；⑧放养密度过大，超过虾池负荷能力；⑨连续阴雨天或高温、高盐；⑩缺少高质量的交换用水源，缺乏淡水水源，水质不稳定或环境突变等。

137. 如何控制池塘水体中氨氮等有害物质？有哪些具体措施？

在养殖中控制池塘水体氨氮等有害物质可采用物理、化学以及有益微生物等方法。

(1) **使用增氧机排气** 可利用池底曝气法加速氨气排放，使氨气在增氧机的作用下散逸到大气中，但本法仅对pH值大于7的偏碱性水质有效。

(2) **吸附** 全池泼洒沸石粉或活性炭粉粒，每亩可用20千克的沸石粉和3千克的活性炭，它们可吸附池塘部分氨气，与增氧机结合使用更好。

(3) **氧化** 使用次氯酸盐全池泼洒，使池水中浓度达0.3~0.5毫克/升或用5%二氧化氯泼洒，使池水浓度达0.5~1.0毫克/升，可将氨氧化为硝酸盐。

(4) **生物制剂** 每隔20天使用硝化细菌制剂或利生素等有益微生物，全池泼洒1次。

(5) **换水** 经常性或不定期定量换水以稀释氨浓度，每次换水量不要超过池水的1/3为原则。

138.如何控制虾池中的氨态氮和硫化氢？

在对虾养殖过程中，虾池中的氨态氮含量不能超过0.5毫克/升。氨氮是池塘水质中的一项有害成分，它能抑制对虾生长。池塘中的氨氮主要来源于施肥和水生生物在代谢过程中体内氨的代谢物。因此在放养密度过大、池中饵料生物较多、投饵量大的池塘，容易出现氨氮的积累而造成危害。硫化氢对对虾危害也十分严重。硫化氢含量应控制在0.1毫克/升以下。池塘中硫化氢的产生与池底底质的氧化还原状态有关。硫化氢是有机硫化物（如含硫的氨基酸）经异养细菌作用而产生，也是池底底泥中硫酸盐还原的逸出物。底质老化呈还原状态时，池底的有机硫化物及无机硫酸盐受厌氧细菌还原产生硫化氢。池塘堆积的残饵、生物尸体等有机物腐败分解也会产生大量的硫化氢，因此在养殖中要消除硫化氢的危害应采取的具体措施如下：①合理掌握放养密度，准确控制投饵量，勤施水质改良剂，调节pH值，以减少池塘底质污染；②注意在养殖中、后期每亩施放30千克沸石粉，对污染严重的虾池，可施50~100千克的沸石粉，以改良底质和水质；③每半个月用二氧化氯或氯制剂进行虾池消毒。

139.如何调控池塘中的溶解氧？

对虾养殖期间池塘的氧化状况与对虾的呼吸是直接相关的。养殖期间池塘水质溶氧量要求在5毫克/升以上，过低会引起对虾浮头甚至大量死亡，这种现象常在夜间或黎明前发生。对虾缺氧死亡还会增加氨的毒性。导致水中溶解氧含量变化的原因有以下几个方面。

（1）**耗氧因素** ①池塘中生物呼吸要消耗氧气；②有机物氧化分解需要耗氧；③池中还原物质在化学或生物代谢作用下氧化也需要耗氧。

（2）**增氧因素** ①空气中氧气溶于水中；②池塘中浮游植物光

合作用放出氧气；③水体交换带入氧气；④机械增氧。

(3) 池塘中出现如下情况则说明水中缺氧 ①透明度在30厘米以下或池水清澈；②池塘中植物繁殖过度，尤其在连续晴天后的阴天会引起缺氧；③水质腐败，水色白浊，池水分层，下层缺氧；④对虾等发生浮头现象；⑤白天少数对虾在水面不安地游动；⑥在高温期、连阴天、气压低而又无风的夜晚易出现缺氧；对水中的溶解氧需进行综合调控。

具体措施如下：①在安装增氧机，成功率可提高80%以上；②合理投喂高效优质饲料，改善水中微生物结构，减少水质污染；③保持水质环境的稳定。

140.在对虾养殖期间应该如何改善水体的水色？

改善水色通常的措施：①换掉池水，增加已消毒净化的海水；②重新施用无机盐或有机肥，对新塘用无机肥，对旧虾池用发酵的人尿或鸡粪等有机肥；③水色太浓时可用消毒剂或排掉部分池水，补充引进消毒净化的海水；④引种一些微生物或藻种；⑤可用沸石粉或光合细菌处理底质。

141.什么原因会造成水体水色发白？如何预防？

池塘水体的水色发白在养殖前期通常是由于浮游动物过多或者浮游植物突然大批死亡，单细胞藻类不能正常生长所致；在养殖后期因为天气突变、溶氧缺乏、毒素增加、代谢障碍、摄食投喂、消毒治病不当等也可造成单细胞藻类非正常大量死亡，进而造成有害微生物大量繁殖或浮游动物繁殖过剩。

水色发白主要的防治措施如下：①首先要多开增氧机，然后排掉部分底层水并引进部分新水；②采用驱氨净水剂、增氧剂、光合细菌；③引进新藻种，并适当肥水；④对于发白水体如果氨氮或亚硝酸盐的含量过高，应该先使用驱氨净水剂如沸石粉、氯化铝，同时控制或停止投喂饲料，待大部分的浮游动物被摄食或死亡后再引进部分新水，并进行肥水；⑤对于轮虫等引起的水体发白，可先不间断增氧，次日清晨沿池塘四周泼洒杀虫剂并于上午增施磷肥；⑥泼洒维生素C等，减轻鱼类的应激。

142.发现水体中有机物过多时应如何处理和解决？

水体中有机物过多时，一般的处理思路首先是通过物理、化学方法将水体中大量有机物沉淀下来，然后加入氧化底改剂，或者施用EM菌、光合细菌，再植入新的藻种，加快池塘的能量流动和物质循环。此外，排换底层水、干塘清淤、合理施用基肥和投喂饵料也能有效降低水体中有机物的含量。当水体有机物过多时，采用何种方法来解决有机物快速沉降到水体中甚为关键，通常可采用如下解决方案。

方案一：可采用明矾（结晶体），以3克/米³的水体浓度全池泼洒。

方案二：采用聚合氯化铝 $[Al_2(OH)_nCl_{6-n}]_m$，用水溶解后，以3克/米³的水体浓度全池泼洒。聚合氯化铝是介于三氯化铝和氢氧化铝之间的中间水解产物，该无机高分子化合物能沉淀水体中有机物，调节水质。固体产品中氧化铝含量为20%~40%，液体产品含量在8%以上，无色或黄褐色，有腐蚀性。其降解的基本原理与明矾类似，但采用聚合氯化铝具有以优点：①絮凝体形成快，沉淀速度高，反应沉淀时间可缩短；②在同等用量下碱式氯化铝混凝时消耗水中硬度小于各种无机混凝剂，处理后水的pH值降低也小；③在处理水时，特别在处理高浓度水时，可不加或少加碱性助剂及助凝剂；④脱色能力优于其他无机净水剂。在气温较高、养殖密度大的池塘采用聚合氯化铝净水效果明显。在使用杀菌、杀虫消毒剂前，泼洒聚合氯化铝能更好地确保消毒、杀虫效果。

方案三：采用沸石粉，以20克/米³的水体终浓度全池泼洒。沸石粉是一种吸附性强的水体改良剂，主要成分为二氧化硅和三氧化二铝，其颗粒内有许多大小均一的孔隙和孔道，能有效吸附有机物。沸石粉作用还体现在如下几方面：①吸收水体中的氨态氮、有机物和重金属离子；②有效降低池底的硫化氢毒性，调节水体的pH值；③增加水体中的溶氧，提供常量和微量元素，促进鱼虾生长；④吸附水体中有害物质，改良水体，减少病害。

方案四：采用麦饭石，以150~300克/米³水体终浓度全池泼洒，每15天一次。麦饭石主要成分以氧化硅为主，同时含有多种金属氧化物，其内部有许多孔和通道，无毒。主要作用如下：①吸收和硝解水体及底质中的有毒物质。有报道说麦饭石对细菌吸附能力在6小时内可高达96%，对有毒金属吸附力达到98%。内含物氧化铁能够降低硫化氢的毒性；②增加水体中的溶氧，防止疾病和缺氧浮头；③调节水体的pH值，通常使pH值升高；④净化水质，排除生物体内毒素，促进酶活力。

143. 水体中溶氧是如何产生的？过低时对对虾会造成什么危害？

池塘中溶氧主要来源于浮游植物的光合作用（受光照、温度等影响较大）、空气溶解（与风浪，水体的水平和垂直移动有关）、增氧机或增氧剂的使用、换新水所携带氧气等。水体中溶氧的消耗包括水生生物及细菌等微生物的呼吸代谢耗氧、池水和底质中有机物等还原性物质的分解等。

溶氧是水体中最主要的理化指标，养殖池塘中溶氧量通常要求在5~8毫克/升，至少不低于4毫克/升；当溶氧量低于3毫克/升时，鱼虾会烦躁不适，轻度缺氧，呼吸会加快、摄食量会降低，从而影响生长。溶氧更低时就可能造成水产动物的死亡。水体中溶氧量取决于增氧与耗氧因素的消长作用。

144.养殖期间池塘水质泡沫过多应如何处理？

池塘水质泡沫过多，主要是因水体出现富营养化，池底大分子有机物未能被降解转化，小分子营养盐超过藻类吸收净化的能力。此时可使用芽孢杆菌（如"利生健"）和光合细菌等制剂，也可使用乳酸菌制剂（如"活水素"），可重复使用，并注意加强增氧措施。

145.为什么池塘的水色会出现"早绿、午黑"、"早红褐、夕阳绿"或"早黑、午绿"等现象？

出现这些水色变化而且又不隐定的现象，大多是发生在较肥沃或泥质老化的池塘，这种池塘有机物质含量高，水体中鞭毛藻占优势，鞭毛藻类趋光性强，水色的变化是不同鞭毛藻类占优势而产生的，产生这种现象的水质溶解氧偏低，底质差，有的池塘水位较深，底层缺氧而更适合鞭毛藻的生存。对这种池塘应先改良底质之后再改良水质，先用"池底净"或用利生"粒粒氧"等底质改良剂，以改良底质，之后使用"利生健"等EM活菌改良水质，多次反复进行，并配合增氧机，能使水质恢复到正常。

146.如果发现池塘水体有分层现象，应该如何处理？

首先要查明引起水体分层的原因。水体分层通常有以下原因：①用药不当，有些使用消毒剂或用药量过大，使池塘的藻类被杀死；②水质老化，泛底；③施肥过量，发酵后泛塘底；④饲料不足。

处理方法：如果是用药不当或水质老化引起泛塘，此时先用沸石粉、生石灰、底质改良剂等全池泼洒，并施放解毒剂或维生素C，连续两天全池泼洒，防止对虾产生应激反应。有条件的先排去少量的池水，加入一定量含有单胞藻类的新鲜水，即引藻种，然后再加一定数量的芽孢杆菌制剂和无机藻类营养素。合理投喂新鲜的饲料，对促进藻类生长、调控水体具有一定作用。

147.养虾池老化、污染严重，造成虾病传染，应采用什么方法来处理呢？

随着养虾集约化的发展，不但一些老化虾塘污染严重，而且养殖环境也日趋恶化，造成病害的发生和暴发，针对这种情况，目前大多主要采取以下措施。

(1) 物理处理法 采用沉淀池过滤或用沸石粉吸附处理，将养殖水体中的杂质和污染物去除，此方法不会对养殖环境造成二次污染，但其缺点是对资源的浪费较大。

(2) 化学处理法 这是传统的处理方法，即采用生石灰、漂白粉、絮凝剂、明矾、含氯或含溴的消毒剂以及一些染料有机或无机化合物来改善水质，这种方法治标不治本，虽能在短期内产生效应，但其在改良水环境的同时还会对养殖的对象产生应激不良等影响。

(3) 生物处理法 引用有益微生物以吸收水体中的氨氮、亚硝酸盐及硫化氢等，有效分解大分子的有机物质，同时可抑制致病菌的大量繁殖，科学地坚持使用此法是当前健康养殖的唯一出路，也是养殖绿色安全商品的最好措施。

148.对对虾养殖池排水及养殖污染物应如何处理？

在对虾精养养殖系统中，对虾饲料中很大一部分营养物质变成废物随水排放而流入自然水域，引起环境富营养化等不良环境影响，经过养殖的富营养化废水以及以养殖池清除的淤泥，如不加处理即排入海区，必然会造成海区局部污染，池底淤泥如果直接排入公共河道也会造成严重的污染。在有些地方，在淡水区养殖南美白对虾还会发生将养虾盐水排入淡水水域而污染淡水水域的问题。因此，作为无公害养殖，有必要对对虾养殖的排水处理做出一些规定：①不得将养殖对虾的咸水直接排入淡水水域；②虾池内的水应经过沉淀、砂滤后再排入天然海域。沉淀或砂滤处理池面积不得少于养虾实用总面积的10%；③病虾池的水应先用30~50毫克/升的漂白粉消毒后再排出去；④养殖池的淤泥等污物放入集污池，不得排放到河道及海滩上；⑤虾塘排放出的废水中BOD不得超过10毫克/升。

污水处理方法：对于虾场排出的废水中的营养物质和悬浮物，可使用物理、化学和生物的方法来减少悬浮物，例如通过沉淀池或经过较长的渠道自净去除。使用常用的消毒剂处理虾塘排出的废水，可降低虾病暴发的风险。使用的漂白粉的浓度一般为25~30毫克/升。生物处理技术是最好的办法，主要包括生态综合养殖，例如虾场混养海藻、贝类、鱼类和海参等。海藻作为初级生产者，主要用于去除可溶性的氮、磷等营养物质，例如江蓠，由于其广泛适应性，使其成为我国南方一种十分适宜于对虾混养的品种。牡蛎、缢蛏、扇贝和蛤类等对于养虾废水的净化处理已被实践证实，在大规模的养虾场可用于去除水中的浮游藻类和悬浮物。遮目鱼、鲻鱼和罗非鱼等草食性鱼类被放养在循环用水系统的蓄水池中，不但可减少浮游植物的密度，而且对预防对虾白斑综合征有积极作用。

149.对虾浮头有哪些预兆？ 如何解救？

在天气闷热的夜间或清晨，常能见到成群的对虾浮游于水的表层，活动缓慢，反应迟钝，即便受惊也不下沉，这种现象即被称为虾浮头（一般脊尾白虾先出现浮头）。如果持续缺氧，则虾下沉池底窒息死亡，引起虾池泛塘。因此，一旦发生虾浮头要立即进行抢救。其方法如下：①有增氧机的应立即开机增氧；②适当加大阀门，向池内灌注新鲜海水；③每亩投放增氧灵或高效增氧剂1千克，缺氧严重时可适当增加，如无上述产品，也可投放双氧水、过氧化钙等增氧剂；④浮头期间停止投饵，防止水质恶化。即便恢复正常后，投饵量也应适当减少；⑤每亩用硫酸铜1 000~1 500克，用热水（水温为50~60℃）把它溶化后加适量海水全池均匀泼洒，效果很好。

150.造成泛池的主要原因是什么？

如果因为某一因素，例如人为或强风搅动，使底床的有机沉积物向水层四面八方扩散，此时养殖池对好气异营性微生物而言无疑是绝佳的生长与繁殖环境。原因是它们的食物来源不仅完全不匮乏，而且溶氧也不断被补充，因此可在短时间大量繁衍，并迅速耗掉池水中的溶氧，生产出比平常高出数十倍的氨，这种突如其来的环境变化使养殖生物难以适应，于是纷纷暴毙，这正是造成"泛池"的主要原因。

151.在养殖过程中对虾出现应激反应应如何处理？

对虾出现应激反应，大多是由于环境条件变化大，经常出现在虾苗过塘时两个池塘环境不同，如出现应激反应，可使用葡萄糖或用250克/亩的维生素C全池泼洒，提高对虾抗应激能力，在天气闷热、气压低、台风前后或阴雨天，可使用"池底净"防止翻塘，也可用沸石粉和维生素C；如果出现水体浑浊或倒藻，应提前预防对虾的应激反应，在天气转变之前施用有益微生物，维持藻类生长，保持水质稳定。

152.南美白对虾虾病暴发前有什么征兆？

(1) **发现对虾活力减退且有死虾发生** 虾病暴发前往往可见池边有离群对虾散游，活力减退，并相继出现死虾，可见多数对虾胃空而停食的病虾。

(2) **水质突然变化** ①当水色从原来正常状态中突然变化，发现浮游植物大量死亡、倒藻，如病虾已感染WSBV等病毒，一场绝灭性病毒性病变将来临；②如病虾已感染病毒性病源，突然的大换水造成环境失调，溶氧量及生物群体失去平衡，产生应激，对虾抗外菌入侵指数下降，免疫力差也将引发虾病暴发。

(3) **天气突变异常** 暴雨阴天或温差变化大，或者阴天或雾天，对于多数底质较差的老化池塘，由于水体失去优势藻相，池底有害耗氧物质加倍上升，生态失衡，伴随对虾食量突减或停食，如不及时处理，容易引发对虾病大规模暴发。

153.如何做好养殖期对虾病原的检测及控制？

病原检测及控制是达到健康养殖目的的重要手段。要在养殖全过程的各个环节中控制病原体的数量。

在对虾养成期必须经常检测对虾、饵料、水环境生物中的WSSV及其他经常发生的病原菌如弧菌等。在养殖前期主要检测虾苗及池内饵料生物的WSSV；在养殖中后期应注意对虾的WSSV感染率，如确实难以控制可提前出池，减少生产损失。在养殖中后期如检测发现细菌病及其他非病毒性病，应及时治疗，以预防对虾发生多种病原合并感染。对病毒性病原检测可以使用核酸探针法、PCR检测法等各种检测技术。对于细菌等其他微生物病原生物的检测，可按相关的指导手册进行。经常检查池内致病性弧菌数量变化及病毒病原，对安全生产有重要指导作用。

适当使用消毒剂及有针对性使用抑制病毒、细菌、纤毛虫等病原微生物的药物，控制水环境中的病原体数量，并预防对虾多种病原合并感染。对虾体长在5~6厘米以后，特别在水温较高的7—8月份，为降低水环境中的病原微生物数量，每7~10天使用1次漂白粉（0.5~1.0毫克/升）或二氧化氯及其他含氯消毒剂，使用药物须按生产单位提供的使用说明。可适量使用抗病毒的中草药药饵，如大蒜素等为主要药物成分的药饵。

154.在养殖中期为什么虾池藻类有时会大量死亡？怎么办？

在养殖中期发现藻类突然死亡、池水变清，这是藻类老化死亡所致，为防止和避免这种情况发生，保持藻相稳定，应采取定期施用有益微生物制剂如中国水产科学研究院南海水产研究所研发的"加强型利生素"、"活水素"。不少虾农施用广州汉坤生物科技有限公司研制的"氨基酸养水宝"或用"单胞藻源动力"，该产品可迅速培养单胞藻类，优化藻相与菌相，也可使用"藻生源"或广州市绿康渔业有限公司研制的"肥宝"及"绿源丹"，这些药物培水快，用量少，均可促进有益单胞藻迅速繁殖，调节水色，一般10天施用1次，防止"泛底"效果显著。

155.虾塘晚上会发光，是何原因？ 该如何处理？

虾塘发光现象主要是海水中存在着大量的夜光虫、甲藻和发光细菌。由于它们个体微小，在夜晚受到水流冲击或对虾游泳干扰时便能发光。发光生物所发之光大都在人的视觉范围之内，故夜间易被人看到。

夜光虫多在春夏两季繁殖，当其受到刺激时便可发光，夜晚可见到淡蓝色的光亮。夜光虫大量繁殖有可能引起虾塘缺氧，造成对虾浮头现象，甚至造成对虾窒息死亡。甲藻中的有些种类能分泌毒素，也有害于虾体。晚间巡塘时可根据发光现象的强弱来判断虾塘中发光生物的数量。发光现象多出现在水温较高的夏季，夜间可见到对虾在水中游动时的发光行迹，渔民称之为"火虾"。入秋后虾塘内的发光现象便逐渐减少，但在华南地区的秋天也有此现象发生。如果发光生物数量多，情况较严重，而虾塘又较小，可用硫酸铜溶液（0.7毫克/升）全池泼洒，施药时可放低水位以降低成本，泼洒后再补进已消毒的新水；也可用二氯异氰尿酸钠（0.2毫克/升）全池泼洒。发光细菌不需要机械或化学刺激便可连续发光。一般来说，由发光细菌（*Pholobacteriam* sp.）进入或附着于水生生物而引起的发光现象已成为一种在一定条件下可使被侵袭的动物，特别是虾、蟹、鱼类的幼体死亡的疾病。近年来在对虾幼体的培育中发光病发生严重，导致幼虾大量死亡，但是在养虾池中发现发光细菌一般对对虾影响不大。

156.台风来临前应该做哪些防范措施？ 暴雨过后如何调水、保水？

台风一般出现在高温天气，并带来大风暴雨，给养殖带来严重的危害，所以要充分了解台风给我们水产养殖带来什么影响，才能有针对性地采取相应的措施。

养殖环境发生突变使原有生态平衡打破，盐度、pH值、水温等指标急剧下降，细菌等病原生物以及氨氮、硫化氢等有害物质大量产生（或由内陆的污物不断涌入），尤其在夏天高温期，通常会出现亚硝酸盐浓度偏高的现象，引起水质变坏，溶解氧严重下降，鱼虾蟹产生应激反应，疾病易暴发和流行。针对以上出现的现象可分别采取如下措施。

台风前应加固围堤，并尽量加满池水，防止池塘盐度急剧变化；检查排洪渠是否可以随时排放上层水；饲料中拌维生素C0.3%、免疫多糖0.2%、保肝健0.3%、免疫多肽0.2%，增强鱼虾蟹的体质与抗应激能力。这里尤其要注意的是，在暴雨尤其不是在非短暂的降雨时，要在雨中坚持泼洒生石灰、沸石粉，并且开动增氧机，一是使pH值下降减慢，生物应激症状减轻；二是减少细菌滋生和污物的危害；三是减少水体分层现象，保证下层溶解氧保持一定的浓度，防止因缺氧而泛池。

台风暴雨后不要一下子排去淡水加进海水，因为会造成鱼虾蟹的再一次应激。这时候应该每天排去30厘米深的池水，然后再加满水，使之逐渐恢复；开动增氧机，增加水体溶氧，打破咸淡水分层现象；投入含氯消毒剂、底质改良剂、微生物制剂，在饲料中添加免疫多肽等抗应激营养添加剂和抗病毒的药物，连续施用3~5天，预防病毒病、细菌病的暴发。也可以使用氟苯尼考等拌料投喂。

这里要注意的是，对于应激反应比较严重的池塘，或者暴雨持续时间过长，不要立即换水和消毒，应先消除应激反应。可在白天施放1 000克/亩（以水深1米计算）活性黑土+500克的有益微生物+250克的维生素C，晚上23：00后每亩池塘水深1米泼洒500克葡萄糖+200克粒粒氧，等消除了对虾应激反应后再消毒池水和采取其他措施。

157.养殖池水水质过肥，藻类过度繁殖怎么办？

水体过肥、藻类过度繁殖常常会导致水体的缓冲系统减弱，常用的控制方法如下。

方案一：采用膨润土，以70~150克/米³的水体浓度，定期全池泼洒。基本原理是利用膨润土极强的吸收性，膨润土入水后能迅速形成微小颗粒，在水中呈悬浮状和凝胶状，可吸附和黏集水中悬浮物，控制营养盐类溶出的时间，从而降低池水富营养化程度，降低池土耗氧量，因此可有效防止水体过肥、藻类过度繁殖，并对缓解水生动物的缺氧浮头也有一定的作用。

方案二：当藻类过度繁殖时，可采用络合铜杀灭藻类。络合铜（也称螯合铜、天使蓝）水剂，络合铜无臭、无味，对光、热、硬水等性质稳定，较硫酸铜安全、刺激性小。能有效杀死水体中有害的藻，特别是杀死大型矽藻和黑丝藻等，同时可防止动物性浮游生物过度繁殖，并且杀灭真菌和纤毛虫类寄生虫。对鱼池和虾池分别以0.37~0.8克/米³、0.6~1.2克/米³的水体浓度用水稀释后全池泼洒，但对淡水虾慎用；当水体硬度低于50克/米³或pH值低于7.2，应减量使用，而且用后增氧；视水质变化，3天后可再用1次。

158.水体中pH值变化过快、过大会导致什么后果？

pH值是养殖水体的一个综合指标，它主要与水体中的CO_3^{2-}-HCO_3^--CO_2缓冲体系及Ca^{2+}-$CaCO_3$固体缓冲系统有密切关系，并与有机酸、腐殖质缓冲系统有一定相关性，因此水体中的pH值会随着水的硬度和CO_2的增减而变动。池塘中pH值通常随着日出逐渐上升，在16：30—17：30（也有在13：00左右）达到最大值，接着开始持续下降，直至翌日日出前降至最小值，如此循环反复。池塘中pH值的正常变化范围为1~2，当水体中pH值过高、过低或变化幅度过大，都会影响水生生物的生长。

159.养殖池水pH值偏高时如何把它降下来？

pH值（酸碱度）是渔塘水质的重要指标，不仅直接影响鱼类的生理活动，而且还通过改变水体环境中其他理化及生物因子间接作用于鱼类。鱼类最适宜在pH值为7.5~8.5的稍中性或微碱性水体中生长，如果pH值低于6或高于10，就会对鱼类生长造成危害。

pH值过高的危害及解决方法：pH值过高会增大氨的毒性，同时给蓝绿藻产生提供了条件，pH值过高也可能腐蚀鱼类鳃部组织，引起鱼类大批死亡。防止水体pH值过高有四个可行方法：每亩水体用0.5千克左右的明矾调节；或用稀盐酸或醋酸泼洒；或多施有机肥，以肥调碱；防治鱼病时，不能用生石灰，宜用漂白粉和中草药。

160.养殖池水pH值过低有什么危害性？怎么解决？

pH值过低、下降幅度过大通常是水质变坏、水体中溶解氧降低、硫化氢等有害物质增加的综合体现。pH值过低或下降过快都会降低和削弱水产动物血液的载氧能力，造成其生理缺氧和应激，亦会降低水体中磷酸盐的溶解度，进而导致浮游植物的繁殖减弱，有机物分解速率降低，而且在酸性的水体中鱼类更容易感染寄生虫病。一是酸性水体容易使鱼类感染寄生虫病，如纤毛虫病、鞭毛虫病；二是水体中磷酸盐溶解度受到影响，有机物分解率减慢，天然饵料的繁殖减慢；三是鱼鳃会受到腐蚀，鱼血液酸性增强，利用氧的能力降低，尽管水体中的含氧量较高，还是会导致鱼体缺氧浮头，鱼的活动力减弱，对饵料的利用率大大降低，影响鱼类正常生长。

防止方法：①可以将池中老水排掉，注入新水，反复2~3次，以调节水体中的pH值；②每半个月泼洒生石灰水，它既可以调节水体酸碱度，又可以防治鱼病。

161.水体中溶氧不足时可采用什么应急措施？

当发现池塘溶氧不足时可采用以下应急措施：①增氧机的合理

使用；②合理的换水；③减少池塘中有机物、微生物等的耗氧量(方法同前)；④合理地使用增氧剂；⑤逐渐培育出所需适宜的新藻相。

162.如何维持虾池的良好水色？有什么调控措施？

良好的水色主要是依靠虾池中浮游单细胞藻类中的有益藻类、有益微生物、浮游动物繁殖来维持，确保整个养殖水体的动态平衡，隐定藻相，达到维持良好的水色。主要调控措施有四点。

(1) **稳定pH值** pH值控制在7.8~9.0，有利于对虾生长和有益单胞藻类的生长繁植。如pH值偏低或偏高可参考前面的问题做相应调控，达到稳定。

(2) **适量补肥施肥** 水色太深时排换老水，补充已消毒净化的新水。水色太浅时通过补充水引种一些微生物或藻种。必要时重新施用无机盐或有机肥，灵活调节。

(3) **引藻接种** 视养殖环境（水体藻相）需要，如常规培藻方法维持不住，可从近邻虾池选种引藻接种到虾池内，使虾池保持良好的定向藻相。透明度控制在30~40厘米，使虾池水色呈现出浅褐茶色或绿色等。

(4) **底质调控** 视池塘底质状况可通过适时施用池底净、沸石粉、光合细菌等有益微生物制剂来进行调控，控制水环境中酸碱度适中，确保水体中溶解氧充足，抑制有害藻类生长，使水质清爽、肥活。

163.造成水质恶化的主要原因及危害是什么？

养殖池中水质恶化的主要原因是残饵和动物的排泄物在细菌的作用下分解产生氨。低浓度的氨会使动物活力降低、食欲降低、抗病力降低，从而使养殖对象容易得病。高浓度的氨氮直接对动物产生毒害，使动物在短时间内死亡。

164. 养殖水体发暗浑浊是什么原因？应如何处理？

在养殖中后期经常可见到水体发暗浑浊的现象。其主要原因是虾池中藻类老化，生长不旺盛；另一个原因是虾池较长时间不换水，水中某些藻类生长所必需的微量元素已经耗尽。遇到这种情况只要换水即注入新水，藻类所需的微量元素也就得以补充，藻类就会正常生长，水色亦会稳定。池水浑浊通常是因为池水中悬浮的有机物增多，氨氮含量升高。情况严重时往往会导致水质恶化，使池虾活力减弱，食量减少。养殖过程中如出现这种现象应引起高度重视。养殖水体发暗浑浊可分三种。

（1）**假浊** 水体中同时存在硅藻、褐藻或绿藻，而且数量较多时，看起来水色有些浑浊，实际是几种藻类混合在一起所显示出的颜色，这时可用一透明杯打一杯池水，静置几分钟，如看不见有机物沉淀，则可判定为这种情况。如出现该情况，只需加一定的有益菌类、腐殖酸类（如"爽水灵"）或一定微量元素肥料稳定水质即可。

（2）**池水分层浑浊** 上层水呈一定的水色，底层浑浊。此情况多见于越冬棚内。越冬棚内温差大，水质较清，水中菌相和藻相不稳定、使用增氧机和增氧机搭配不当是发生该现象的主要原因。如出现以上情况，建议采用增氧机与排水式和涡轮式排水机搭配使用或与排水式和底管排水的方式搭配安装，而且同时开动，使全塘水都流动，并可以追加适量的有益活菌（如"加强型利生素"、"利生健"、"利生活菌"、"普乐健光合细菌"、"活水素EM菌"）及"单细胞藻类生长素"、"爽水灵"、"池底净"、"高效增氧剂"等。建议盖棚前应将池塘水体培养到一定水色时再盖棚。

（3）**塘水均匀浑浊** 引起的原因有：①用药不当，如某些消毒药可杀死藻类；②水质老化，泛底；③过量用肥，发酵泛底；④饲料不足。

处理方法：先了解清楚后，针对某一问题对症处理。确保养殖环境平衡，补充藻类必需的微量元素是有效的办法。

水体发暗浑浊基本上是藻类生长老化引起的，是养虾到中后期常见的问题。可先排去部分池水，再引注新水，并适量补施生物肥，如芽孢杆菌类为主等生物制剂，便于充分吸收分解水体中过多的有机污物，达到净化水质和底质，降低水体中有害物质含量，使水体藻相恢复平衡。

165.什么叫做水体富营养化？ 对养虾有什么危害？

一般在旧虾塘，由于水体交换不良，有机物大量积累，造成水体中有机物及营养元素含量不断增长，当它们的含量超过一定值时，就形成了富营养化水体。

水体富营养化是赤潮的诱发因子，当发生赤潮时，水体缺氧，透明度、pH值下降；有害的藻类大量繁殖，堵塞养殖虾的呼吸器官，有些藻类分泌毒素，造成对虾大量死亡。由于水体中有机污染严重，还直接导致水质恶化，促使致病性微生物大量繁殖，对虾病害大幅度增加。因为旧虾塘经过一定时期的使用，池底淤积一定厚度的淤泥，池塘原来的土质对水质的影响逐渐减弱。池塘下层氧气条件差，大量的残饵、有机肥料、死亡的生物体以及生物的排泄物等有机物氧化分解时耗氧很大，造成下层水长期缺氧，产生大量还原物质（如有机酸、氨、硫化氢等）。在这种不良环境中，动物抵抗力弱，新陈代谢下降，对虾极易感染有害微生物而发病；由于池底温度相对稳定，有机物和营养元素丰富，为有害微生物的繁殖提供了"温床"。这些微生物大量繁殖，使对虾处于一个细菌丛生的环境中，极易发生暴发性疾病。随着养殖密度的提高，池塘底部淤泥越积越多，底质也就不断恶化，对养殖的影响也就越来越大。

166.做好防寒防冻有哪些措施？ 养虾如何防冻？

2008年时，50年一遇的冻害让养殖户增强了养殖防冻的意识，所以在培训中他们常会问到这个问题。这里把比较有效的防冻方法告诉大家。

①越冬前要做好塘基补漏工作，并加高池塘水位，利用水的比热容等物理性能保温。

②有条件的可以搭起温棚，但没有条件的可以在池塘水面覆盖干稻草，同时在池塘北面的塘基处拉起挡风膜，这样既可防止水温迅速下降，又可减少北风的直接吹袭。如果时间过长，可以使用电热棒等局部加温，度过关键的1~2天的低温期。

③冻害时间长时，可进海水和添加粗盐来调高池塘盐度，一般情况下盐度越高水温下降越慢；泼洒微生物制剂，尤其是泼洒光合细菌，并配合太阳灯让藻类24小时进行光合作用，增大藻类密度，减少水体的透明度，这样可以有效地抵御寒冷。

④尽早上市，减少损失。

167. 怎样根据对虾苗的成活率来准确掌握投饵量？

在对虾养殖过程中，掌握对虾苗的成活率相当重要。如不了解虾塘内虾苗成活的数量，就不能准确掌握投饵量；如果盲目投饵，不是投喂过多，就是投喂不足。前者会使残饵增多，破坏底质和水质；后者会影响虾的正常生长，并可能诱发疾病，导致软壳或不蜕壳等营养性疾病。所以查苗是一项至关重要的工作。

对斑节对虾和日本对虾查苗难度较大，为估算虾苗的成活率，可在虾塘四周放置1.0米×1.5米的网，放入部分虾，随着时间期推移，根据成活率确定虾苗量后再准确投饵。对虾在发育阶段的摄食量随体重、体长变化而异。为提高饵料利用率，在给对虾投饵时应掌握少量多次的原则。让虾有短时间的饥饿感，呈高活动状态，以七八分饱达"十分饱"的效果。封闭式养殖对虾，由于增养了基础生物饵料，在投饵上应充分考虑到基础饵料的作用。在基础饵料生物丰富的虾池，对虾体长4厘米以上开始适当投喂些微型饵料，可满足对虾摄食需要量；在基础饵料不足的虾池，虾长到4厘米前就应开始投喂微型饵料，在中、后期以配合饵料为主。5~6厘米长的对虾投饵量为虾体重的15%~25%（干重），7~10厘米长的为10%~

15%，11~14厘米长的可降为6%~8%。

168.现在对虾育苗场很多，应该到哪些地方选购虾苗才放心？

近年来我国南方沿海对虾养殖业发展很快，尤其是南美白对虾在华南沿海养殖获得成功之后，对虾育苗场也如雨后春笋般纷纷出现。

在广东最集中的地区，如湛江市东海岛就有上百家育苗场，在遂溪、徐闻、廉江、吴川、茂名和电白等地，据不完全统计，有500多家，其中有国有、集体企业，但大多是个体企业。在海南省的三亚、文昌、琼海等地，广西的合浦、北海、钦洲、防城以及福建省闽南等地也有很多对虾育苗场。据调查，有些育苗场设备简陋，技术水平落后，亲虾来历不明，乱用、滥用抗生素等药物并采取高温育苗，导致虾病蔓延，虾农损失惨重。因此，虾农应当在规模大、设备先进、技术力量雄厚、信誉高的育苗场选购虾苗。例如虾农熟悉的湛江市东海岛东方实业有限公司。该公司从事对虾种苗生产已有10多年历史，公司拥有规范的厂房、先进的设备、雄厚的技术力量，长年聘请有水产养殖技术和经验的专家做技术顾问，指导生产。自1997年以来，公司连续三年被湛江市工商行政管理局东海分局评选为"先进企业"，还被湛江市人民政府文明办授予"文明经营"企业的荣誉称号。该公司1999年率先从夏威夷引进优良的南美白对虾进行规模生产。在中国科学院南海海洋研究所胡超群研究员的指导下再次引进南美蓝对虾养殖并取得成功。公司有严格的科学技术生产管理规程，确保出售的虾苗为健康虾苗，深得客户信赖。综上所述，虾农购买虾苗时首先要了解育苗场的概况，包括设备、规模、技术水平等，以免上当受骗，耽误养殖时间。

169.在高位池和铺地膜的养虾池养殖初期为什么肥水较困难？应该如何肥水？

在用高位池养虾过程中经常会碰到初期肥水较困难、水色很难培养起来的问题。综合起来看，主要有两方面原因。

①因为高位池多建在海区沿岸，水源清澈，尤其是在徐闻和海南等沿岸所建的高位池浮游植物的生物量较少，有机物和无机营养盐含量也很少。

②因为在虾池四周的护坡均铺有混凝土或塑胶膜，有的在池底铺砂，能溶于水中的营养盐类非常少，这也是高位池养虾前期肥水要比普通土质虾池肥水难度较大的原因所在。因此，在高位池养虾初期培养水色应在肥料的种类上做适当调整，可以采用有机肥料挂袋和单胞藻类生长素相结合的方法。单胞藻生长素的氮磷比例要恰当，配好比例（10:1）后用水溶开，全池泼洒，为藻类的生长繁殖提供较全面的营养盐类。在初期也可引进一些藻类入池，但必须在晴天进行。有机肥料最好采用经过发酵和烘干处理的鸡粪。在开始阶段池水中的藻类数量很少，施肥应以少量多次为原则，可根据水色的变化酌情添加，使池水的透明度逐渐变到30~40厘米。每天中午开动增氧机3~4小时，以促进池水的上下混合对流，有利于虾池水色培育的稳定。

170. 为何在养殖中、后期使用微生物制剂后水色会变得更浓并呈现深绿色？

在养殖中、后期为促进虾池的物质循环、降低有机物污染程度，通常使用一些有益的微生物制剂，如利生素、西菲利活菌制剂等以达到净化水质和底质的目的。在使用过程中，往往会出现虾池水色逐渐变深的现象，致使有些虾农害怕而不敢使用。其实这是一种正常现象，与微生物制剂中细菌的种类组成有直接关系。养虾池中的细菌可分为异养型和自养型两大类。异养型细菌可将有机物分解矿化成无机盐类而建造自身，当池中的异养型细菌占优势时，池内的有机物被迅速分解矿化成无机盐类，其数量会大于自养型细菌的需要。这些富裕出来的无机盐类被藻类光合作用所利用，促进了藻类的生长繁殖，致使水色变得更深。

实践证明，若在使用含异养型细菌为主的微生物制剂时，同时施用适量的光合细菌（含自养型细菌为主），利用自养型细菌去吸收利用水中富裕的无机盐类，既可以达到改善、净化水质和改良底质的目的，也有助于维持水色的稳定。养殖中后期的工作重点是保水。可以通过换水和科学地使用有益微生物制剂来降低虾池的有机污染，促进水生生态系统的物质循环，维持水色的稳定。关于抑制池底浒苔的生长，若浒苔已经大量生长，就必须采用人力捞除和施肥培养水色同步进行的方法才能收到良好效果。硫酸铜虽有抑制或杀灭浒苔的功效，但同时也会抑制藻类的生长繁殖，治标不治本，一般不宜使用。目前较有效的方法是采用一种颗粒状的池底消毒剂，按10毫克/升浓度撒，在浒苔多的地方可多撒些，当粒状消毒剂沉淀到池底后，慢慢溶解而发挥药效，使浒苔浮上水面，此时可用人力将其捞除。此方法既可去除浒苔，消毒池底，又不影响单胞藻类的生长繁殖，可获得事半功倍的效果。

171. "鱼虾壮元"为何物？效果如何？如何使用？

"鱼虾壮元"（原名抗病毒元）是由广州市嘉仁高新科技有限公司和广州市磐力科技发展有限公司联合开发、中国水产科学研究院南海水产研究所卢婉娴研究员和宗志伦高级工程师等共同研制的高新技术产品。该产品是以优质的纯天然蛋白为原料，其配方科学，富含鱼虾必需的维生素及氨基酸。1988年日本国立水产大学使用本品饲喂受高浓度的对虾白斑病病毒感染的斑节对虾，取得成活率在73%以上的结果。在国内自1999年以来，广东、广西和海南等省也有大量生产实践证明，鱼虾壮元含有的优质蛋白99%以上可被鱼虾消化吸收，其功能成分，能有效激活和改善鱼虾自身的免疫机能，对引起养殖鱼类多种病害的病原体以及引起对虾大面积死亡的红体病和白斑病的致病因子有极强的抑制作用。本品是防治鱼虾病害、有效提高养殖成活率的多功能蛋白元，对防治水产动物疾病具有显著效果。

使用方法：①用干性颗粒饲料者，称本品3%~5%（100克本品拌2~3千克颗粒饲料）加少量水溶化，然后与颗粒饲料拌匀，待晾干后即可投喂鱼虾。最好在投放虾苗后连续使用20~25天，以后每个星期以同样比例喂食1次。②若用鲜活鱼贝混料，将本品3%~5%直接加入搅匀后即可投喂，建议在虾苗期使用20天。③饲喂亲鱼、亲虾时，将本品5%直接加入饲料拌匀即可投喂。每天喂1次。④在鱼虾苗后期使用时，将本品5%~10%直接加入其他饵料中一起投喂，效果很好。

172. 放苗后有些池塘的池水为什么会变清，应如何处理？

有些虾池在放苗后池水很快就变清了，其原因大致如下。

①虾池里的浮游单胞藻生长到一定时候，用肉眼可观察到虾池水色的变化过程，俗称"转水"或"倒水"，出现这种情况时，可以作如下处理：在第一次施肥后，一般是3天内培起水色后，就要及时补肥，以补充单胞藻的营养需求，通过定期补充肥料，水色就会保持稳定。

②有时虾池水色很快变清，除上述原因之外，主要是池塘中浮游生物繁殖过度，将单胞藻吃掉。遇到这种情况，首先要施用有益活性微生物制剂，并对水体、底质进行改良，补肥调节水质，可引进5%~10%的新水以补充藻种，再施放单胞藻类生长素，采取这种措施可以避免亚硝酸盐升高。

173. 为什么说"养好一池虾，首先要选好一池水"？

"养虾就是养水"，一语道出养水的重要性，但必须指出养水先要整好土（池底），如果底质不清理好，水就难养好，更谈不上养好虾了，可见养殖水体对对虾生长的重要性。

水质差，对虾摄食量就会下降，甚至还会停止摄食，生长受到影响；水质严重恶化时，对虾窒息死亡，导致养殖失败。不良水质可助长各种病原菌的大量繁殖。水体中的病毒和病菌一旦进入虾体，就会引起虾病的发生和蔓延。因此，创造一个良好的适于对虾生长的稳定的水质环境，是防止病害、取得养殖成功、提高对虾产量的关键。养好一池虾，首先要养好一池水。水质好与坏必须通过水质监测结果报告来确定，靠感观、凭经验判断水质的好与坏往往会造成决策失误。为了科学管理，必须对养殖水的理化因子及生物指数，如水温、盐度、pH值、透明度、溶解氧、氨氮、硫化氢、化学耗氧量、生物耗氧量等进行严格测试，这样才能为确保养殖池小环境的稳定打下良好的基础，做到健康养殖。

174. 硫化氢是什么？它对对虾池有哪些危害？应如何预防？

硫化氢（H_2S）是一种极毒的可溶性气体，在虾池中主要由有机硫化物及无机硫酸盐在缺氧情况下受细菌的作用分解而产生。另外，虾池中的腐殖质、死虾、藻类及其他有机物腐败分解也能产生出如臭鸡蛋气味的硫化氢气体。

硫化氢在水中通常是以硫离子、氢离子、硫化氢分子3种形式存在的，其中硫化氢对生物体的毒害作用最严重。当虾池中硫化氢浓度升高时，对虾的生长速度、体力、抗病能力都会减弱。严重时对虾会中毒死亡。硫化氢受水的pH值影响。当pH值为9时，约有99%的硫化氢呈HS^-状，毒性小；当pH值为7时，HS^-和H_2S各占一半；pH值为5时，则有99%呈H_2S状，毒性大。尤其在高温季节，不少旧虾塘特别是放养密度较高的旧虾塘，虾池中硫化氢的含量都会偏高，所以此时要特别注意采取措施。

具体措施如下：①每亩应施放30~50千克的沸石粉来吸附硫化氢，调节和改良水质；②增加池中溶解氧，促进硫化氢氧化成硫酸盐；③合理投饵以减少池内残饵量；④控制对虾密度，开动增氧机。保持虾池生态稳定，有利于对虾的养殖和获得高产。

175.虾塘池底变黑和产生臭味的原因是什么？应如何处理？

正常的虾塘塘底是无异味的，如果塘底变黑，散发臭味，表明底质恶化。池底迅速变黑是造成虾塘老化的原因之一。在每年8—9月份高温季节，由于虾塘有机物沉积而造成池底变黑。不仅如此，有机物在细菌等作用下腐烂分解，还会产生硫化氢。因此，在池底黑化严重的地方，虾会出现中毒症状。如虾鳃变黑，体色变暗，甲壳变质，呼吸减弱，食欲减退，生长停滞甚至死亡。池底变黑的原因概括起来有以下三点：①清池不彻底，投饵量过大或投放已变质的饲料；②池中有大量丝状藻或水草老化枯死后沉底腐烂；③池水过肥及塘底有机物在细菌作用下分解。

一旦发现塘底黑化并发出臭味，就应采取如下措施：①严格控制投饵量；②施放沸石粉，降低池水硫化氢的含量；③使用增氧机，促进水体氧化；④减少池水深度，保持水质稳定，定期消毒，防止细菌病发作。

176.当发现水体水色呈红色时，应采取什么措施？

水体呈现红色通常是硅甲藻或金藻成为优势种群而引起的，但也可能是原生动物或赤潮生物引起的。前者通常无大碍，而一旦天气突变，藻类大量死亡并产生大量毒素，造成水质突变恶化，甚至造成水产动物中毒死亡。因此，池水一旦变红，必须及时改良。主要处理措施是在天气晴好时，先用季胺盐碘等消毒泼洒，第二天再用双氧氯、强氯精等泼一遍，适当换水，3天后再视情况追肥一次。如果是原生动物引起的，也需用敌百虫等及时杀灭，并及时培育新藻种。

177.为什么水体水色会呈黑色、发臭？怎么办？

水体发黑、发臭表明池中较多有机质（如残饵、动植物尸体、排泄物、池底腐殖物等）未得到及时转化，沉入池底后腐败分解，不仅消耗大量溶氧，并产生大量硫化氢、氨氮、亚硝酸盐等有害物质，致使池塘底泥发黑、发臭，危害水生动物健康，造成动物机体免疫力下降，易被病原微生物侵袭，甚至泛塘。一旦发现水体出现底泥发黑、水发臭，应快速沉降水体有机物（方法同前），更换底层水，同时采用二氧化氯等强氧化剂氧化或杀灭过多的有机物和微生物，并充分增氧，2~3天后用改水剂、底质改良剂及活菌制剂加速池底有机质或腐殖质的转化。最关键的是要及时通过引入新水、新藻，并加施磷肥，及早培育出新的优势藻类。

178.对呈黑褐、红棕、浓黄水色的池塘水体有没有防治措施？

养殖水色呈黑褐、红棕、浓黄色主要是因微囊藻、甲藻、三毛金藻成为水体中的优势种所致。黄色水尤其在pH值下降时易产生；黑褐色水体多与投喂劣质饲料、残饵过多、水质和底质老化有关。因为许多鞭毛藻能分泌毒素，使水产动物神经受到麻痹，甚至中毒、死亡。可考虑采用以下防治措施：①人工打捞藻类；②晴天上午于下风口多次泼洒硫酸铜、硫酸铁合剂杀灭藻类；③有条件的养殖户可通过换水，利用潜水泵将集中于下风口的藻类排除，加注相临鱼池水质较好的水；④施肥，对微囊藻、甲藻为优势种的水体多施磷肥少施氮肥，对三毛金藻为优势种的水体最好施硫酸铵；⑤经常开增氧机，通过曝气散发有毒气体。亦可采用具有增氧漂白作用的增氧剂。

179.水体出现蓝绿藻水华时应如何处理？

在高温季节，随着投饵量的不断增多，残饵、粪便、鱼类自身代谢产物的不断进入使池塘封闭水体富营养化，尤其在强碱性和高氮低磷的养殖水体，更容易出现蓝绿藻类水华。形成蓝绿藻水华的水体表面往往形成一层绿色的油膜，以云斑状、带状在水面上漂浮，并有难闻的臭味。养殖户称之为"老绿水"。在生长良好的池塘中浮游植物量一般应在100毫克/升以内，100毫克/升大致是鞭毛藻池水"肥水"和"老水"的分界线。对蓝藻塘的"肥水"，浮游植物的生物量往往超过200毫克/升。一旦水体出现蓝绿藻水华，可采用以下处理措施：①加大换水量，最好将表层的肥水换掉；②在晴天中午机械增氧；③控制投饲施肥，减少投饲量，尽量不投散料、粉料，避免饱食排泄和饲料散失而肥水；④少施或不施氮肥，适当施用磷肥，加速喜磷的硅藻类势种群形成，抑制蓝绿藻的繁殖；⑤使用螯合铜浓度为0.6~1.0克/米³，以改进传统使用硫酸铜杀藻的办法；使用0.7毫克/升双硫合剂，在晴天上午于下风口泼洒，以防因浮游植物缺氧死亡而坏水；⑥生态防治，放养适量的罗非鱼或花白鲢，它们摄食蓝绿藻；移植水生植物如水葫芦等减少水体肥度；⑦在高温季节抑制蓝绿藻不可用生石灰。

180. 水体中氨氮的主要来源是什么？虾中毒后症状如何？

池塘水体中氨氮的主要来源是池水和底泥中含氮有机物的分解、残饵及水生生物的代谢。在氧气不足时由有机物分解而产生，或者由于含氮化合物被反硝化细菌还原而生成。此外，水生动物代谢的最终产物一般是以氨的形态排出。NH_3与NH_4^+都是藻类必需的营养盐，几乎所有藻类都能直接、迅速而且优先利用NH_3与NH_4^+。其不利的一面是由于氨态氮的存在抑制藻类对亚硝酸态氮（NO_2^-）和尿素的利用，而且氨态氮在转化成硝酸盐的过程中还要消耗水中溶氧。在高投入、高产出的池塘中人为地大量投饵、施肥使池塘中含氮有机废物数量增加；放养的密度大，生物代谢旺盛，排泄废物氨的数量增多。氨的增加速率大大超过了浮游植物利用极限，使氨在水中积累。

氨易溶于水，一部分溶解成铵离子NH_4^+，形成下列平衡式：$NH_3 \cdot H_2O = NH_4^+ + OH^-$，在pH值小于7时，几乎都以$NH_4^+$的形式存在；在pH值大于11，几乎都以$NH_3$的形式存在。水温升高，$NH_3$的比率也增大。$NH_3$和$NH_4^+$在水溶液中相互转化，它们是性质不同的两种物质。$NH_3$对鱼类和其他水生生物是有毒害的，主要损害鳃组织，加重病情。而NH_4^+则无毒，即使NH_3浓度很低也会抑制鱼类的生长。鱼类对NH_3长期忍受的最大浓度为0.025毫克/升，允许极限指标为0.05毫克/升。

天然水体中，氨的含量一般较低，鱼类和水生生物排泄的氨被水稀释，硝化细菌亦能将氨转化为硝酸盐，因此不会对鱼类带来多大影响，但在流水不畅、水生生物和鱼类密度较高的水体内，如育苗池中，氨的浓度可能会达到抑制生长的程度，甚至引起中毒。

氨中毒没有季节、昼夜和天气好坏之分，多见于育苗池、温室、成鱼池、密养池。中毒症状为水产动物呼吸急促、乱游乱蹿、时而浮起、时而下沉、时而跳跃挣扎、游动迟缓、麻痹乏力，体暗、鳃发黑、黏液增多，最后活力丧失，慢慢沉入水底而死亡。

181.对虾氨氮中毒后如何采取解救措施？

氨氮中毒的解救措施有六点。

①及时加注新水来稀释池水以降低原池水氨氮的浓度，防止中毒加深。增加换水量是降氨最有效的办法之一。

②改善水中溶氧状况可促进氨的硝化，使氨转化为硝酸态氮和亚硝酸态氮。研究表明，由于硝化细菌和亚硝化细菌的硝化作用，在溶氧小于5~6毫克/升时，硝化速度随溶氧的增多而加快，硝化作用最适pH值为8.4，在温度5~30℃内，温度升高硝化作用加快。测定结果表明，在溶氧多时有效氮以硝酸态氮为主，在缺氧状态下则以氨态氮为主，因此改善水体的溶氧状况在一定程度上可降低氨含量并减轻氨的危害。

③对于淡水养殖鱼类可泼洒食盐，阻止氨氮及硝酸态氮继续侵入血液。水深1米，每亩用食盐17千克。

④撒沸石粉、麦饭石粉或活性炭，用它们来吸附池底部分有害气体及有毒物质。用量一般为25~50毫克/升。

⑤中毒缓解后，应对水体加施消毒剂进行杀菌，以防止病菌感染。

⑥光合细菌、枯草芽孢杆菌等微生态制剂对水体中氨氮有明显的降解作用。养殖水体中施用光合细菌等微生态制剂，可明显降低底质和水质的氨氮量。

182. 水体中氨氮偏高时应采取什么措施降解？

正常养殖水体中氨氮用量一般以不超过0.2毫克/升为宜，过高就会影响水产动物的摄食，造成中毒，甚至死亡。池塘中氨氮过高通常是由于养殖中投饵量过大，或者直接用饼粕、冰鲜喂养，过剩残饲料变成了昂贵的肥料；鱼虾大量排泄物的累积，过高的放养密度和过度施肥都是造成水体中氨氮浓度偏高的重要原因。养殖过程中氨氮偏高的主要防治措施：①在存养殖初期严格清塘、清淤，减少池塘中氮的库容量；②养殖初期在肥水的时候注意有机肥的使用量；③根据水体的实际承受能力，制定合理的放养密度；④选择消化率高的饵料，科学投喂；⑤经常开动增氧机；⑥在养殖中、后期使用沸石粉（15~20克/米^3）或活性炭（2~3克/米^3）改善底质，吸附氨氮，降解有机物；⑦定期检测水中氨的指标，如果氨氮超标，早预防，早处理；⑧及时清理养殖水域底层的污垢及水产养殖动物排泄的粪便等。

随着生态养殖技术的日益成熟，正确合理地使用光合细菌、EM菌等活菌制剂，能有效降低水体中的氨氮，去除水体中的硫化氢和亚硝酸盐，改善池塘底泥、底质，稳定水体中的pH值，加快水体中的能量和物质循环；合理地使用活菌制剂可净化水质，促进生长，防止疾病，提高水产动物的成活率。

目前使用活菌制剂已成为控制水体中氨氮的最主要措施之一。有人在河蟹池使用EM菌，结果21天后池塘NH_4^+含量为0.12毫克/

升，而未施EM菌的池塘为1.47毫克/升，而且施用EM菌池塘NH₄⁺离子变化幅度较NO₂⁻，PO₄³⁻等含量明显降低，pH值也明显提高。在使用活菌制剂时应当注意不同菌类的适应条件和使用方法，否则就达不到预期的效果。如泼洒活菌制剂前后3~7天忌施消毒剂，也不能与消毒剂、抗生素等同时使用。光合细菌在日出时使用，效果显著；在使用硝化细菌时，不能像芽孢杆菌一样用红糖使池水活化；硝化细菌繁殖速度慢，使用时最好与其他活菌制剂错开使用，使用后泼洒沸石粉，效果会更加显著；使用硝化细菌后，3~4天内尽量不排水等。

183.养殖池中亚硝酸盐是如何产生的？

养殖池塘中的残饵、粪便及死亡藻类等含氮有机物经过异养细菌的作用，蛋白质及核酸会慢慢地分解，产生大量的氨等含氮有害物质，而有毒的氨再经过亚硝化菌或光合细菌的作用下很快转化成亚硝酸，而亚硝酸与一些金属离子结合后形成亚硝酸盐，从而亚硝酸盐又可以与胺类物质结合，形成具有强烈致癌作用的亚硝胺。

184.亚硝酸盐对虾类所引起的毒性反应为何？

亚硝酸盐是由鳃进入虾体的循环系统，其毒性在弱酸性软水中对虾类所造成的伤害主要有两种：①使血液的携氧能力逐渐丧失：这是一种慢性中毒的现象，起源于NO_2^-离子由鳃部进入虾的血液循环系统，它会破坏红血球，将血红素中亚铁离子氧化，使之转变为变态血红素（methemoglobin），如此一来，血液之携氧能力逐渐丧失。亚硝酸盐的浓度大约低至0.5毫克/升，某些虾类即会发生这种现象。②影响代谢功能：亚硝酸盐的毒性使某些虾的代谢器官功能不全，导致体力衰退，精神不佳，很容易招致疾病。亚硝酸盐的浓度大约低至0.5~2.0毫克/升，某些虾类即会发生这种现象。其毒性在碱性硬水中则小得多，且依虾种类不同，发生中毒的浓度也有很大差异。

185. 养殖对虾在亚硝酸盐中毒后有何症状？

亚硝酸盐中毒后，对虾血液携带氧的能力减弱。也就是说，池水中的溶氧并不低，而只是血液的带氧能力降低后，虾体比较容易形成缺氧的症状，常在池底死亡，死亡后又无明显症状，也就是大家统称的"死底症"、"偷死症"，尤其在脱壳时，大批虾由于"缺氧"造成脱壳不遂而死亡。如果搬起料台后，或把大批虾起水或集中后，虾体很快就会变白而死亡。

亚硝酸盐中毒的对虾外表症状有黑鳃、黄鳃、肝胰脏模糊不清晰，解剖后显微镜观察，鳃丝肿胀充水，甚至糜烂黏有污物，肠道充血发炎，肝胰脏空泡甚至糜烂。

186. 在养殖中后期水体中亚硝酸盐偏高如何处理？

在养殖的中、后期，池塘中亚硝酸盐偏高是极其普遍的现象，这与养殖中、后期投喂量增加、生物及氮的库存量增加，而硝化细菌自身繁殖相对较慢且生长易受到其他菌群的抑制有关。正常养殖水体中NO_2^-一般不超过0.1毫克/升，当水体中NO_2^-积累到0.1毫克/升后，就会导致水产动物摄食量降低、鳃组织出现病变、呼吸困难、躁动不安或反应迟钝，严重时则发生暴发性死亡，养虾过程中的"偷死"常常也是由于NO_2^-过高造成。但NO_2^-的毒性受pH值及温度的影响小，并随水的硬度和盐度的升高而降低。针对亚硝酸盐过高，通常采用的防治措施有七点：①开动增氧机或全池泼洒化学增氧剂，以促进NO_2^-向NO_3^-转化；②使用氨离子螯合剂、活性炭、吸附剂、腐殖酸聚合物等配合成的水质吸附剂，如亚硝酸盐降解剂，通过离子交换作用，吸附或降解亚硝酸盐；③使用芽孢杆菌、硝化细菌、光合细菌、放线菌等微生物制剂，利用活菌制剂加快NO_2^-分解、转化；④对偏瘦水体增施磷肥，以磷酸二氢钙为最佳，促使浮游植物对氮的吸收，对偏肥水体用沸石粉或明矾加食盐全池泼洒，也可使用广州市绿康渔业有限公司的"改水爽爽"和"水底双清散"等制剂；⑤及时排换水，尤其是底层水和污水，及时清理池塘中的污物；⑥消毒杀灭厌氧菌后，并用沸石粉进行吸附；⑦同样浓度的亚硝酸盐在海水中的毒性远远小于淡水，因此适当提高水体的盐度在一定程度上可降低亚硝酸盐的毒性。

187.亚硝酸盐的毒性与养殖水体理化因子之间的关系如何？

亚硝酸盐的毒性与水体各理化因子关系密切，它会使氨的毒性增强；亚硝酸盐的毒性不受温度的影响。pH值对亚硝酸盐的毒性影响也较小；亚硝酸盐的毒性随水的硬度和盐度的升高而降低。因为海水中有极高的硬度和盐度，因此同样浓度的亚硝酸盐，在海水中的毒性远远小于淡水中的毒性，池中的其他离子，如氯离子（Cl^-）也会影响亚硝酸盐的毒性；淡水中亚硝酸盐的致死浓度是海水中的30倍以上。

188.池塘中亚硝酸盐的高低与藻类有关系吗？

在养殖水体中，亚硝酸盐的高低与池塘中的藻类的关系是复杂的。由于多种优势藻类繁殖对营养物质的竞争，造成硝化细菌硝化亚硝酸盐的速度相对低的原因，从而使水体中亚硝酸盐积聚相对偏高，而植物所需的硝酸盐量又很少。藻类繁殖产生不旺盛或老化现象，造成池塘水质恶化，有机物耗氧（COD）偏高，因此养殖中、后期的池塘的水质相对于前期都比较差，养殖水体中亚硝酸盐的高低与池塘中的藻类的种类和菌种有密切的关系。氮循环大致为：含氮有机物（残饵、粪便等）→氨→亚硝酸盐→硝酸盐→被植物所利用。

189.水体中硫化氢偏高用什么方法控制排除？

硫化氢对鱼类具有较强的毒性，在养殖水体中的浓度应严格控制在0.1毫克/升以下。水体中硫化氢的来源主要是饲料残饵、水生生物的尸体和淤泥等在溶氧缺乏时厌氧微生物分解而产生的。当水体中硫化氢浓度偏高时，主要的防治措施有七点：①冲洗池底污泥，曝晒，铲除池底硫化物较多的黑泥或污泥，改良底质；②通过增氧措施使池水保持较高的溶氧水平，避免硫化氢的产生和积累；③合理放苗，合理投喂饲料；④适当换底层水，减少硫化氢的生成和积累；⑤按20毫克/升的浓度施生石灰，全池泼洒；⑥对硫化氢含量较高的水体，每亩可用300~500毫克双氧水，加少量铁屑或含铁的矿渣或沸石粉等水质底质改良剂来吸附或者沉淀硫化氢（铁与硫化氢反应生成硫化铁沉淀）；⑦池塘中施硝化菌、硫磺菌和酵母菌等有益微生物制剂，使硫化氢转化。

190. 氨对虾类所引起的毒性反应如何？

虾类发生氨中毒引起的症状轻重有别，若因急性中毒，可能发生呼吸急促，迅速死亡的现象。若因慢性中毒，可能发生下列不正常现象：①可能会干扰虾类的渗透压调节系统；②易破坏虾鳃的黏膜层；③会降低红血球携带氧气的能力，初期为红血球数目减少，继之新生红血球数目增加，而后红血球细胞肿大变性，导致最后红血球数目无可复原地降低，使红血球携带氧气的能力完全丧失。

191. 水体中亚硝酸盐对水产动物的毒性如何？有什么预防应急措施？

亚硝酸盐对水产动物的毒性较强，作用机理主要是通过呼吸作用，由鳃丝进入血液，使血液中正常的亚铁血红蛋白氧化成高铁血红蛋白，从而抑制血液的载氧能力。鱼类长期处于高浓度的亚硝酸盐的水体中会中毒，养殖水域中的亚硝酸盐是诱发水产动物暴发性疾病的重要因素。当水中亚硝酸盐浓度大于0.2毫克/升时，红细胞数量和血红蛋白数量逐渐减少，血液载氧能力逐渐减低，造成慢性中毒，此时摄食量降低，鳃组织出现病变，呼吸困难、骚动不安。当水中亚硝酸盐浓度达到0.5毫克/升时，某些新陈代谢功能失常，免疫功能衰退，抗病能力下降，此时极易患病，当水中亚硝酸盐浓度高于0.8毫克/升时会引起水产动物大批死亡。河蟹、对虾育苗水质的亚硝酸盐应控制在0.1毫克/升以下，0.3毫克/升时会造成轻度死亡，超过0.5毫克/升将引起大量死亡。亚硝酸盐中毒的高峰期一般在午后水温升高时或天气突然转暖，大暴雨过后一两个小时更易发生，严重时会发生暴发性死亡。

鱼类亚硝酸盐中毒症状：鳃丝充血、肿胀、黏液增多，呈褐色或暗红色，食欲减退，甚至厌食。浮于水面呈缺氧状，内脏往往表现为肝、胆囊肿大。虾亚硝酸盐中毒症状主要表现为：多数病虾在池塘表面缓慢游动或紧靠浅水岸边，呈现空胃，触动时反应迟钝，尾部、足部和触须略微发红。刚蜕壳的软虾较容易中毒，蜕壳高峰期常出现急性死亡现象。处理亚硝酸盐中毒的办法有三点。

(1) 排换池水　降低亚硝酸盐浓度和排出部分有机物，最好是底层排水、排污，上层加注清水。

(2) 加强增氧措施　使池水有充足的溶解氧，以促进亚硝酸盐向硝酸盐转化，从而降低水体中亚硝酸盐的浓度。

(3) 使用微生态制剂　全池泼洒有益微生物制剂，可有效改善水质和底质。可根据池水中氨氮、亚硝酸盐的浓度高低来决定微生物制剂的使用量，这样有利于节约成本，又可降低氨氮、亚硝酸盐的浓度，增加鱼虾的食量，维持水中微生物的生态平衡。

192. 硫化氢是如何产生的？养殖对虾受到硫化氢中毒后的表现有何特征？如何采取解救措施？

硫化氢是一种剧毒的可溶性气体，其主要来源是有机硫化物及无机硫酸盐类受细菌厌氧还原作用而产生的。

硫化物和硫化氢对水产动物都有毒性，硫化氢毒性最强。硫化物在酸性条件下，一般大部分以硫化氢形式存在。当水中溶解氧增加时，硫化氢被氧化而消失。硫化氢对水产动物的毒害作用就是与血红蛋白中的铁化合，使血红蛋白失去携氧能力，造成组织缺氧。硫化氢中毒的表现为：水产动物骚动不安，浮于水表层；水中溶氧，尤其是底层溶氧特别低；严重时在下风处可以闻到臭鸡蛋味。硫化氢在很大程度上是受水的pH值（酸碱度）所制约的。当池水的pH值为9时，硫化氢的毒性最小，而当pH值为5时，则毒性最大。硫化氢对鱼虾及其他水生生物都有危害作用。就对虾而言，日本对虾在硫化氢浓度为0.1~2.0毫克/升时，虾体平衡失调，超过4毫克/升时，便引起死亡。体长为2~3厘米的中国对虾对硫化氢安全浓度为0.2毫克/升。

夏秋之交，一些虾塘水质交换条件差，有机质含量高，由于硫化氢含量偏高，常发生虾浮头或死亡现象。如果出现这种紧急危险情况，应立即采取以下简便、有效的防治措施：①根据底质具有吸附硫化氢的通性，采取扬土入池的办法，以减轻硫化氢给对虾带来的危害；②根据虾塘内硫化物的含量和水体大小，用2.5~4.0倍的硫化物的硫酸铜，配制成0.5%浓度的水溶液，喷洒全塘，同时撒些细土，顷刻即能减弱或消除虾塘硫化氢的毒害作用；③将虾塘水体的pH值控制在7.8~8.7。若pH值偏低，可在池塘内泼石灰水，对减轻硫化氢毒性有一定作用；④结合虾塘清塘，采取翻耕池底曝气更新。对杂藻多的池塘，要将杂藻捞出池外，以免藻类在池底腐败分解，产生硫化氢；⑤使用微生态制剂改善水质，降解水体中的硫化物含量。

193.养殖期间遇突发性暴雨应采取什么应急措施？

暴雨后由于淡水、海水分层，易产生养虾池藻类下沉死亡，并造成对虾应激。因此，在暴雨前后均应采取措施，在暴雨前要做好表层排淡水准备，在下雨前应使池水在排水闸的排淡水挡板下沿，提起挡水板，在下雨过程中使池内水自流外泄。雨停后及时使用沸石粉或麦饭石粉，开动增氧机。如雨量一般，可在降雨时开动增氧机，预防池水分层和盐度剧烈波动。

194.亚硝酸盐毒性会受pH值高低与温度变化的影响吗?

已知亚硝酸盐的毒性会受水的硬度和盐度的影响而降低，亚硝酸盐的毒性在弱酸性、中性及碱性水域中几乎不受温度之影响。pH值对亚硝酸盐毒性之影响亦相当微弱。

195.如何判别对虾浮头现象及浮头轻重?

对虾生活在池底，游泳速度快并具有明显的方向性，反应敏捷。如果发现对虾成群地在水面懒散漫游，而且无方向性，头部前端离水，触角和眼睛露出水面，对刺激反应迟钝，则是"浮头"的表现。一般在养殖密度过大、池水温度较高的富营化养虾池内或老化池内易发生。"浮头"大多出现在午夜至黎明前，但严重的也可在上半夜，甚至白天出现。浮头意味着池水严重缺氧。这时必须立即采取抢救措施，否则会导致对虾全部死亡，造成巨大损失。

对虾浮头现象轻重可做如下判断：①对虾漫游范围局限于池中部且漫游者数量不大的为轻，数量大且遍及全池的为重；②遇刺激即下沉的为轻，惊动而仍不下沉的为重，无刺激而自动蹿出水面的为最严重（死亡在即）；③黎明时发现浮头的为轻，傍晚或白天出现的为重；④在池边浅水滩面上未见匍匐对虾的为轻，有较多对虾匍匐、侧倒或发现尸体的为重；⑤头部未露出水面的为轻（暗浮头），露出水面的为重。

196.如何预知当天对虾可能出现浮头?

当出现如下迹象时，可预示当天可能出现浮头现象：①发现虾群行为反常，有一部在水体中上层散乱游动，持续不下，但头部尚未露出水面（暗浮头迹象出现）；②池水过浓，透明度小于20厘米，或者池水突然变清；③水温高，池底黑区面积迅速扩大，并有臭味逸出，池面浮出大量"蓝靛"；④天闷热，螺类和小杂鱼在池边大量出现，而且行动迟缓，对刺激反应不敏感，垂手可取；⑤水体中溶氧浓度低于3毫克/升，对虾摄食量突然减少，池内残饵明显增加。

197.怎样预防对虾浮头？ 发现对虾浮头应如何处理？

养虾池内出现对虾浮头的主要原因是管理疏忽造成的。为防止浮头发生，除了必须严格控制放养密度和提前做好清塘除害外，在养殖期间还必须做到：①认真巡池；②加强水质管理；③定期投放环境保护剂；④严格控制饵料质量，严禁使用劣质饲料；⑤做到合理投饵，加强水质监测。

已经出现浮头时，要立即大换水或者在池内撒放增氧剂（例如使用1毫克/升的双氧水），有条件的还可用高压泵进行喷水抢救。有增氧机的要全部启动增氧机增氧，最好在池底增氧。发现死虾要尽可能捞出、捞尽。经过抢救后的养虾池1~2日内不要急于投饵。

198.造成对虾游池的原因是什么？ 应如何处理？

造成对虾游池的原因有多种，但常见的有三种，其判别方法及处理方法分别如下。

①对虾成群结队有方向地时而在水的中间、时而在水面上游泳的，说明对虾在寻找食物，池内饵料不足。在幼苗期应尽快地把水体中的藻类和浮游生物培养起来；在中、后期要合理投喂人工配合饲料，满足对虾的生长需要。

②对虾成群游在水面，有方向且长时间不下沉的，说明藻相或菌种不正常，pH值过高或过低，有机物、氨氮、硫化氢、亚硝酸盐和重金属离子含量过高，水体溶氧偏低，水质恶化。此时若不及时处理，就会降低对虾免疫力，一有细菌、病毒感染，对虾就会发病死亡。可用消毒剂和底质保护剂对池水加以处理，使对虾能健康生长。

③对虾时游水底，时游水面，没有方向，速度缓慢，属发病游池。此时采取内外结合治疗法效果较好。可用二氧化氯消毒，之后每亩投放50千克沸石粉改良底质，用利生素调节水质；内服时可用"鱼虾壮元"5%加入饲料中连续投喂5天。

199. 高密度养殖斑节对虾时为什么会出现"天空虾"？出现这种情况时该如何处理？

在高密度养殖斑节对虾时往往会出现"天空虾"，即虾肉变蓝。目前一般认为产生此病的原因有三个：①养殖密度过大，水质环境欠佳；②饲料营养不均衡，致对虾营养不良；③与海水的盐度和pH值有关，一般水质差、盐度高、透明度低、溶氧不足的虾池中易发生此病。至于主要原因，目前尚未查明，但不管原因如何，一旦出现"天空虾"，最好马上减少密度，增加营养，改善环境，促进对虾蜕壳，增强其抗病力。

200. 为何养殖池的溶氧提高后pH值通常也会提高？

因为养殖池的溶氧提高后，异营性细菌加速分解并沉积在池底成为有机废物，加速氨的形成与累积速度，而氨溶于水之后会使水质碱化，pH值也会随之增加。

201. 通常用什么方法来控制池水中含氨量的升高？

(1) 气提　可利用池底曝气法加速氨的气提作用，使氨气散逸到大气中。本法仅对pH值大于7的偏碱性水质有效。

(2) 氧化　使用次氯酸盐全池泼洒，使池水浓度达到0.3~0.5毫克/升或用5%的二氧化氯全池泼洒，使池水浓度达到0.5~1.0毫克/升，将氨化为硝酸盐。

(3) 吸附　撒沸石粉或活性炭粉粒，一般每亩地分别使用沸石粉15~20千克和活性炭2~3千克，可吸附部分氨氮。

(4) 生物制剂　使用硝化细菌制剂（如上海中鱼科技研究所生产的"硝化宝"）全池泼洒，使池水浓度达到1毫克/升。每隔20天左右泼洒一次，效果较好。

(5) 水生植物　大面积养殖池可种植水生植物，如布袋莲，可占全池面积1%，以吸收氨氮作为肥料。

（6）**换水**　经常或不定期定量换水以稀释氨浓度，但每次换水量最好以不超过1/3为原则。

202. 赤潮是什么？它对养殖对虾有哪些危害？

由裸甲藻等海洋浮游植物急剧繁殖和大量聚集而形成的生态现象称为赤潮。其产生的主要原因是海区富营养化，促使赤潮生物如裸甲藻迅速繁殖。裸甲藻繁殖快，生长周期长，还可以累积蛋白质和碳水化合物，是一种常见的有毒赤潮生物。

大量繁殖的赤潮生物可堵塞对虾呼吸器官，使其窒息死亡。赤潮生物大量繁殖会消耗海水中的溶解氧，加上赤潮生物尸体和有机物分解时可产生硫化物，造成缺氧环境，使池水成为对虾及其他生物无法生存的死水。另外，赤潮生物会分泌毒素。如甲藻、涡鞭藻等分泌的麻痹性毒素可阻断神经传递，造成肌肉麻痹，导致对虾窒息死亡。个别赤潮生物排出的黏液及这些藻类死亡分解产生的黏液能附着在对虾鳃部，使其呼吸困难而死亡。赤潮对养殖业危害极大，因此请不要把赤潮水引入虾池，否则会造成对虾大量死亡。

203. 虾池内应如何防止赤潮发生？

可采取以下措施：①采取封闭式或半封闭式养殖方法，严格进行保水，保持养殖环境的相对稳定。如在外海发生赤潮，切勿盲目进水。如果需要进水，则必须把大蒜磨制成蒜浆每亩施3千克。尽量不使用含高氯的消毒剂，以免破坏虾池养殖环境；②定期监测水质盐度、pH值、氨氮浓度和溶解氧浓度等；③注意观察水色。水无异味，手指捻水无滑腻感，无大量泡沫，水色呈淡绿色、浅褐色、黄绿色为好水；④池水透明度应保持在20~30厘米。如水偏瘦，应及时肥水；如浮游植物繁殖过盛，水透明度降低，可使用0.5毫克/升的硫酸铜或0.3~0.5毫克/升的二氧化氯，溶于90℃热水中稀释后全池泼洒，以杀死部分藻类。一定要在技术人员指导下进行，不可乱用；⑤每天检查饵料利用情况，切勿过量投饵，要做到少量、勤投，避免水质富营养化；⑥采取增氧措施（可用增氧机、鼓风机等）；⑦养殖密度不宜过大。

204. 如何做好水生动物病害的预防工作？

水生动物病害的发生主要由病原体直接感染和侵袭引起，还与鱼类自身抗病能力直接相关，而虾类的抗病能力与养殖水环境密不可分。因此，在水生动物的养殖生产中，及时发现疾病，了解养殖水域周围环境和水体物理、化学状况的变化对水生动物病害的防治至关重要。

（1）养殖环境的巡查 巡查养殖环境包括周围水环境和养殖水域。巡查周围水环境主要是要了解水源有没有污染、水质情况及潮汐情况等。巡查养殖水域主要观察水产动物的吃食、活动及体色情况、养殖水域的水质监测和观察等。

（2）及早发现疾病 由于水生动物生活在水环境中，因此及时发现疾病往往比较困难，在发现疾病时，已有一部分水生动物发生了感染，病情较轻时，影响水生动物的生长，严重时可引起大量死亡，造成严重的经济损失，因此在巡查时，及早发现水环境的异常和疾病是水产养殖的关键。及早发现疾病主要是在水生动物出现异常时，如养殖池塘中出现养殖虾类活动迟缓，吃食减少，体色异常时，就需对水生动物进行检查，以初步判定异常的原因。在巡查过程中对水生动物的检查主要是用肉眼检查。

（3）对水生动物进行肉眼检查 ①体表的检查：将异常的水生动物置于白瓷盘内，按顺序从头、嘴、眼、鳃盖、鳞片和鳍条等处仔细观察。观察体表是否有疾病的症状和大型寄生虫，观察甲壳动物的外壳是否有白斑，鱼类皮肤是否溃疡等。如鲫、鲢、鳙、鳊等鱼类如果出现肌肉、鳃盖和鳍基充血和炎症，口腔、上下颌、头顶部、眼眶充血；②检查鳃丝时用剪刀等将水生动物的鳃盖剪除，观察鳃丝是否异常；③检查内脏器官用剪刀从肛门处向前剪至胸鳍基部，然后再回肛门部位向左上方沿侧线剪至鳃盖后缘，向下剪至胸鳍基部，除去整片侧肌。先观察内脏器官是否有出血、肿大等病症，肠道是否有炎症或出血症状，肠道有无食物等，并结合环境变化情况，切实做好水生动物病害的预防工作。

205. 对虾发生病害时如何给药才科学？

在对虾病害治疗过程中，使用的药物是否恰当将直接影响治疗的效果。药物确定后，给药方法不当，同样不能达到预期效果。常用的给药方法有外用（全池泼洒）和口服两种，有时还可以双管齐下，以达到最佳的防治效果。

（1）外用 全池泼洒，要掌握药物用量，只有达到一定浓度才能杀灭虾体及池水中的病原体。采用这种方法时，首先要测量出虾池中水的体积，然后按药物所需剂量和水的体积算出虾池总的用药量。此法杀灭病原体较彻底，防治均可使用。

（2）口服法 本法是将所需药物按一定的剂量均匀地加入饲料中，配制成药饵，按时投喂虾类。在饲料加工过程中，对于受热和光的影响不会很快就分解或变质的药物，如土霉素等，可溶于水中后再均匀喷洒在饲料中，制成药饵；对于性质不稳定、见光和热易分解变质的药物，如维生素C等，可将包膜的药物溶于水后均匀喷洒在已制备好的配合饲料上，稍晾干再均匀喷洒一层植物油或鱼油，使药饵表面形成一层油膜，防止投饲后饲料中的药物溶于水中。剂量的计算一般是按饲料定量计算，即每千克饲料用多少克药。口服法主要用于防治对虾寄生性传染病和由于营养缺乏引起的疾病。

206. 养殖户在选用消毒剂时应注意些什么？

选用消毒剂必须注意以下问题：①所选消毒剂能对对虾池内病原菌起显著的抑制作用；②施药后必须能使藻类在2~3天内就恢复

到用药前的水平；③所选消毒剂不能对对虾和主要的基础饵料生物产生任何伤害；④无论用什么类型的药物，对养殖水质的理化性质的影响必须控制在水质标准所允许的范围内；⑤不能只顾消毒而带来严重的残毒。

207.养殖户使用内服药物治疗虾病时应注意些什么？

养殖户应注意以下几点：①要选择能增强对虾抗病力和免疫力的药物；②要选择对对虾的肝胰脏没有任何副作用的药物；③要选择诱食性强、能补充营养、不会使对虾产生耐药性的药饵；④要选择经过科研单位鉴定、国家认可的药物。切勿盲目使用，否则滥用药物会造成惨重的损失。

总之，药物只有在不得已的情况下才可使用。希望养殖业者进行健康养殖，多与专家联系，可用可不用的药物一律不用。

208.怎样认识维护虾池内的生态平衡是有效防病并取得养虾成功的关键？

可使对虾致病的病毒、细菌、真菌、寄生虫等都是海水中的正常生物群落，因此不存在绝对无病原菌的海水，也不可能完全消灭病原菌。正是这个原因，新虾池中才或多或少都存在着病原菌。携带病原菌的对虾不一定发病，只有当病原菌侵染超过对虾机体的抗病力时才能引起对虾发病。因此，在养殖期间要定期交替投放光合细菌和沸石粉，利用沸石粉吸附浮尘，中和有机酸，促进有毒物质的分解，改良底质；利用光合细菌、利生素等微生物分解对虾的残饵、排泄物以及动植物尸体等有机物，并使其转化成营养盐供浮游植物使用。浮游植物可作浮游动物饵料，光合细菌、浮游生物可作底栖动物和幼虾饵料，底栖生物亦可作中虾和成虾的饵料。植物光合作用产生的氧气可供动物呼吸用，动物呼吸产生的二氧化碳也可作植物光合作用的原料，从而使虾池中能量物质形成良性循环，保持了虾池中生态系的平衡和稳定。只有使整个养殖过程中水体中的微生物、浮游植物、浮游动物、底栖生物和养殖的对虾处于良好的水环境中，构成相对稳定的生态平衡状态，才能抑制病原体的繁殖，优化对虾的生长发育，有效地预防病害，取得对虾健康养殖的成功。

209．发现养虾池内鱼类、贝类等敌害生物时该怎么办？如何使用茶子饼？需要注意些什么？

虾池内带虾清除敌害生物的最好办法是使用茶子饼。茶子饼又名茶饼或茶泊，它含有10%~15%的皂角甙（或称皂素）。这是一种溶血性的鱼类毒杀剂，能杀死一切鱼类（越是凶猛性鱼类，毒杀效果越明显），但对对虾类的毒性却很小（致毒浓度要比鱼类大40~50倍）。这种药物的价格低廉，作用快，毒性滞留期短，对人体无害，使用起来比较方便。3~5毫克/升浓度的茶子饼还能促使对虾蜕壳，其渣子还能起肥水作用。使用前一定要把茶子饼粉碎，用淡水浸泡24小时使皂角甙充分溶出，然后再按量作全池泼洒。浸泡后的渣子也可一同撒入水中。为了节约用量，投药前可适当降低虾池水位。池内撒放茶子饼后，水体中的溶氧会稍有下降，因此施药最好选在有风的白天进行。

值得注意的是茶子饼的有效作用因海水盐度的不同而有很大差别。盐度越高，药液的毒杀能力越强，反之则越弱。盐度在20以上时，每亩水体（按平均水深为1米计）投放茶饼7千克即够（相当于10毫克/升）；盐度在20以下约需13~15千克（20毫克/升）；盐度只有5左右时，每亩的用量要提高至50千克（75毫克/升）才能起到毒杀鱼类的作用。茶子饼对多毛类（沙蚕）和贝类的杀伤力也很大。盐度为30上下，用药浓度达15毫克/升时，沙蚕和双壳类便出现不安，超过上述浓度后大部分死亡。因此，带虾清池时为了保证池内基础饵料生物免受破坏，茶子饼的用量一定要控制得当。

210.为什么风雨过后对虾易发病？应做好哪些预防工作？

风雨会把空气中的一些有害物质如氨态氮、亚硝酸盐、二氧化碳等带进池中，雨水冲刷会把虾塘堤岸的废物冲入塘内，使水环境（水温、盐度和pH值）突变，加上气温变化，致使对虾抗病力减弱，从而易感染细菌、病毒病。因此要注意收听天气预报，及时做好以下预防工作：①放平闸板，让雨水排出池外；②用10千克生石灰撒虾塘沿岸及护坡；③检测水质，对症下药。每亩可施放40~50千克的沸石粉以改良底质。雨停后，及时启动增氧机，并适量施肥。

211.对虾健康养殖中如何使用药物？应根据什么标准来选择用药？

在对虾病害防治中，存在使用药物杂、剂量大、疗效不明显等现象，尤其是一些禁用药物，如汞盐、甲醛、福尔马林等还在继续使用，禁而不止。有的药厂不断更换手法，推出什么"特效药"、"新药"，未经任何试验、鉴定，有的只是换个包装，改个名称，转眼之间成了"新特药"。这种行为严重坑害了虾农，造成了不应有的损失。为此必须指出，防病的药物必须根据国家标准渔药及其使用技术使用，防病药物的药效要达到：①对养殖池虾病原菌有显著的抑制作用；②使用后虾池内浮游植物能够在48小时内恢复到养殖环境下的正常水平；③对养殖生物和主要基础饵料生物无伤害；④养殖环境中的理化因子指标变化应控制在允许范围内；⑤使用后不会在养殖生物体内留下任何残毒。

为此，健康养殖一定要严格用药，千万不可乱用药物，不能用药物来防病。

212.养殖水体面积和用药量是如何计算的？

（1）水体面积的测量与计算：

①长方形或正方形水体：面积（平方米）=长（米）×宽（米）

②梯形水体：面积（平方米）＝[上底长（米）＋下底宽（米）]÷2×高（米）

③圆形水体：面积（平方米）＝[水面直径（米）÷2]的平方（平方米）×3.1416。

（2）水体平均水深的测量　测量水体的平均水深，首先要根据水体各处的深浅情况，选择有代表性的测量点，然后测量各点水深，最后将各点深度相加，除以测量的总点数，即为平均水深。

（3）池塘水体体积的计算　池水体积＝水体面积×平均水深。

（4）水体用药量的计算　用药总量（克）＝池水体积（立方米）×药物施用浓度（毫克/千克或克/米³）。

213.如何确定水产药物的用药次数与间隔时间？

科学的用药时间和次数是用药的疗程，要考虑两层意思：一是给药的间隔时间，即一种养殖生物经确诊疾病后，每日用药一次或每日用药两次或更多，或隔日用药一次；二是总共应当用药多少次和多少天。

用药的间隔时间和疗程是根据具体药物的半衰期（$T_{1/2}$）、药物在机体内吸收、分布和代谢的过程即药代动力学以及药物在机体内对病原体的作用来确定的。养殖业者和技术人员必须按照药物使用说明，严格用药次数和全程用药量。什么时间用药，应根据具体的药物、养殖种类、疾病类型等综合考虑。

214.如何评价患病水产动物用药物后的药物疗效？

对患病水产动物用药物后的药物疗效通常可以从如下几个方面进行判定。

（1）死亡数量　在投药后的3~5天内，如果选用的药物适当，患病水产动物每天的死亡数量会逐渐下降而显示出药物的治疗效果。若用药5天后死亡率仍然未出现下降的趋势，即可判定用药无效。

（2）游动状态　健康的水产动物往往是集群游动，而患病后的水产动物大多是离群独游或静卧在池底不动。出现了这种症状的水产动物大多已经失去了食欲，一般难以通过药饵获得治疗效果。因此，采用药液浸泡的方式一般只能治愈症状较轻的水产动物，如果选用的药物有效，患病水产动物的游动状态也会逐渐改善。

(3) 摄食量 患病后的水产动物摄食量一般都会下降，用药后摄食量应该逐渐恢复到健康时的摄食水平。

(4) 症状 不同的疾病具有不同的典型症状，如果用药后其症状得到改善或者消失，即可以判定药物治疗是有效的。

(5) 抗体效价的变化 因为患病的水产动物痊愈后，其体内会存在对引起该疾病的病原体的抗体，通过测定这种抗体的效价，不仅可以对病情做出判定，而且也可以了解水产动物患病的历史。

215. 使用药物防治水产动物疾病过程中常发生效果不佳的情况，这是为什么？

使用药物防治水产动物疾病过程中，常发生效果不佳，病情更加严重，导致死亡。其原因主要有以下几种。

(1) 对病原体的鉴定是否正确 在使用药物之前应特别重视病原体的鉴定。对导致疾病发生原因的病原体不清楚，就有可能导致盲目选择防治药物。选用了完全没有治疗作用的药物，结果必然是药物治疗失败，而且还可能使那些疾病得不到及时治疗，最终导致疾病的大面积暴发。准确地鉴定病原体是药物治疗疾病获得成功的基础，盲目乱投药是防治水产动物疾病的大忌。

(2) 对病原体诊断正确而治疗失败 ①药物是否失效。药物不是久藏不变的物品，各种药物的保质期不仅有一定期限，而且当保存不善时也会失效，如生石灰、漂白粉易受潮。因此，除平时妥善保存外，应在使用前测定其有效成分的含量；②耐药性致病菌引起致病菌的二重感染。最初致病菌对抗菌药物敏感已经被消灭，但是对所用的抗菌药有耐药性的菌株则得以繁殖，引起更严重的感染或菌群失调。这样的现象虽然不常发生，可是一旦发生后就不易治疗。对于发生二重感染的水产动物，需要再次选择新的病原菌敏感药物，作紧急治疗处理。从患病的水产动物中分离病原菌并进行药物敏感性试验，根据试验结果选择致病菌敏感的药物，特别是对于由于产生R因子而形成的多种药物耐性菌，要注意使用第2次选择药物；③投药量、投药时间不足。用药前水体体积与饲料计算和称药量不准，随意减少用药量或者缩短用药时间，结果导致药物在水产动物体内不能达到清除或者消灭致病菌的有效药物浓度，或者未能达到彻底清除病原体所需的维持有效药物浓度的时间，特别是对于只具有抑菌作用的抗菌药物就不能达到有效治疗疾病的目的。因此，为了获得理想的治疗效果，就必须根据药物使用说明书中规定的用药量与给药方法使用药物。

216. 当前在渔药使用中还存在什么问题？

（1）**不重视对病原的诊断**　由于大量渔用药物（其中还包括各种新型抗生素类药物）不断地投放市场，经验性治疗也能解决水产动物部分疾病的治疗问题，因此许多养殖者愈来愈不重视病原学检测，这是当前在渔用药物使用之前应该特别重视的问题。因为在使用渔用药物之前，对导致疾病发生的病原体不清楚，就可能因针对性不强而造成药品浪费，以致菌群失调，增加耐药菌繁殖，而且还可能使那些局部的难治性感染和特殊病原体的感染得不到及时的、恰当的治疗，最终导致疾病的大面积暴发。准确地鉴定出疾病的病原体和对疾病做出正确的诊断，是正确选用渔用药物和获得良好药物疗效的基础。

（2）**不了解病原菌耐药状况**　耐药性是指细菌接触药物后对药物的敏感程度下降直至消失，致使药物的疗效降低至无效。细菌产生耐药性，是对多数抗菌药物较长期使用后必然出现的现象。随着抗生素类药物在水产养殖中应用数量增多和时间的延长，水产动物的致病菌对各种抗生素的耐药性也在不断变化。因此，对养殖水域中病原菌对各种抗菌药物的敏感性进行监测，及时了解致病菌耐药性的变化趋势，对于正确选用药物和确定各种药物的使用剂量都是十分重要的。

(3) 不重视提高水产动物免疫功能 药物对控制疾病固然非常重要，往往对有效控制疾病起重要的作用，但是任何药物在疾病的治疗中都不是决定因素。决定因素是水产动物的内因，是机体的免疫力和机体的抵抗力。毫无疑问，只有水产动物的机体还存在一定的抵抗力和免疫力时，药物才能发挥其治疗作用。

(4) 不遵守休药期 渔用药物进人水产动物体内之后，均会出现一个逐渐衰减的过程。因药物的种类、使用药物时的环境水温和水产动物的种类不同，药物在水产动物体内代谢过程所需的时间长短也有所不同。因此，为了保证消费者的安全，避免水产动物内残留的药物对消费者健康的影响，每种渔用药物都有其相应的休药期。养殖业者对所饲养的水产动物，使用渔用药物后，不能将休药期尚未结束的水产动物起捕上市等问题。

217.在水产动物患病期间可以采取什么措施来增强机体抗病能力?

(1) 减少人为干扰 避免对水产动物的应激性刺激。在水产动物患病时，应该尽量为其创造安静和舒适的生活环境，使患病后的水产动物能获得充分静养的条件，一般不要进行捕捞和运输，也不要做能对水产动物造成应激性刺激的其他活动。

(2) 在饵料中增加营养 在其饵料中增加高糖、高蛋白类物质，使水产动物能在摄食量下降的条件下仍然能满足机体的营养和能量需求。

(3) 适当应用免疫激活剂 如在饵料中添加β-葡聚糖等具有免疫激活功能的物质，以激活水产动物自身的免疫机能。

218. 正确使用药物要注意什么事项?

（1）**正确诊断并对症用药** 防治水产养殖动物的疾病，同防治人类和畜禽的疾病一样，一种药物必须对疾病的病因、病原有针对性，不可能有防治百病的灵丹妙药。随意用药不但不能收到应有的防治效果，而且会造成人力、物力的损失。因此，应在正确诊断的基础上科学地选用渔药。

有时在同一养殖水体中同时出现多种病症，即通常所说的并发症。在这种情况下，应根据发病的具体情况，首先对其比较严重的一种疾病使用药物，使该病好转或痊愈后，再针对其余的疾病进行用药。因为在治疗不同疾病的各种药物中，不仅要考虑它们本身的理化性状，同时也要考虑对鱼体的不同安全性。如果在同一发病水体中同时使用两种以上的药物，便可能出现以下几种情况：①拮抗作用，作用互相抵消或减弱，对需治疗的某种疾病根本无效或效果较差；②协同作用，作用相加或相乘，使药效大大增强，有时可能造成中毒事故；③无关作用，两种药物同时使用时各自的药效不受影响，对所需治疗的疾病仍有通常的疗效，但这种用药方法通常很少应用。

（2）**了解药物性能并掌握使用方法** 各种药物都有各自的理化特性，在选择使用、管理和配制等方面都必须注意其特性。在使用一种药物防治一种疾病时，药物可能是对症的，使用方法也正确，但如果不注意药物本身的理化性质，就可能出现异常或者失效。例如漂白粉，当保管不善时，由于在空气中易潮解而失去有效氯，如再按常规使用，就会对疾病无治疗效果。又如高锰酸钾、双氧水等，只能现用现配。对于同一水体中同时养殖几个不同的种类，即在混养的情况下，使用药物时不仅要注意选择对患病种类的安全性高的药物，同时也要考虑所选择的药物是否对未患病种类构成危害。如鱼类与虾或蟹混养，当鱼寄生虫病时，便不能使用敌百虫等有机磷农药全池泼洒，应选用其他药物或将鱼捕起后用浸浴法治疗。如用敌百虫全池泼洒，就会造成虾、蟹中毒而死。

(3) 了解养殖环境并合理施放药量 防治疾病，一般以一个池塘、网箱作为水体单位。池塘理化因子pH值、溶氧、盐度、硬度、水温等；生物因子中浮游植物、浮游动物、底栖生物的数量和密度等以及池塘的面积、形状、水深和底质状况等，都对药物的作用有一定影响。施药量正确与否是决定疗效的关键之一，因此，必须在了解养殖环境的基础上，正确地测量池塘面积和水深，计算出全池遍洒的药量，或者比较正确地估计池中放养种类的数量和体重，计算出投喂药物饵料的量，这样才能既安全又有效地发挥药物的作用。

(4) 注意不同养殖种类、年龄和生长阶段的差异性 近些年来除养殖草鱼、青鱼、鲢、鳙、鲤、鲫、鳊等传统淡水鱼类外，海水鱼、虾、贝、蟹、藻类及海淡水名、特、珍稀动物养殖发展也十分迅速，从国外移植和引进，新的品种不断增加，这些养殖新品种在其养殖过程或人工苗种生产期也常发生疾病。因此，在使用药物防治其疾病时，必须考虑目前应用的药物是否适用及相应的使用剂量。不同养殖种类或品种对药物的耐受性是不同的，即便是养殖一个品种，在其不同年龄和生长阶段也有差异。例如，鲈、真鲷、淡水白鲳等比鲤科鱼类对敌百虫较敏感。

(5) 注意药物相互作用，避免配伍禁忌 药理性禁忌如用沸石，就不能同时用其他药物，否则沸石会吸附其他药物；生石灰和敌百虫不能同时使用；理化性禁忌如四环素族和青霉钠不能同时使用，因为后者分解，有青霉素酸析出。各种药物单独使用对于机体可起到各自的药理效应，但当两种以上药物合并使用，或者在刚使用过一种药物不久，其效应尚未消退接着又使用第二种药物，由于药物的相互作用，可能出现药效加强或毒副作用减轻，也可能出现药效减弱或毒副作用增强。由于渔药是近些年来才从化学药物、医药、兽药中筛选出并使用于渔业的，而且"鱼"的特性又都是生活在水中的变温动物，对许多药物的药理、药效等都缺少研究，因此必须注意药物的相互作用。

（6）**防止滥用药物，注意不良反应和蓄积中毒** 滥用药物不仅造成物质上的浪费和经济上的损失，更严重的是会给养殖动物带来药害。处方用药，一定不能滥用。作为水产养殖动物疾病的防治药物都有一定的毒副作用，使用不当很容易对动物机体产生毒副作用。

（7）**认真观察群体活动状态，注意总结防治效果** 在养殖池塘或网箱施放药物以后，必须注意观察情况。通常在用药12小时之内要有专人值班，密切注意养殖群体动态，如发现异常应及时采取措施，要排水和加注新水并根据所用药物的性质施用相应的解毒药物进行抢救；第二天以后，早晚巡塘，观察并记录用药后发病群体的病情和死亡情况。通常3~6天内如病情好转，死亡基本停止，说明疗效良好；如虽有死亡，但死亡数明显减少，说明疗效尚好；如死亡数保持治疗前或超过治疗前，说明无效，就应该进一步检查、诊断，分析原因，为继续治疗做出决断。

219. 如何对饲料及肥料进行消毒？如何操作？

投喂的生饲料应洗净清洁，新鲜，不带病原体，一般不用消毒。对于卤虫卵来说，可用300毫克/千克漂白粉浸泡消毒，淘洗至无氯味时再孵化。肥料的消毒主要指粪肥等有机肥，半干半湿的粪肥，每500千克加120克漂白粉或5千克生石灰拌合消毒，也可用敌百虫药与水浸泡一昼夜，拌匀泼洒养殖池。

220. 为何要进行虾塘清淤？其主要做法怎样？

养殖期间残饵、对虾粪便、动物尸体及其他腐败物质淤积于虾塘中，如不彻底清除淤积，遇高温季节或环境变化时，将消耗虾塘中大量溶氧，产生有毒有害物质，使对虾致病，加大养殖风险，影响收获，所以清淤工作是决定养殖成功的重要一环。

清淤的主要做法一是在收捕虾后排干塘水，封闸晒池，使池底龟裂，通过机械或人力将淤积污泥推移运走，用干堤埂加高或做其他农作物肥料。另一种是采用带水清淤，也有先用药物毒池后，利用高压水泵反复多次将淤泥冲洗排走，达到清除淤泥杂物的目的。

221.为什么说用生石灰清塘最理想？

实践证明，用生石灰清塘是最理想的药物，原因是：①能有效杀死池塘中的敌害，如水生昆虫、野鱼、青苔等及一些水生植物；②可有效杀死池塘中微生物、寄生虫病源体；③能有效与水体中悬浮的胶状有机质胶结沉淀，具净化澄清水质机能的作用；④与水结合生成氢氧化钙，吸收二氧化碳沉淀生成碳酸钙，能疏松底泥，加速细菌分解淤泥中的有机物质。由于碳酸钙与水中溶解的二氧化碳、碳酸等形成缓冲作用，使水体呈微碱性状态，稳定池水中的酸碱度作用；⑤价格合理，使用方便。能释放出淤泥中的氮、磷、钾等有效肥源，生石灰本身就含有70%的钙质，有直接的肥水作用；⑥适应性广，适合于养殖鱼虾类偏碱性的水体使用，所以说用生石灰清塘是最理想的。

222.预防对虾病毒病要采取什么措施？

预防对虾病毒病，只有采取综合预防措施才能收到良好的预防效果。

①优化虾塘建造标准　池子以圆形或方形切角为好，面积以3~5亩为宜，便于管理调控，水深在2.0米以上，提高水位和中间排污精养池较好。

②优化健康养殖环境，严控卫生消毒指标，切断病源入侵，彻底清除淤泥杂物，消灭一切病源体，创造一个生态内环境。

③严控种苗检疫制度　加强对进场种苗和一切外来物资、饲料等的检疫检验，杜绝一切可能携带病毒的苗种进入养殖现场。

④走生态健康养殖。

⑤健全病害防范的管理制度，采取以防为主、综合预防的方针。

⑥加强员工的素质教育和技能培训，做到及早预防，及早发

现，及早治疗。

223. 为什么生石灰与漂白粉不能混合使用？

生石灰是常用的清塘消毒药物，它的主要化学成分为氧化钙，遇水后产生氢氧化钙，并放出大量热能，短时间内可使水中pH值提高到11以上，有较强杀菌能力和吸附能力，可使池中的各种病原菌、野杂鱼以及其他有害生物统统都被杀死。氢氧化钙吸收二氧化碳后形成碳酸钙能疏松底质，改善底泥通气状况，加快细菌分解有机质，并释放出被底泥吸收的氮、磷、钾等营养盐，增强水的肥度。

漂白粉也是高效的杀菌消毒剂，其主要成分为次氯酸钙，遇水生成具有杀菌能力的次氯酸及碱性氯化钙。其中次氯酸立即放出新生态氧，通过氧化作用和抑制细菌某些酶，可杀死病原菌和敌害生物。

在使用生石灰消毒时，切不可混合使用漂白粉，因为漂白粉产生的次氯酸在生石灰产生的强碱水中比在中性或碱性水中灭活性降低，而生石灰产生的OH^-与次氯酸产生的HCl中和后使生石灰清塘时产生的高pH值快速下降（漂白粉在pH值为8以上时效果明显减弱），所以杀菌效果很差。因此，清塘时两者不宜混合使用。

224. 如何使用茶子饼(茶粕)来清除虾塘内的鱼害？

茶子饼（茶粕）是带虾清塘的理想药物，主要含有10%~15%的茶角苷，它对鱼类有剧毒，是一种溶血性毒素，能溶解鱼类血液中的红细胞，将鱼杀死。虾类属甲壳类，含有铜的血蓝蛋白，血液中不含有红细胞，因为茶角苷对鱼类的毒性比对虾类的毒性高50倍，因此在不伤害虾类的浓度下能杀死鱼类，从而达到杀鱼保虾的目的。

通常茶子饼用量可根据塘水盐度高低而定，盐度在15以下，使用浓度为20毫克/升（3~5毫克/升浓度的茶子饼能促使对虾蜕壳）。在使用前，应先把茶子饼烘干、粉碎、加水浸泡数小时，连水带渣一起撒入塘内。茶子饼用量可用下列公式计算：

茶子饼用量（千克）=

$$\frac{虾塘面积（平方米）×平均水深（米）×茶子饼浓度（毫克/升）}{1\ 000}$$

带虾清塘须在大潮汛进行，先排出一些塘水，然后撒药物，在撒药后5小时左右可进行1次大量进排水，使药性尽快消失，防止对虾缺氧浮头，并捞去死鱼。带虾清塘应选择在晴天上午进行，同时对能够自然纳潮的虾塘，还应考虑安排在涨潮时进行，以便在杀死害鱼后能够及时进水。

近年国内已有提纯的皂苷（茶皂素）产品面市，这将给养殖者带来极大方便。经试验不同鱼类的致死浓度为0.5~1.0毫克/升，对沙蚕的致死浓度为大于3毫克/升，对虾的致死浓度为大于40毫克/升。一般清塘使用1~2毫克/升浓度，用淡水溶解后均匀泼洒塘内。不但操作方便，效果也很好。

225. 为什么要对虾塘清塘除害？怎样清塘除害？

虾塘养过虾之后，淤积了大量污泥和有机物（残饵、对虾排泄物、生物尸体等），这些有机物分解有毒物质，所以收虾后要对虾塘加以消毒。如果清塘不彻底，就会带来致病的不良环境，直接影响整个虾塘水体的水质稳定。清塘是养虾各环节中最关键的一环。

清塘分为冲、晒、锄（耙）、翻、搬、填六个步骤：①冲：打开虾塘闸门，利用潮汐冲刷数日；②晒：冲刷后排干塘水，封闸门曝晒，以利于表层有机物氧化；③锄（耙）：疏松池底表层土壤，促进中层有机物氧化分解；④翻：用拖拉机翻耕池底，使底层有机物氧化；⑤搬：用机械（挖泥机）或组织劳动力把污物清除出塘；⑥填：重新在虾塘铺上15~20厘米厚的沙。在清塘期间进行虾池整修，堵漏洞、修闸门等。

226. 养虾塘都有哪些敌害生物？通常用什么方法来杀灭？

虾塘的敌害生物较多，包括致病生物、竞争性生物、捕食性生物以及其他有害生物。致病生物包括病毒、细菌以及一部分真菌、原生动物和寄生虫等。竞争性生物包括与对虾争夺空间的丝状藻类、水草类等，它们使池水变清、光线过强，虾不能安宁生活。捕食性生物包括鱼类、鸟类及鼠类，它们掠食成虾和传播病害。其他的有害生物，如纤毛虫、夜光虫、甲藻等大量繁殖也是虾塘内可能出现的病害。以上敌害生物可使用药物清池的办法来杀灭。用药前，须计算池内剩余水量，然后根据有效药量计算出施药量。

227.沸石粉为什么能改良虾塘水质？

沸石是火山熔岩形成的一种碱和碱土金属的铝硅酸盐矿石。因其加热至熔融时伴有沸腾现象，故而得名。沸石多为白色或粉红色，也有红色或棕色，质软，有玻璃丝绢光泽。沸石内含有很多大小的空隙和通道，并含有可交换性盐基（钾、钠、钙等盐类），可吸附水中的各种有机腐化物、细菌、氨氮、甲烷和二氧化碳等有毒物质，并能消除鱼肉中的泥臭味。沸石还含有多种金属氧化物，其中氧化铁可与水中硫化氢作用，生成无毒的硫化铁。沸石中还含有氧化钙，它具有调节pH值的作用。由于水中的氨在pH值高时毒性大，而硫化氢是在pH值低时毒性大，但经过沸石的吸附作用，能使pH值调节到最适度，从而大大减轻了对鱼虾类的毒害程度。因此，沸石是改良水质、底质理想的物质，而且能控制水环境质量，保持水环境因子的相对稳定。

在对虾养殖的中后期，每口池塘施用1~2次，每次投20~30千克/亩。严重污染的投50~100千克/亩。常用的粒度是100~150目。此外，在饲料中添加1%~2%的沸石粉能促进消化、吸收代谢的毒物，有利于对虾生长和增强抗病能力。

228.在养虾中期或在老虾塘为什么要泼洒沸石粉？其用量是多少？有何作用？

沸石是含碱金属或碱土金属的铝硅酸盐矿石，多为白色或粉红色，也有红色或棕色的，质软，有玻璃丝绢光泽。沸石内含有很多均匀的空隙和通道，像珊瑚一样。沸石粉是沸石粉碎而成，虾塘用的粉末粒度以100~150目为佳。沸石粉中含有多种金属氧化物，其中氧化铁可与水中硫化氢作用生成无毒的硫化铁；它含有10%的氧化钙，具有调节虾塘pH值的作用，并含有可交换钾、钠、钙等盐类，可吸附各类的有机腐化物、细菌、氨氮、甲烷和二氧化碳等有毒物质。在老化的虾蟥，虾长到6厘米以上时，排泄物增多，一般在养殖的中后期，在每口虾塘应施用1~2次沸石粉，每次每亩投放30千克，严重污染的可投50~100千克，此外可以在饲料中添加1%~2%，促进消化，吸收代谢的毒物，有利于对虾生长和增强抗病能力。沸石粉是一种改良水质、底质和增强对虾抗病能力的理想物质。

229. 白云石粉有何用途？

白云石粉与沸石粉具有相同的物理性能，也是改善水质和底质的理想物质。较好的白云石粉对氨氮的吸附量可达19毫克/克，对硫化氢的吸附量是0.273 0~0.034 7毫克/克。白云石粉也可内服，用以调节对虾机体的代谢功能，吸收对虾消化道的毒素，起到促进消化酶类的活力等作用。在养殖中、后期，每亩投入50千克左右，便可收到改良虾塘水质的显著效果，加工粒度以100目以上为佳。

 **第四章 主要病害特征与**
药物使用方法

> 对虾的病害问题至今仍是养殖业者必须面对的重要挑战。本章系统介绍了当前对虾养殖中的常见疾病种类和防控措施，并对怎样合理选择、科学使用药物做了详细说明。需要指出的是，万能的药物是不存在的，因此，养殖过程中必须遵守"以防为主，防治结合"的原则。

230.什么叫做病毒？对虾病毒病是怎么一回事？

病毒是一类无细胞结构、能够在分子水平上寄生的极小微生物，绝大部分病毒的颗粒直径为20～300纳米，用光学显微镜是无法看到的，只能用电子显微镜放大几万倍甚至几百万倍才能观察到。它们以自我复制的方式进行繁殖。

对虾的病毒病是一种潜在的危险性很大的疾病，到目前为止主要有白斑病毒病、对虾杆状病毒病、传染性皮下及造血组织坏死病毒病、肝胰腺细小样病毒病等。

231.目前都有哪些技术手段可用来确定虾苗是否带病毒？

随着科学技术的不断进步，目前常用检测技术有光镜镜检、电镜观察、PCR法、免疫检测、核酸探针技术及套式PCR法等。最近中山大学生命科学学院的研究人员又建立了WSSV点杂交检测技术。点杂交技术简易、灵敏，已能满足基层对对虾病毒检测的要求。

232.对虾肝胰腺细小样病毒(HPV)病是一种什么病？其症状如何？

对虾肝胰腺细小样病毒病是一种流行广、危害大的慢性流行病。该病是由一种球状病毒引起的，发病后的4~8周内可使对虾累计死亡率为50%~90%，在养成池中往往是通过摄食病虾、死虾而感染传播的，尤其是那些清塘不彻底的旧虾池发病率尤其高。很可能是池底的病毒污染或带病毒生物传给次年养殖的对虾。高密度池要比低密度池发病率高。

早期发病的幼虾，可见肝胰腺及中肠变红、变粗，肝胰腺肿大；后期在细菌并发感染时，肝胰腺糜烂，无并发感染时，萎缩硬化。患病虾摄食量下降，生长缓慢或停止生长，虾体消瘦、体软，用手捏虾腹部两侧，有壳肉分离、松软之感。由于不蜕壳，虾体甲壳外常有聚缩虫之类附着，组织切片可见肝胰腺小管上皮及中肠上皮细胞中的病毒包涵体，上皮细胞被破坏。病虾多死于池底，不易被发现，因此被群众称之为"偷死"。

233.对虾杆状病毒病是一种什么病？致病病毒主要侵害对虾哪些器官？

这是一种由具有包膜的杆状病毒所致的疾病。该病毒侵犯对虾的皮下组织，如鳃、胃、心脏、肝胰腺、血球、造血器官、生殖腺和生殖细胞。

234.对虾杆状病毒病的病原、症状是什么？应如何防治？

对虾杆状病毒病简称BP。病原为杆状病毒。病虾身体呈黑褐色。被感染的虾体，肝胰脏细胞核肥大，中肠腺至直肠均呈不透明白色浑浊状；轻度感染的虾体，病毒遍及整个肝胰脏细胞。病虾反应迟钝，浮游于水表层下，有的头、尾弯向一边，有时虾头朝上，身体垂直水面旋转。这种病毒可感染多种对虾，而且从幼虾至成虾各生长期的对虾均难幸免。水质污染或恶化是该病毒的重要传染来源，其次是带病亲虾使卵及幼体受到感染。另外，虾有互相残食的习性，病虾掠食使该病蔓延。

目前对该病毒性虾病尚无特效药物可治，故应从预防着手，加强防病措施。例如：①加强养殖塘的彻底消毒，放养前最好用1.0～1.5毫克/升的漂白粉清池；②严格消毒亲虾，可用100毫克/升的福尔马林浸泡亲虾1分钟，然后入产卵池内产卵，以防病原；③购买健康虾苗。

235.什么叫做斑节对虾杆状病毒(MBV)病？其病原症状是什么？应怎样防治？

斑节对虾杆状病毒病的病原为斑节对虾杆状病毒。该病毒的敏感宿主除斑节对虾外，还有墨吉对虾。虾体易黏上脏物、病虾体色暗，自净能力差，游泳无力，反应迟钝，不活泼，食欲减退，生长缓慢，虾体瘦弱，肝脏萎缩、变白。这是斑节对虾常见的病毒病，发病虾通常被虾农称为"老头虾"或"鬼子虾"，虾体很难看。

其防治措施为：①彻底清污、消毒，清污后每亩虾塘用生石灰120～150千克或漂白粉25千克（含氯30%以上）消毒；②放养无特定病原感染的高健康虾苗，加强亲虾检疫，杜绝传染源；③使用无污染和不带病毒的水源。传染性流行病发生期间，应封闭养殖池，暂不进水；④如发现有带病毒但尚未发病（潜伏期）的虾，应采取增氧措施，保证溶氧不低于5毫克/升。除此之外，还应在饲料中添加0.1%～0.2%（每1 000克饲料中添加1～2克）杭州市高成生物营养技术有限公司生产的"高稳西"稳定型维生素C，广州市嘉仁高新科技公司研制的"鱼虾壮元"、鱼油和大蒜汁等药物，以增强对虾抗病力；⑤保持虾池环境的稳定以及池内藻类的稳定；⑥使用高效优质饲料，定期投喂药物饲料，防止出现细菌病、寄生虫病等并发疾病；⑦及早采取以防为主的措施。

236.对虾病毒病害发生的主要原因是什么？

对虾病毒病的发生首先起因于细菌，其次才是病毒，而细菌中弧菌是病毒病的诱发因子。当氨氮和pH值变化较大，或者对虾被弧菌感染时，虾体免疫力下降，此时病毒乘虚而入，大量繁殖而暴发病毒病。由病菌、病毒二重感染所致的病毒病会很快传播流行，出现暴发性病害。

237.南美白对虾常见的疾病分为哪几类？

南美白对虾最常见的疾病主要有四类，即病毒感染、细菌感染、立克次氏体感染、寄生虫感染。

238.白斑病的病因及症状是什么？如何防治？

白斑病又称白黑斑病，假白斑病毒病。有人认为是由弧菌引起，但确切病因不明。该病大多因放养密度过大、底质恶化、污染严重引起。病虾开始不活跃，随着病情的发展，第二触角的基部、输卵管或输精管的基部、头胸甲上的肝脊以及腹甲的后缘和侧缘逐渐出现白色斑点，继而变为黑色，最终引起对虾死亡。

防治措施：养成期间要保持水质稳定，进行水质监测，添加淡水；中期要施用白云石粉，每半个月投喂一次药物饲料，其他处理方法同弧菌病。

239.预防白斑病毒感染的措施有哪些？

白斑病毒症传染的途径很多，因此要预防此病毒的感染，必须采取以下措施：①放养前的养虾池一定要彻底清塘，以杜绝病毒的存在；②饲料必须无病毒，以避免病毒进入养殖系统。千万不要以生虾、生蟹喂养亲虾。因海蟹是白斑病毒的天然宿主，带病毒率极高。种虾一旦摄入带病毒的海蟹，几天内即会因病毒在体内大量增殖而死亡；③不论雌种虾还是雄种虾，均需经过病毒筛检；④一旦发现池中有死虾，若是白斑病毒感染且个体在5克以上，应立即收虾；若虾子还小，则应立即弃养，并将池子加以彻底消毒；⑤在养殖过程中，必须定期对对虾进行白斑病毒的检测，早期发现有病毒感染时，可采取预防措施。例如，降低养殖密度，以减轻环境因子所造成的紧迫压力。这样可将白斑病毒症暴发的概率减低。定期进行检测可将损失减少到最低限度。

240.为什么说白斑综合征是不治之症？其症状如何？应采取什么防治措施？

　　白斑综合征是由白斑综合征病毒（WSSV）引起的虾病。该病毒的敏感宿主有斑节对虾、南美白对虾和日本对虾等。其症状包括对虾离群、不摄食、空胃；游泳无力，反应迟钝；甲壳内表面有白色或淡黄色斑点，在头胸节处尤其明显，呈花斑状；头胸甲易剥离，壳与真皮分离；体色暗或呈微红色；在池边漫游或伏卧，体色变红（多为并发症）。发病后死亡快。大部分病虾第二触角折断。另外，患白斑病毒病的对虾，鳃发黄、肿胀，肝胰腺肿大、糜烂，颜色变淡，可在几天内大批死亡。如果水质稳定，加强营养，可延长养殖时间。该病毒病可采用以下方法诊断：①现场观察症状；②T-E染色法；③电镜观察；④核酸探针；⑤PCR技术检测；⑥杂交检测法等。

　　白斑综合征病毒病当前无特效药可治。目前主要立足于预防，即对虾健康养殖，切断病原体传播途径，加强科学管理。对虾养殖是一项综合的系统工程，所以必须严格做到：①彻底清塘除害；②放养不带病毒的健康虾苗，放养密度要合理；③采取封闭式或半封闭式养殖；④保持环境稳定，引进淡水，以逐渐添进，每次降低池水盐度以3~4为宜；⑤注意水质变化，定期测定池水pH值、氨氮和溶氧；⑥养殖中期要加强底质的处理，施放光合细菌或沸石粉、白云石粉；⑦投喂高效优质的饲料；⑧一旦发现池虾带病毒，即应采取增氧措施，并在饲料中添加0.1%~0.2%的高稳西维生素C；⑨要经常对虾池进行消毒，以减少细菌性疾病的传播；⑩不宜大量交换水，要使用经严格消毒的水。

　　要定期使用药饵，以提高对虾抗病力，增强免疫力。发现死虾要严格销毁，切勿乱丢。提早收虾，以免损失。收虾后，对病虾塘要封闭消毒，不宜马上放水危害其他虾塘。切勿乱用药物，有问题要请教专家。

241.斑节对虾患病毒病时有何表现？后果会怎样？

斑节对虾发病时表现为突然不摄食，喜欢靠岸边活动，活力减弱，鳃肿大，肠道发生自溶现象，甚至充满水状液体或空无一物，肝胰腺呈现黄褐色，发病后则成乳黄色，连续2~3天靠岸，用手抓很容易抓住。以上症状一旦出现，对虾很快会大量死亡。病毒在虾体内的数量极少时，不是直接致死的因素。病毒可在对虾体内潜伏，一旦受到外界各种不利因素的影响，病毒增加到一定的数量，对虾才出现病状甚至死亡。引起大面积死亡的原因较多，切不可一池虾患病后，把死虾乱丢，把池水乱排放，结果会污染周围密集的虾池，造成一池发病万池遭殃的凄惨景象。

如果发现病毒潜伏，为挽救对虾，可使用抗生素和中草药，保持水质环境稳定，防止细菌病发生，定期投喂药物饲料，如"鱼虾壮元"、"病毒康"、"虾健康等"，以预防病毒病暴发，努力把对虾死亡减低到最低限度，早日收虾。

242.什么叫做对虾肠炎病？如何防治？

(1) **病因** 该病是摄食蓝藻类颤藻科钙化后引起中毒的。

(2) **症状** 病虾消化道变成红色，胃部最明显，中肠后部也变红或肿胀，直肠（后肠）变浑浊，肠壁红色素细胞扩张，有大量血细胞聚集，病虾行动迟缓、厌食、生长缓慢，但未发现死虾。

(3) **诊断** 病虾消化道红肿和浑浊从体外就清楚可见。解剖病虾，取出消化道，从胃、中肠和直肠剪开各取一小段，将肠壁用水封压片法在高倍镜下核查血细胞聚集和红色素细胞扩张的情形就可确诊。

(4) **流行情况** 对虾肠炎病发病率高峰期一般在6—8月份，

此时对虾体长在5～7厘米。

（5）**防治方法**　①调节水质，抑制蓝藻的繁殖；②全池泼洒1毫克/升的漂白粉或0.3～0.4毫克/升的活性碘消毒剂；③在饲料中添加5%的"鱼虾壮元"；④每亩投放沸石粉30～50千克，而后再加"利生素"以保持底质和水质的稳定。

243.传染性皮下和造血组织坏死病毒（IHHNV）病该如何防治？

（1）**病因**　由该病病毒感染外胚层组织如鳃、表皮和前后肠上皮细胞所致。

（2）**症状**　患急性传染性皮下和造血组织坏死病毒病的幼虾厌食，表皮上可出现白色或淡黄色斑点。濒死的南美蓝对虾和斑节对虾明显变蓝，腹部肌肉浑浊。病虾在池中漫游，静止一会儿后翻滚打转，接着腹部朝上沉入池底，几小时内重复此过程直到筋疲力尽，或被健康的虾吃掉。在南美白对虾中常表现为典型的慢性病，又称为畸形发育不良综合征。病虾额剑变形弯曲，触角鞭节起皱，表皮粗糙，生长慢，处于慢性消耗状态，导致个体细小畸形。

（3）**流行情况**　该病可通过水平和垂直传播。感染传染性皮下及造血组织坏死病毒病的对虾如不死亡，也会终生携带病毒，传播给别的虾和下一代。可传染至斑节对虾、南美白对虾、南美蓝对虾、墨吉对虾和日本对虾。

（4）**防治**　依据外观症状、行为、流行情况等特征，可做出初步诊断。目前主要靠采取控制措施、实施全面健康养殖管理来进行综合防治。该病累积死亡率可在50%～90%，所以必须做到：①实行严格检疫，杜绝携带病毒的亲虾或苗种入池；②要彻底清塘除害；③使用无污染的水源，养殖用水需经过过滤和消毒；④投放健壮苗种，采取合理密养的模式；⑤虾池可视情况采取轮养、混养等多种模式，最好采用铺地膜的养虾模式；⑥投喂"鱼虾壮元"，并使用大型饲料生产企业如粤海饲料、海大饲料等厂家生产的饲料；⑦保持虾池有益藻相的稳定；⑧不要滥用药物；⑨定期使用微生物制剂（光合细菌）；⑩防止细菌性或寄生虫等病害。做好早晚巡塘，发现异常，及时咨询专家，做到对症下药，以防为主。

244. 对虾立克次氏小体病是何病？其症状如何？该如何防治？

(1) 病因 立克次氏小体是产生于对虾肝胰腺上皮细胞细胞质和细胞间隙中的病毒。该病毒毒力强，可破坏和溶解细胞核膜和肝胰腺小管的纤维基膜，导致对虾丧失消化功能而死亡。病虾若合并感染杆状病毒，在出现症状后3~5天内其累计死亡率可在80%~100%。

(2) 症状 病虾不摄食，空胃，常在池边浅水处漫游，反应迟钝，体色变浅，甲壳无白点。肝胰腺外观呈白黄色，肿胀，用镊子夹取时极易溃散，并溢出黄色黏稠液。

(3) 防治 与防治传染性皮下与造血组织坏死病毒病相同。

245. 什么叫做对虾支原体病？其症状如何？怎样防治？

对虾支原体病是由对虾细胞质中的一种称为支原体的致病生物引发的。该支原体寄生于对虾肝胰腺和中肠中。寄生于肝胰腺中的支原体可引起被膜发生病变，间皮细胞和成纤细胞肿胀、坏死、脱落和解体。该病是造成当前对虾育苗失败及早期养殖死亡的主要原因，也是引发白斑杆状病毒病的因素之一。

病虾肝胰脏肿大、糜烂，呈微血红色；病虾中肠壁局部肿胀、膨大，呈现1~3个淡红色的结节，较硬；腔肠变细，胃肠中无食物；病虾体小，多在池边浅水区漫游或伏卧，并死于池边。该寄生物可经食物传入，也有可能由母体垂直传播。防治措施与病毒病相同。

246.常见对虾细菌性疾病有哪些？其症状如何？怎样防治？

可引起对虾疾病的细菌种类较多，其侵害部位也较广泛，病情极为复杂。最常见的是由鳗弧菌、副溶血弧菌、溶藻弧菌、创伤弧菌、变形杆菌等引起的疾病，例如红腿病；由嗜水气单胞菌、哈氏弧菌、豚鼠气单胞菌等引起的鳃丝肿大、坏死变黑的疾病；由亮弧菌引起的对虾荧光病等。这些细菌最初仅仅造成某些器官的局部疾病，继而会侵入血液，形成全身性菌血病，使对虾死亡。现把常见的由弧菌引起的红腿病、烂眼病、烂鳃病介绍如下。

（1）红腿病（败血病）　患病对虾厌食，环境恶化时停止摄食，活力下降，多在池边活动。有的鳃呈黄色，而且肿胀，有的鳃呈黑色。身体呈微红色，透明度增强，附肢全部变红，故称"红腿病"。另外，肝胰脏和心脏颜色变浅、轮廓不清，甚至溃烂或萎缩，血淋巴浑浊，血细胞不能凝固。该病死亡率相当高，达90%。

（2）烂眼病（瞎眼病）　病虾眼球肿胀，由黑变褐，逐渐溃烂，直到一侧或双侧眼球烂掉脱落，仅留眼柄。病虾行动迟缓，常匍匐于池边水草上，有时上浮水面旋转、翻滚。随着病情发展，肌内变白，血淋巴经镜检可见细菌，一般1周内可引起对虾死亡。

（3）烂鳃病　鳃丝呈灰色或黑色，肿胀、变脆，从边缘稍向基部坏死、溃烂，有的发生皱缩或脱落。要注意由弧菌导致的烂鳃病与其他病的区别。鳃丝有细菌，血淋巴也有细菌的才可诊断。

以上3种由弧菌引起的疾病是对虾常见的病害，所以必须加强管理，采取积极的防治措施。防治措施包括：①提高水位，稳定水质，保护水色，保护底质，除去氨氮和硫化氢等有毒物质，如施放沸石粉或白云石粉；②不要擦伤虾体；③全池消毒，可用1～2毫克/升的漂白粉，或用0.15～0.30毫克/升的强氯精，或用0.2毫克/升的二氧异氰尿酸钠；④投效药饵，如维生素C等中草药。

247. 什么叫做溃疡病（嗜几丁质细菌病）？其症状如何？如何防治？

该病是由多种细菌引发的疾病。在病虾身体上可见单个或多个黑褐色蚀斑块，主要在头胸甲或附肢上；附肢末端溃烂或发黑，肌肉坏死或患部糜烂，继而可引发全身性败血症。治疗方法同弧菌病。在发病初期，可用15毫克/升的茶粕全池泼洒，促进脱壳。

248. 什么叫做桃拉症病毒(TSV)病？其症状如何？

桃拉症病毒是1992年6月首次在厄瓜多尔发现的，主要感染南美白对虾。1993年该病毒病使厄瓜多尔不少虾场关闭。该病毒病现已扩展到秘鲁、哥伦比亚、洪都拉斯和美国夏威夷，是造成美洲对虾经济损失的重要因素。病虾不摄食，消化道内无食物；游泳无力，反应迟钝，昏睡，甲壳变软；虾体发红，大多是尾部变红；在养殖20多天后发病严重，死亡率为80%～95%。幸存者甲壳上有黑斑，该病主要危害南美白对虾。

249. 何谓丝状细菌病？其症状如何？怎样防治？

丝状细菌病的病原体为毛霉亮发菌或硫丝菌。该病主要是在池水过肥，即有机质过高情况下，尤其是在老化的虾场最常发生，塘底的残饵是诱发丝状细菌大量繁殖的重要因子。

病虾鳃部为黑色或棕褐色，头胸部附肢和游泳足色泽暗淡，似有旧棉絮状附着物。黏附于丝状细菌之间的残渣、污物等，可使对虾窒息死亡。用显微镜观察可见病虾鳃上和附肢上有成丛的丝状细菌附着。可采取如下防治措施：勿过量投饵，虾苗密度不宜太高，保持水质新鲜和稳定，经常用消毒剂杀菌。发现虾鳃和附肢有大量丝状细菌时，可用浓度为10毫克/升的茶子饼全池泼洒，以促进对虾蜕壳。蜕壳后要马上换水，引进经处理的海水，再用1～4毫克/升浓度的链霉素泼洒全池，投喂优质的配合饲料，加强营养。

250.什么叫做镰刀菌病？其症状如何？怎样防治？

该病为真菌性疾病，大多发生在日本对虾中，因日本对虾具潜沙习性，而虾池底含有大量镰刀菌分生孢子，往往侵害虾的鳃部而引起较严重的疾病。多数虾鳃部因病变而产生黑色素沉着，尤其鳃丝的末端，使鳃的外观呈点状黑色素条纹，严重时整个鳃呈黑色，鳃组织较硬，菌丝大量生长，突破鳃膜长出鳃外，使鳃丝末端呈现"花朵"状。镰刀菌也常寄生在附肢及体壁上，产生黑色素沉积。有时鳃瓣上并没有黑点，仅附肢的底部变黑、变硬；有时镰刀菌侵入到甲壳下的肌肉、心脏、血管、中肠及眼球上。病虾游动缓慢，反应迟钝。濒死的个体侧卧于池底。用显微镜观察可见到对虾鳃内充满菌丝和月牙状的大分生孢子。发病的虾池收虾后，要彻底清塘，彻底消毒，同时对池底进行翻耙、冲泡。加强水体消毒，选用有益微生物制剂进行底质改良调控，投优质饲料。

251.什么叫做微孢子虫病？其症状如何？怎样防治？

这是一种由微粒子虫、八孢虫和匹里虫等引起的疾病。患病虾体肌肉白浊而不透明。病虾有的由于表皮色素细胞的扩展，使体表呈蓝黑色。该病敏感宿主为墨吉对虾、长毛对虾和斑节对虾。把病虾的白浊肌肉组织涂片放在高倍镜下观察可见到椭圆孢子或其孢子母细胞。防治措施如下：①对虾池要彻底清淤消毒，以杀灭底泥中的孢子；②发现病虾、死虾要及时销毁，以免健康虾食后感染；③试用烟曲霉素制成药饵投喂。每天每千克虾体用药50毫克，连续投喂12~20天。

252.软壳病是一种什么病？其症状如何？怎样防治？

这是一种营养缺乏病。多因长期生物基础饵料不足，人工配合饲料营养成分不全面，投饵量过少致对虾营养不良、体质衰弱而发病。软壳病是对虾常见营养性疾病之一，又名对虾软壳综合征。

病虾甲壳薄而软，壳与肌肉分离，蜕壳困难，行动缓慢，体色发暗，反应迟钝，体弱不活泼，个体较小，大小不一，同一虾池发病率可在1%~5%，常因蜕皮受阻或在蜕皮过程中大量死亡。防治措施：①不要使用质量低劣、营养不平衡的饲料；②应使用优质饲料，并在饲料中添加高稳西维生素C，每千克饲料添加2克；③要合理投喂饲料，掌握好投喂量。

253.为什么对虾肌肉会发生白浊和痉挛？形态如何？应如何处理？

对虾出现这些症状多是由于环境因素所致。在温度较高，而且温盐突变情况下，或养殖密度过大，溶氧不足，水质污染，营养不良以及受到惊吓等养殖环境失控时，对虾会产生肌肉坏死病（肌肉发生白浊）和钩尾病（肌肉痉挛）。

病虾腹部肌肉变白，失去透明，有的全身肌肉变得白浊，严重时全身肌肉坏死。病虾表现为急躁不安，有时在池内、池边频频游动，有时突然静伏水底。患钩尾病的对虾腹部勾曲痉挛、僵硬，各关节不能自由屈伸，严重时成抱尾状在水中侧卧，或贴底做弧圈状横游，并伴有腹肌变白现象。

防治措施为：①放养密度要适宜；②高温季节保持高水位；③启动增氧机以保持池水理化因子基本稳定；④避免频繁的人为惊扰。

254.什么叫做黑死病？其症状如何？怎样预防？

这是一种因长期缺乏维生素C而致的疾病。通常在配合饲料中维生素C含量不足，而虾池中又无藻类存在情况下会发生此病。

病虾的腹部、头胸甲和附肢几丁质层下面，尤其在关节或其附近，鳃以及前后肠的壁上出现黑斑。变黑的组织附近有血细胞炎症，病虾厌食，腹部肌肉不透明。一般在晚期继发细菌性败血症。

只要定期在每千克饲料中添加2克"高稳西"拌喂，即可防止此病的发生和发展。

255. 对虾黑鳃病如何诊断？怎样预防？

该病由多种因素影响所致。如病菌——弧菌、镰刀菌、丝状细菌等；水质——受到化学污染，使水中铜、亚硝酸盐等含量过高；饲料营养不平衡等。病虾鳃区呈一条条黑色皱缩的鳃丝。鳃丝坏死后对虾失去了呼吸机能，在溶氧不足时可引起死亡。

防治措施为：①对虾塘要彻底清淤除害；②保持水质良好稳定；③防止工业废水污染养殖水域；④慎用高锰酸钾和硫酸铜；⑤选用高效优质饲料。

256. 对虾本身有无免疫系统？它与病害有何关系？

一般认为，对虾的免疫力大致包括血细胞的吞噬、包囊、凝聚以及体液因子的杀菌活性等。正常对虾的体内均存在着以上各种抗病因子，换句话说，具有一定的免疫力，因此在一般情况下并不感染疾病，但是一旦对虾的生活环境出现异常，如环境恶化、底质污染、病原菌数目剧增、温度、pH值、溶氧等环境因子剧变，加上对虾体质如果减弱，即可造成对虾的免疫功能低下，致使病菌侵入引发疾病。因此，对虾免疫力低下是对虾发病的根本原因。提高了对虾的免疫力，也就从根本上提高了对虾对恶劣环境和不同病害的抵抗能力。要提高对虾的免疫力必须抓好如下工作：①改善水环境；②均衡饲料营养，从环保与营养入手来增强对虾自身的免疫力，防止病害的发生。

257. 对虾病毒病的传播途径有哪些？

病原体（如病毒、细菌）从传染源到新的易感体需借助一定的媒介，这就是传播途径。对虾病毒病的传播（传染）途径有两种：垂直传播和水平传播。垂直传播是以亲虾为媒介，即由带病原体的亲虾（母虾）通过繁殖将病毒传播给虾苗（子代），使虾苗带病毒。水平传播有多种：如通过摄食病虾、死虾传播；通过带病毒海水传播；通过带病原体的虾池底泥传播；通过饲料生物传播；空中的飞鸟摄食病虾后排泄物传播等。病毒传播模式如下。

垂直传播：亲虾（＋）带病毒→虾苗（＋）带病毒→养殖对虾（＋）→养殖虾发病主要因环境突变或恶化，如水质恶化、台风、暴风雨、寒流等→对虾死亡（经检测，对虾因病毒病而死亡）。

水平传播：亲虾（－）不带病毒→虾苗（－）不带病毒→养殖对虾（－）不带病毒→带病毒的海水（＋）、污泥（＋）、甲壳动物（桡足类轮虫）→养殖虾发病→对虾死亡（系病毒病所致）。

258. 带病毒的虾塘能否再养殖对虾？怎么处理才能重新使用？

带病毒的虾塘必须经过严格的消毒，把虾塘的病毒彻底杀死后方可进行养殖。养殖生产证明：带有病毒的底泥经过严格、彻底消毒后，加入海水，养殖30天后检测，对虾成活率100%，而且未检出养殖对虾带病毒。如果带病毒的虾塘消毒不彻底，放苗养殖30天后，对虾死亡可在80%以上，不久还会全部死亡。所以对受过病毒污染的虾塘的底质一定要严格消毒，否则对虾发病率将提高。

在清理发病虾塘的底质时切不可把它乱丢乱放，尤其严禁丢放在虾塘堤上，否则被暴雨冲回池内仍会使对虾感染病毒。不带病毒的虾苗以及无病毒的底质环境才是健康养殖、科学管理和丰收的保证。

259. 怎样做好虾病的综合防治？

要保证对虾健康养殖取得成功，必须采取以下措施：①要彻底清塘、消毒除害，保持底质和水质良好；②选购无病毒的健壮虾苗；③科学放苗，合理控制放苗密度。虾苗过密是诱发病毒病的因子之一，高密度精养一般应控制在3万~5万尾/亩左右；④投喂高效优质的配合饲料，强化营养，增强对虾自身的免疫力；⑤为预防和抑制病毒，适时投喂虾健康、病毒康等药物饲料，并添加一些药物配合饲料，增强对虾免疫力和抗病毒能力；⑥合理使用消毒剂和底质改良剂，保持水质稳定；⑦在病毒病流行期间暂时封闭不换水；⑧使用无污染和不带病原体的水源，保证健康养殖；⑨防止出现细菌、寄生虫等并发疾病；⑩发现虾池内对虾携带病毒，但未发病（潜伏期）。应首先采取增氧措施，保证水中溶氧不低于5毫克/升；其次在饲料中添加0.3%~0.4%的高稳西维生素C和对虾药饵。

总之，要防病就必须做到：①因地制宜改善养殖环境；②切断池水病菌和病毒的传播途径；③选择高效优质饲料，增强对虾的抗病力；④加强科学管理。

260.为什么对虾有时会浮游于水面又蜕不了壳？这是什么病？症状如何？怎样防治？

虾常常独自浮游于水面，又不摄食，这可能有两个原因：①底质可能污染严重，氨氮高或硫化氢多导致虾不适而上游；②可能患上了纤毛虫病。

纤毛虫病是由固着类纤毛虫引起的，常见的纤毛虫有聚缩虫、单缩虫、钟形虫、累枝虫和鞘层虫等。病虾鳃区呈黑色，附肢、眼及体表全身各处呈灰黑色的绒毛状。虾浮游于水面，离群独游，反应迟钝，食欲不振以至停止吃食，又不能蜕皮，尤其在午夜后至天亮前夕，当池水溶氧低于3毫克/升时，常因呼吸困难而死亡。在对虾养成的中、后期，由于池水含有大量有机碎屑，有的虾池因换水困难或虾体感染细菌、病毒等原发性病原生物促使纤毛虫大量繁殖并附着于虾体。取鳃丝或从体表取附着物作浸片，在显微镜下观察可见纤毛虫类附着。

防治措施如下：①在养殖中后期适量换进已消毒的无污染和不

带病毒的水；②每半个月施用1次沸石粉或白云石粉，以调节水质，降低有机物分解产生的有害物质，施用量为每亩30千克；③如果有水源，可用10~15毫克/升的茶麸全池泼洒，促进蜕壳；④加强营养，选择优质饲料，并加高稳西维生素C（每千克饲料加2克）以及大蒜50克；⑤每半个月投喂药饵1次。

261. 如何促进对虾蜕壳？

由于海水盐度过高或底质污染，对虾难以蜕壳，可以采取以下措施：①引进淡水刺激对虾蜕壳。可抽地下水或引山溪淡水入池，使池水盐度在短时间内下降2~3，以刺激对虾蜕壳；②在每千克饲料中添加2~4克维生素C，以"高稳西"维生素C为佳；③使用茶子饼刺激对虾蜕壳。每个大潮期换水2~3天后，一般是池虾蜕壳高峰期，原因是经新鲜海水及水流刺激，此时用15~20毫克/升浓度的茶子饼，可以刺激虾体，使蜕壳困难的虾顺利蜕壳，全池对虾得以同步生长。用法是把茶子饼充分粉碎浸泡24小时以上，然后兑水均匀泼洒。泼洒时要降低水位，茶子饼泼洒3~4小时后，要迅速地纳进新鲜海水，以免刺激时间太长，危害对虾。使用茶子饼要在晴天进行。定期使用茶子饼也可毒死凶猛鱼类和病菌，起到防病除害的作用。

262. 哪些病毒会感染南美白对虾？

就目前所知，感染南美白对虾的病毒主要有白斑病毒（WSSV）、桃拉病毒（TSV）、对虾杆状病毒（BP）、黄头症病毒（YHV）、传染性皮下及造血组织坏死症病毒（IHHNV）和肝胰腺细小样病毒（HPV）等。

263. 白斑病毒病有哪些病症特点？是否有能抵抗该病的种虾？

白斑病毒病属世界性流行病。白斑病毒（WSSV）具传播快、致死率高的特点。对虾发病后快则3~4小时，慢则3~4天即大量死亡。目前尚未发现有对白斑病毒具有抵抗力的种虾。

264.SPF种虾的后代是否还会被特定病原体所感染？

不带有特定病原的种虾，并不表示种虾对特定病原体有免疫能力，所以SPF种虾所生产的虾苗遇上这些病原体也一样会被感染。

265.近年来为什么有的虾苗放养不到20天就会患病甚至死亡？

虾苗放养不到20天就患病甚至死亡，其原因是多方面的。首先，虾苗本身有问题，如携带病毒，或者虾苗发育不良。

如果虾苗在育苗期间使用了抗生素，或者是在高温下育的苗，就注定了这些虾苗抗病力差。因为先天不足，所以入塘后不适应虾场的环境，导致养殖不足20天就死亡。据调查，近年来许多对虾育苗场为了节省开支，在虾苗从糠虾转变到仔虾期投喂人工配合饲料0号料以替代丰年虫，导致仔虾缺乏营养，活力差。养殖业者如果购买了这些虾苗就难以养成。有的养殖户按以往养殖方法投苗后只依赖虾塘的浮游生物，加之虾塘肥水措施不利，这样虾苗入塘后就更难以生存，如果遇上下雨环境突变就容易得病。因此，购买虾苗时要格外小心，放养后也要投喂高效优质的饲料以增强虾体的免疫力和抗病力。

266.南美白对虾患红体病(桃拉综合征)时如何防治？

(1) **病因**　由桃拉病毒感染引起。

(2) **症状**　病虾不摄食，肝胰脏肿大、变白，虾体变红，尤其尾部更明显。幼虾一般急性死亡，成虾呈慢性死亡。

(3) **防治方法**　①用0.2～0.3克/米³的二溴海因全池泼洒2天，隔2天后再全池泼洒枯草杆菌0.2克/米³、光合细菌3克/米³和沸石粉20克/米³、EM原露3克/米³；②在每千克饲料中添加2克免疫多糖及三黄解毒散，连用5~7天。

267.南美白对虾患红腿病时如何防治？

（1）**病因**　由副溶血弧菌、鳗弧菌感染引起。

（2）**症状**　病虾附肢变红，尤以游泳肢最明显，病虾在水面慢游，或者旋转或上下垂直游动。

（3）**防治方法**　①取0.3～0.4克/米³的二溴海因全池泼洒，第2天全池泼洒碘铵盐3克/米³；②每千克饲料中添加含量为10%的氟苯尼考0.3～0.5克，连用3～5天。

268.对虾发病时应该怎样科学用药？

首先必须诊断正确，并对症下药，此外还必须注意以下几点。

（1）**把握用药时间**　这关系到抑菌、杀菌及预防、治疗的效果。晴天使用药物效果好，而雨天与阴天使用药物效果则较差。气候因素也能使药物产生不同的效果。虾病的防治需要一定的时间，因此要按规定疗程使用药物，以免造成药物浪费。

（2）**准确计算用量**　药物选定后，首先要确定给药量和给药方法。具体用药时，应根据对虾的不同生长阶段、虾池有机物的多少、病原体的种类、数量以及水温、盐度等理化因素准确计算用药量。

（3）**轮换使用药物**　如果长期或反复使用一种药物，易引发抗药性，从而使药效减退或无效。因此，不要长期使用单一品种的药物，这样可以避免病原体抗药种群的形成。轮换药物品种时，尽可能选用机制不同的药物，效果会更好。

（4）**提高药饵质量**　在口服药物中，要求药饵基料必须是对虾喜食的种类。一定要使药物均匀、牢固地黏附在饲料上，否则药饵入水后药物易散失，影响疗效。对某些刺激性气味太重或者虾不喜食的药物，在制作药物时应添加有香味、能诱食的物质。

（5）**不用过期的药物**　购药时要认清厂家的名称和药物出产日期等。

269. 如何提高药物效力？影响药物疗效的因素有哪些？

要提高药物的效力，必须注意以下几个因素。

(1) 药物因素 包括药物的理化性质与化学结构、药物的用量、给药的方法及药物在体内的代谢作用等。

(2) 机体因素 药物对对虾的疗效因对虾的体质、种群结构等的不同而表现出很大的不同。因而用量要适当。

(3) 环境因素 虾池的环境因素很多，如pH值、温度、溶氧等对药效的发挥都会产生不同的影响，因此用药时必须注意水质、季节、气温等外界环境的变化。例如水温对药物影响很大，尤其是含氯消毒剂与化学消毒剂，在温度相差1℃时，消毒能力就有所不同，温度高，反应快，消毒效果就显著。

270. 渔药的定义是什么？如何分类？

(1) 定义 渔药是用以预防、控制和治疗水产动植物的病虫害，促进养殖品种健康生长，增强机体抗病能力以及改善养殖水体的一切物质。

(2) 分类 目前大多按其使用目的进行分类。大体可分八大类：①环境改良剂：以改良养殖水域环境为目的所使用的药物，包括底质改良剂、水改良剂和生态条件改良剂；②消毒剂：以杀灭水体中的微生物（包括原生动物）为目的所使用的药物，包括氧化剂、双链季铵盐、有机碘等；③抗微生物药：指通过内服、浸浴或注射杀灭或抑制体内微生物繁殖、生长的药物，包括抗病毒药、抗细菌药、抗真菌药等；④抗寄生虫药：指通过药浴或内服杀死或驱除体外或体内寄生虫的药物以及杀灭水体中有害无脊椎动物的药物，包括抗原虫药、抗蠕虫药和抗甲壳动物药等；⑤生物制品：通过物理、化学手段或生物技术制成微生物及其相应产品的药剂，通常有特异性的作用，包括疫苗、免疫血清等，广义的生物制品还包括微生态制剂；⑥微生态制剂：是一类活的微生物制剂，具有改善机体微生态平衡的作用。主要是细菌或真菌，对动物有益，可改善动物的代谢，无致病性，对致病微生物具有一定程度的抑制作用，从而达到预防疾病的目的。微生态制剂除活的细菌等外，一般还包括促进这些微生物生长的物质，称为益生元（prebiotics），如寡糖。活的微生物制成的微生态制剂称为益生菌（probiotics）；⑦中草药：指为防治水产动植物疾病或养殖对象保健为目的而使用的药用植物，经加工或未经加工，也包括少量动物及矿物；⑧其他：包括抗氧化剂、麻醉剂、防霉剂、增效剂等药物。

271. 在渔药的管理和规范使用中渔药的特性如何？

药物按照其应用的范围一般分为三大类，即人用药物、兽药及农药。渔药是与渔业生产及水生生物如观赏鱼类有关的药物，又称水产药，可另列一类。尽管在多数情况下渔药被包括在兽药之中，但是渔药有明显的特点，主要表现为其应用对象的特殊性以及易受环境因素影响两个方面。其应用对象主要是水生动物，其次是水生植物以及水环境。用于水生动物的药物与兽药以及人用药物的关系较密切，而用于水生植物的药物则多与农药有关。在渔药中占主要地位的是水生动物药物，国内外对渔药的研发及应用主要也集中于此。渔药可直接用于鱼体，但在很多情况下需要施放入水中，因此其药效受水环境的诸多因素，如水质、水温等影响，这是与人用药物及兽药的较大差别之一。

272. 渔药残留的定义是如何概定的？

近年来渔药残留因对人体健康造成威胁而引起广泛关注，对残留的监控与管理也引起了足够重视。

渔药残留的定义是指水产品的任何食用部分中渔药的原型化合物或（和）其代谢产物，并包括与药物本体有关的杂质在其组织、器官等蓄积、贮存或以其他方式保留的现象。目前水产品中主要有喹诺酮类、抗生素类、磺胺类和呋喃类以及某些激素等残留。

273.渔药残留的危害有哪些？

一般来说，渔药残留可造成以下危害。

(1) 毒性作用 水产品中药物残留水平通常都很低，除极少数能发生急性中毒外，绝大多数药物残留是在人类长期摄入这种水产品后，药物会不断在体内蓄积，当浓度达到一定量时，通常就会对人体产生慢性、蓄积毒性作用，如磺胺类可引起肾脏损害，特别是乙酰化磺胺在酸性尿中溶解度降低，析出结晶后损害肾脏；氯霉素可以引起再生障碍性贫血，导致白血病等。

(2) 产生过敏反应和变态反应 有些药物具有抗原性，当这些药物残留于水产品被人摄入后，能使部分敏感人群致敏，刺激机体形成抗体，当再接触这些药物或用于治疗时，这些药物就合生成抗原抗体复合物，产生过敏反应，严重者可引起休克，短时期内出现血压降低、皮疹、喉头水肿、呼吸困难等严重症状，如青霉素、四环素、磺胺类及某些氨基糖苷类抗生素等。

呋喃类引起人体的过敏反应表现在周围神经炎、药热、嗜酸性白细胞增多的特征；磺胺类药的过敏反应表现在皮炎、白细胞减少、溶血性贫血和药热等；青霉素类药物引起的变态反应，轻者表现为接触性皮炎和皮肤反应，严重者表现为致死性过敏性休克；四环素的效应原性反应比青霉素少，但四环素药物可引起过敏和荨麻疹。

(3) 导致耐药菌株的产生 由于药物在水产动物体内残留，并通过有药残的水产品在体内诱导某些耐药性菌株的产生，给临床上感染性疾病的治疗带来一定的困难，耐药菌株感染往往会拖延治疗过程。具有耐药性的微生物通过动物性食品移植到人体内而对人体健康产生危害的问题至今尚未得到解决。

(4) 导致菌群失调 在正常情况下，人体肠道内的各种菌群是与人体的机能相互适应的，但是残留的影响会使这种平衡发生紊乱，造成一些非致病菌的死亡，使菌群的平衡失调，从而导致长期的腹泻或引起维生素缺乏等反应，对人体产生危害。

(5) 产生致畸、致癌、致突变作用 残留药物会不断在体内蓄积，当浓度达到一定量时，便会对人体产生毒性作用。对人类会产生较强的"三致"作用的药物有孔雀石绿等。

(6) 激素作用 一些激素及其类似物，主要包括甾类同化激素和非甾类同化激素，在肝、肾和注射或埋植部位常有大量同化激素残留存在，人们一旦食用含有其残留的水产品，可产生一系列紊乱作用，造成人类生理功能紊乱，如潜在发育毒性（儿童早熟）及女性男性化或男性女性化现象。

(7) 病原生物产生抗药性 长期滥用药物导致的药物残留会使细菌发生基因突变或转移，使部分病原生物产生抗药性。如鳗鲡赤鳍病，病原菌嗜水气单胞菌对药物的平均耐药率为69.4%；人工分离的大西洋鲑疖疮病病原菌杀鲑气单胞菌55%的菌株对土霉素有抗性，37%的菌株对噁喹酸有抗药性。此外耐药性质粒又可在人和动物的细菌中相互传播，对人类也构成潜在威胁。

(8) 水环境生态毒性 水生动物用药以后，药物以原型或代谢物的形式随粪尿等排泄物排出或直接在水环境中泼洒药物均会造成水环境中药物的残留。这些药物残留会对低等水生动物有较高的毒性作用；使水环境中对药敏感的种群减少或消失；低剂量的抗菌药长期排入环境中，会造成敏感菌耐药性增加，而且耐药基因不仅可以贮存于水环境中，而且可以通过水环境扩展演化；进入环境中的渔药残留，在多种环境因子的作用下可产生转移、转化或在动植物中蓄积。

274. 要加强对水产品中渔药残留的监控工作主要从哪几方面抓起？

水产品中渔药残留的监控最重要的是从源头抓起，加强渔药的安全、科学、合理使用，实施渔药生产、销售和规范化使用的管理。

(1) 监控体系的建立 国外对渔药残留的控制有一系列的规定和措施。具体表现在：①对药物的使用规范和安全性制定了严格的法规；②对渔（兽）药开发、生产的各阶段均有规范指令文件予以控制，如实验室管理规范（GLP）、临床实验技术规范（GCP）、药品生产质量管理规范（GLP）等；③对动物的药效实验研究及其临床试验均具有完整的研究报告和有关的详细记录，以供管理部门和有关专家审核；④对一些致癌类的药物和对人体构成潜在威胁的药物规定为不得检出，并研制出极为灵敏的检测方法；⑤对可使用的化学治疗药物规定了不会对人类与环境造成危害的允许残留的限量，同时根据药物的代谢情况确定了相应的休药期。

我国需要建立有效的监控网络，其中最主要的是对残留监控实验室网络的建设，它包括国家级渔药残留监控基准实验室、区域性检测实验室、省级实验室以及监控检测点（站）等。基准实验室应该是该网络的中枢，它主要负责检测方法的确定与验证、检测实验室间的协调、争议的仲裁、检测数据的最终判定以及与国际相应组织的联系与交涉。区域性的检测实验室负责对省级实验室的检查和指导、检验人员的培训、对区域内有影响的对象进行监测。省级实验室以及监控检测点（站）是根据本地区的情况实施监控的末端。

(2) 国外推荐使用、禁限用渔药品种目录的制订 不同国际组织和不同国家对禁限用药物有不同的要求，并都有明确的法规或管理规定，而且这些规定又经常不定期修改，所以养殖者要经常关注这些变化。

(3) 最高残留限量（MRL）的制订 出于对食品安全及环境保护的考虑，MRL评估为世界各国所重视：①世界食品法典委员会（CAC）由联合国粮农组织（FAO）与世界卫生组织（WHO）派员组建，负责确定药物的MRL，并经该组织的食品兽药残留委员会（CCRVDF）作出进一步评价后公布；②欧盟规定，对几乎所有的兽药包括应用于水产已数十年的知名化学药物都要进行MRL评价，此项工作已于1999年12月结束。MRL评估的结果是将兽药分为四个附录：有确定MRL的兽药、无须提交MRL的兽药（宠物用药）、暂定MRL的兽药及未确定MRL的兽药，最后一类已被禁止使用。欧盟批准使用噁喹酸、土霉素等19种。就用药的鱼类而言，鲑鳟鱼的MRL标准亦可应用于其他无相应标准的鱼类；③美国的FDA兽药中心（CVM）负责动物药品的制造、经营和使用，CVM负责批准用于食品动物的药物种类，并确定药物残留允许量（tolerence）及休药期。美国目前实际批准使用的化学药类渔药的种类少于欧盟。据1998年统计，美国批准使用土霉素、MS－222等5种。

（4）**检测技术的运用**　为能快速确定水产品中是否有残留，大致确定残留药物的类别。国外通常做法是遵循一定程序对被测水产品进行取样，按规范要求对样品进行快速筛选检验，然后再用更精确的方法确证超标药物的品种和准确含量。实验室检测要符合以下几个原则：①应选择国家认可的、有资质的渔药残留检测实验室；②根据国家发布的渔药残留检测技术规范进行操作。在无国家规定的情况下，一般先通过查阅文献，除掌握有关分析方法研究与应用的动态和存在的问题之外，还要了解两个内容：一是待测物的理化性质，如极性、溶解性、酸碱性、稳定性、熔点或蒸汽压、波谱学性质等；二是体内过程，包括代谢产物、组织分布、排泄途径等，从而选择检测方法；③在进行药残检测、分析时要注意以下四个问题：一是执行官方采样程序，注意取样的科学性与代表性；二是采取适宜的样品前处理方法；三是选择正确的药物分析方法；四是作出准确的结果判断。要根据抽样、检测、养殖用药和国家的需要判断结果，做到客观、公正、正确。

275.什么叫农产品和农产品质量安全?

《中华人民共和国农产品质量安全法》对农产品和农产品质量

安全作了规定：本法所称农产品，是指来源于农业的初级产品，即在农业活动中获得的植物、动物、微生物及其产品。本法所称农产品质量安全，是指农产品质量符合保障人的健康、安全的要求。

276.如何理解兽药GMP的概念？

GMP是从药品生产实践中获取经验教训的总结。《兽药GMP》是《兽药生产质量管理规范》的简称。《兽药GMP》是兽药生产的优良标准，是在兽药生产全过程中用科学合理、规范化的条件和方法来保证生产优良兽药的整套科学管理的体系。《兽药GMP》实施的目标就是对兽药生产的全过程进行质量控制，从而保证生产的兽药质量是合格的。

现代化养殖业所需要的也即"适用的"兽药应归结为"安全、有效、均一、稳定、方便、经济"。

277.如何做到渔药的规范使用？

规范用药，就是要从药物、病原、环境、养殖动物本身和人类健康等方面的因素考虑；有目的、有计划、有效果地使用渔药，包括正确选药、适宜用药、合理给药和药效评价等。

(1) 遵守相应的规定 严格按照国家和农业部的规定，不得直接使用原料药，严禁使用未取得生产许可证、批准文号的药物和禁用药物，水产品上市前要严格遵守休药期。

(2) 建立用药处方制度 渔药与人用药物及兽药一样，使用应该科学合理，必须有专业人士的指导和监督。我国应探索实施水产执业兽医制度，使用处方药，使渔药的使用由无序到有序、由盲目到科学。如没有兽（渔）医的处方，就不能购买抗生素等，从而在源头上杜绝了抗生素的滥用。

(3) 正确诊断病情 ①查明病因：在检查病原体的同时，对环境因子、饲养管理以及疾病的发生和流行情况进行调查，做出综合分析；②详尽了解发病的全过程：了解当地疾病的流行情况，养殖管理上的各个环节以及曾采用过的防治措施，加以综合分析，将有助于对体表和内脏检查，从而得出比较准确的结果；③调查水产动物饲养管理情况：包括清塘的药品和方法，养殖的种类、来源，放养密度，放养之前的消毒及消毒剂的种类、质量、数量，饲料的种类、来源、数量等；④调查有关的环境因子：包括调查水源中有没有污染源、水质的好坏、水温的变化情况，养殖水面周围的农田施放农药的情况，底质情况，水源的污染等。

(4) 调查发病情况及曾经采取过的防治措施 包括发病的时间、发病的动物死亡情况、采取的措施等。

(5) 病体检查 在养殖池内选择病情较重、症状比较明显但还没有死亡或刚死亡不久的个体来进行病体检查，而且每种水产动物应多检查几条。

278.水产药物对动物机体的作用在分类上如何分类？

药物对动物机体的作用，从疗效上看，可归纳为两类：一类是符合用药目的，能达到防治效果的作用，称治疗作用；另一类是不符合用药目的，对动物机体产生有害的作用，称不良反应。

(1) 治疗作用 治疗作用可分为两种：能消除发病原因的称对因治疗，也叫治本，例如抗生素杀灭体内的病原微生物，解毒药促进体内毒物的消除等；消除病因在治疗学上具有重要意义，如对水产养殖动物疾病的病原体已明了，可根据病原体采用相应的化学治疗药物杀灭病原微生物和寄生虫以控制传染病。

对症诊治是用药物改善疾病症状，也称治标。在用药治疗疾病时，对病因进行诊治是最佳的处理，但有些疾病，病因尚未明了，为了缓解病情，减少动物死亡，则需根据症状考虑治疗方案。一般来讲，对因治疗比对症治疗更重要，但对一些疑难病例，严重危及养殖动物生命的症状，对症治疗的重要性不亚于对因治疗。如对某些病因不明的突发疾病，导致死亡严重，只能采用对症治疗的药物以及其他的相应措施来缓解病情，减少死亡，控制疾病。

（2）不良反应　①副作用：它是药物对治疗剂量所产生的与治疗无关而给机体带来的不良影响，但一般较轻微。有的药物可有几种作用，当治疗上利用某一种作用时，其他作用就成了副作用。如抗生素添加到饲料中，对水产养殖动物既可预防细菌性疾病，还具有促进生长的效果，因此常被养殖业者广泛使用，但是它还会引起肠内细菌的耐药性和组织残留等副作用和问题。如果用药恰当，有些药物的副作用可设法纠正。但一般情况下是难以避免的。如用硫酸铜、敌百虫等杀虫药进行遍洒治疗时，虽然虫体被杀灭，但也使养殖鱼类产生厌食等副作用。

②毒性反应：指用药剂量过大或应用时间过长，使机体发生严重功能紊乱或病理变化，一般是在超过极量时才会发生。有时由于患病动物自身的遗传缺陷、病理状态或合用其他药物引起敏感性增加，往往也可出现中毒反应。因服用剂量过大而立即发生的毒性也称为急性毒性；如因长期使用后逐渐发生的毒性，称为慢性毒性。毒性反应在性质上和程度上都与副作用不同，对每种药物都可出现其特定的中毒症状。药物的毒性反应是可预测的。为了防止毒性反应的发生，应掌握药物的理化特性，了解种族差异、环境因素等。如常用杀虫药物硫酸铜，它对鲤、鲫特别敏感，当长期药浴（遍洒）浓度超过0.7克/米³水体时，则会造成鲤、鲫中毒死亡。有些外用药如卤素类、氧化剂（高锰酸钾）等遇阳光会造成药效分解或氧化性反应而失效，因此施放外用药需在16：00—17：00之后。用药期间应注意观察，如有中毒征兆，立即采取措施，避免或减少损失。

③过敏反应：是指某些个体对药物的敏感性比一般个体要明显，表现有质的差异。有些过敏反应是遗传因素引起的，称为"特异质"，如某些羊对四氯化碳过敏；另一些则是由于首次与药物接触致敏后，再次给药时呈现的特殊反应，其中有免疫机制参加，称"变态反应"，如由青霉素引起的过敏性休克。过敏反应只发生在少

数个体中，而且这种反应即使用药剂量很少也可以发生。

④变态反应：指机体受药物刺激后所发生的不正常免疫反应。药物如抗生素、磺胺类、碘等分子化学物质，本身不具抗原性，但它们具有半抗原性，能与高分子载体结合完成抗原。这种反应的发生与药量无关或关系甚微，如反复用氯霉素可能引起贫血等。

⑤继发性反应：指药物的治疗作用所引起的不良后果，又可称为治病矛盾。因为养殖动物体内寄生有许多细菌，这些菌群互相制约，维持着平衡的共生状态。如长期使用广谱抗生素，由于许多敏感菌株被抑制，而使肠道内菌群间的相对平衡状态受到破坏，致使一些病原产生抗药性后大量繁殖，引起这类病原菌疾病继发性感染，称为二重感染。

279. 如何合理选择和确定渔药给药途径？

（1）口服法　口服法用药量少，操作方便，不污染环境，对不患病的鱼虾类不产生应激反应等。常用于增加营养、病后恢复及体内病原生物感染，特别适用于细菌性肠炎病和寄生虫病，但其治疗效果受养殖动物病情轻重和摄食能力的影响，对病重者和失去摄食能力的个体无效，对滤食性和摄食活性生物饵料的种类也有一定的难度。另外有一种强制性的口服方法——口灌法，它能够保证药物摄入比较充分，用药量准确，是一种有效的治疗方法，但操作比较麻烦，用药过程易造成鱼体损害，是一种只能作为最后采取的治疗措施（在病鱼不摄食时使用）或试验研究使用的方法。

（2）药浴法　按照药浴水体的大小可分为遍洒法和浸洗法；根据药液浸泡的浓度和时间的不同，可以分为瞬间浸泡法、短时间浸泡法、长时间浸泡法、流水浸泡法。遍洒法是疾病防治中经常使用的一种方法。浸洗法用药量少，操作简便，可人为控制，对体表和鳃上病原生物的控制效果好，对养殖水体的其他生物无影响，是目前工厂化养殖经常应用的一种药浴方法。在人工繁殖生产中从外地购买的或自然水体中捕捞的亲鱼、亲虾、亲贝等及其受精卵也可用漫洗法进行消毒。

（3）注射法　鱼病防治中常用的注射法有两种，即肌肉注射法和腹腔注射法。注射法用药量准确、吸收快、疗效高（药物注射）、预防（疫苗、菌苗注射）效果好，具有不可比拟的优越性，但操作麻烦，容易损伤鱼体。适合对象是那些数量少又珍贵的种类，或是用于繁殖后代的亲本。治疗细菌性疾病用抗生素类药物，预防病毒病或细菌感染用疫苗、菌苗等。

（4）涂抹法　具有用药少、安全、副作用小等优点，但适用范围小。主要用于少量鱼、蛙、鳖等养殖动物以及因操作、长途运输后身体受损伤或亲鱼等体表病灶的处理。适用于皮肤溃疡病及其他局部感染或外伤。

（5）悬挂法　用于流行病季节来到之前的预防或病情轻时的治疗，具有用药量小、成本低、方法简便和毒副作用小等优点，但杀灭病原体不彻底，只有当鱼虾游到挂袋食场吃食及活动时才有可能起到一定作用。目前常用的悬挂药物有含氯消毒剂、硫酸铜、敌百虫等。

280.哪些因素会影响渔药的给药剂量？

药物的剂量通常分为最小有效量、常用量（治疗量）、极量、中毒量。剂量的选择范围一般是在最小、有效量以上，极量以下的药量称之为安全范围。药物在池塘中受各种因素和生物因子的影响，诸如pH值、溶氧量、水温、硬度、盐度、有机质和浮游生物的含量等也是考虑药物剂量的因素。

281.如何确定水产药物的用量？

使用药物的浓度是药物产生治疗作用所需的用量称剂量。药物剂量可以决定药物与动物机体组织器官相互作用的浓度，因而在一定范围内，剂量愈大，药物浓度愈高，作用也愈强；剂量小，作用就小。

在对水产动物防病治病时，使用药物必须认真计算剂量，也就是用药量。不同的动物，不同的疾病，在疾病的不同发展阶段，用药量是不同的。用药量过低，不但不能达到预期的治疗后果，并且耽误了治病时机，使疾病进一步发展；用药量太高，不仅耗费了药费，并且可能产生不良作用，引起中毒，甚至危及动物生命。总而言之，在防治水产动物疾病时，为了正确确定所选药物的浓度，必须掌握其使用浓度和毒性，这样既能达到药效又可以避免产生药害。

ED_{50}，即半数有效量，是指在一群动物中引起半数（50%）动物阳性反应（有效）的剂量。LD_{50}，即半数致死量，是指使半数（50%）动物致死的剂量。LD_{50}/ED_{50}的比值称作治疗指数（TI），可用来表示药物的安全性。TI值越大，则表示药物越是安全有效。临床上所说的剂量即所谓常用量，是指成年动物能产生明显治疗作用而又不致引起严重不良反应的剂量。水产动物用药量通常是按照每千克体重所需药量来计算的。

282.渔药的用药疗程是如何确定的？

用药的疗程要考虑两方面的意思，一是给药的时间间隔，即一种养殖生物经确诊疾病后，每日用药一次或每日用药两次或更多，或隔日用药一次；二是总共应当用药多少次和多少天。用药的次数应根据病情需要以及药物的消除速率而定。对药物半衰期短的药物，给药次数要相应增加，长期用药应注意避免积蓄中毒。具体给药方案的确定应根据药物代谢动力学（药物在机体内吸收、分布和消除的过程）以及药物在机体内对病原体的作用力确定的（最小抑菌浓度，MIC）。用户必须按照药物的使用说明，严格用药的次数和全程用药量，切勿随意增减，对毒性大的或消除慢的药物，应规定每日的用量和疗程。

用药时间的选择应根据具体的药物、养殖的种类、疾病的类型等来综合考虑。例如日本对虾患细菌性弧菌病，应在傍晚或夜间投喂抗菌素药饵，因为日本对虾白天潜伏于泥沙而晚上外出并摄食的习性，因此在夜间投喂药饵对该病的防治更有效。

283. 如何决定药物使用的顺序？

在水产动物的养殖过程中，由于多次使用同一种药物，导致病原菌的耐药性逐渐增强，最后形成具有抑、杀菌效果的药物越来越少。

如果通过对病原菌进行药物敏感性试验，在疾病的治疗初期就选用病原菌最敏感的药物，就可能随着病原菌对药物产生耐药而无法再获得有效的治疗药物。因此，为了避免这种现象的发生，在使用药物治疗水产动物的疾病之前，就应该根据药物的种类和特性来决定不同药物的使用顺序。譬如，将磺胺类和抗生素类等比较容易引起病原菌产生R（耐药性）因子的药物作为第一次选用药物，而将对已经产生R因子的病原菌也有杀菌效果的合成抗菌药物，如萘啶酸、噁喹酸和吡咯酸等作为第二次选择用药物，只对第一次选择药物失去疗效情况下使用。在决定使用药物的顺序时，最好是能将磺胺类药物作为第一次选择用药，抗生素作为第二次选择用药，而将各种化学合成药剂作为第三次选择用药，但是由于受各种条件的限制，这种用药顺序在水产动物疾病防治实践中是比较难以施行的。虽然病原菌对萘啶酸等第二次选择用药物不会产生R因子，但是病原菌能很快获得对这些药物的短期耐药性，因此在实际防治水产动物疾病时，应该严格控制这类药物的使用次数。当第二次选择用药失去效果后，还必须从第一次选择使用的药物种类中筛选有效的药物，由于病原菌对药物的耐药性程度每年都会不断地变化，当停止使用磺胺类和抗生素类药物一段时间后，病原菌又可以恢复对这些药物的敏感性。

284. 使用某些渔药时应注意什么事项？

(1) **甲苯咪唑溶液**　按正常用量，不适用于胭脂鱼；淡水白鲳、斑点叉尾鮰敏感；各种贝类敏感；对无鳞鱼慎用。

(2) **菊酯类杀虫药**　水质清瘦，水温低时（特别是在20℃以下），对鲢、鳙、鲫毒性大；如沿池塘边泼洒或稀释倍数较低时，会造成鲫鱼或鲢、鳙鱼死亡。对虾蟹类禁用。

(3) **含氯、溴消毒剂**　当水温高于25℃时，按正常用量将含氯、溴消毒剂用于河蟹，会造成河蟹死亡（在室内做试验则河蟹不会死亡），死亡概率在20%～30%。在水质肥沃时使用，会导致缺氧泛塘。

(4) **杀虫药（敌百虫除外）或硫酸铜**　当水深大于2米，如按面积及水深计算水体药品用量，并且一次性使用，会造成鱼类死亡，概率超过10%。

(5) **外用消毒、杀虫药**　早春，特别在北方，鱼体质较差，按正常用量用药会发生鱼类死亡，特别是鲤鱼，死亡概率为5%～10%，而且一旦造成死亡，损失极大。

(6) **阿维菌素溶液**　按正常用量或稍微加量或稀释倍数较低或泼洒不均匀，会造成鲢鱼和鲫鱼死亡。海水贝类在泼洒不均匀的情况下易导致死亡。

(7) **内服杀虫药**　早春，如按体重计算药品用量，会造成吃食性鱼类的死亡，概率为10%～20%。

(8) **水质因素**　当水质恶化或缺氧时，应禁止使用外用消毒、杀虫药。施药后48小时内，应加强对施药对象生存水体的观察，防止造成继发性水体缺氧。

(9) **辛硫磷**　对淡水白鲳、鲷毒性大。不得用于大口鲇、黄颡鱼等无鳞鱼。

(10) **碘制剂、季铵盐制剂**　对冷水鱼类（如大菱鲆）有伤害，并可能致死。

（11）**一水硫酸锌** 用于海水贝类时应小心，有可能致死，特别注意使用后会造成缺氧。

（12）**代森铵和代森锰锌** 不能用于鳜鱼。代森铵用后易导致缺氧，使用后应注意增氧。

（13）**维生素C** 不能和重金属盐、氧化性物质同时使用。

（14）**硫酸铜、硫酸亚铁** 贝类禁用，用药后注意增氧，对瘦水塘、鱼苗塘适当减少用量；对30日龄内的虾苗荣用。对广东鲂、鲟、乌鳢、宝石鲈慎用。

（15）**硫酸乙酰苯胺** 注意增氧，对珍珠、蚌类等软体动物禁用，放苗前先试水，对鱼苗及虾蟹苗慎用。

（16）**大黄流浸膏** 易燃物品，使用后注意增氧。

（17）**硫酸铜** 不能和生石灰同时使用。当水温高于30℃时，硫酸铜的毒性增加，使用硫酸铜的剂量不得超过300克/（亩·米），否则可能会造成鱼类中毒泛塘。对烂鳃病、鳃霉病不能使用，对鳜禁用。

（18）**敌百虫** 对虾蟹类、淡水白鲳、鳜禁用；对加州鲈、乌鳢、鲇、大口鲇、斑点叉尾鮰、鳜、虹鳟海水章鱼、胡子鲇、宝石鲈慎用。

（19）**高锰酸钾** 对斑点叉尾鮰、大口鲇慎用。

（20）**阳离子表面活性消毒剂** 若用于软体水生动物，轻者会影响生长，重者会造成死亡。对海参不得使用。

（21）**盐酸氯苯胍** 若做药饵搅拌不均匀，会造成鱼类中毒死亡，特别是鲫鱼。

（22）**阿维菌素、伊维菌素** 内服时，无鳞鱼或乌鳢会出现强烈的毒性。

（23）**季铵盐碘** 对瘦水塘慎用。

（24）**杀藻药物** 所有能杀藻的药物在缺氧状态下均不能使用，

否则会加速泛塘。

(25) 菊酯类和有机磷药物 除生物菊酯外，其余种类不得用于甲壳类水生动物。

(26) 海因类含溴制剂 有效成分大于20%的，在水温超过32℃时，若水体内3天累计用量超过200克/（亩·米），会造成在脱壳期内的甲壳水生动物死亡。

285.渔药的作用和渔药的基本作用及用药最终目的是什么？

药物对水产动物机体产生的影响或水产动物对药物发生的反应，称药物的作用。药物对机体（包括病原体）功能活动的影响，称为药物的基本作用。

在水产动物病害的防治中，常需使用各类渔药，在给药过程中，药物本身的理化特性、给药方法和剂量，必然会对水产动物及其生活的水环境产生影响，同时环境亦会对药物起反应，并影响其作用和效果。

用药的目的主要是为了杀灭或抑制病原体，因此药物必须是无公害的，即通过干扰病原体的代谢，抑制其生长繁殖，达到消灭和排除病原体的目的，但同时药物必须对水产动物是安全、无毒副作用，同时尽可能减少药物在水产动物体内及在水环境中的残留。充分认识药物对水产动物的作用和药物与环境的关系，才能指导科学、安全地用药。

286.局部作用和吸收作用是什么意思？

局部作用是指药物停留在用药部位所产生的药效。局部作用不仅表现在水产动物体表和鳃，也可表现在肠道等体内部分。如苦楝、苦参、槟榔等具有杀虫功能的中草药外用时不仅可麻痹体外的寄生虫，内服时也可使肠道寄生虫产生麻痹，达到驱虫、杀虫作用。吸收作用是指药物被机体吸收，进入体液循环后所产生的药效。如口服噁喹酸等药物治疗淡水鱼类细菌性败血症等细菌性疾病等。

287.药物的直接作用和间接作用是指什么？

直接作用是指药物接触部位对药物的反应，如高锰酸钾及消毒剂对鱼类的皮肤、黏膜会产生收敛、腐蚀和刺激作用。间接作用是指在直接作用后，通过神经反射或体液调节等所引起的发生在非用药部位的反应，如口服免疫增加剂增强体液免疫调节作用，浸泡和注射疫苗后产生免疫反应等。

288.为什么药物有选择性作用？

药物进入机体后，对各组织、器官的作用强度不一，可选择性地作用于某些组织和器官，称为选择性作用。

产生药物选择性的原因，一方面与药物化学结构的特异性有关，另一方面也与药物在组织中的分布、组织器官对药物的亲和力及机体对药物的反应性高低有关。如LRH-A主要选择性作用于鱼类的性腺。化学治疗药物对于微生物和寄生虫具有明显的选择性作用。如磺胺类药系抑制二氢叶酸合成酶从而影响核酸的合成，由于细菌不能利用现有的叶酸及其衍生物，因此对多种敏感细菌都有选择抑制作用，但对水生动物的毒性很小。再如青霉素可阻止细胞壁合成，因而有强大的杀菌作用，但由于水产动物无细菌壁，因此对水生动物无毒性。病原体与在寄主体内的适应性越好，其生化过程就越接近寄主组织，就越难以杀灭。

药物的选择性也是相对的，一般来说，药物分布在某器官浓度高，或与组织亲和力大，则对该器官呈现出选择作用。选择性高的药物，多数药理活性也高，使用时针对性强，防治效果好；选择性差的药物，因作用广泛，使用较广，但副作用较多。药物作用的选择性是渔药使用的依据。

289.为什么说药物的作用具有两重性？

药物的作用具有两重性，既可对水产动物有防治作用，又能对水产动物产生不良反应。

预防作用是指在水产动物病害发生之前用药，以防止病害或症状的发生，称为预防作用。由于水产动物生活在水中，它的活动及早期病情一般很难判断，一旦发现病情，虽然可以通过诊断给予治疗，但病情已进入发展期，同时对水产动物的给药方法主要是通过对水产动物生活的水环境消毒和内服给药，而发病后，患病的水产动物已难以主动摄食，难以通过内服给药治疗，因此只能控制病轻且有食欲的鱼的病情发展。对水环境的消毒虽可以对体表和水中病原体进行控制或杀灭，但是对已患内脏器官疾病的水产动物难以进行治疗，同时对大面积水体养殖如湖泊、水库用药十分困难，因此对水产动物病害防治应贯彻"无病先防，有病早治，防重于治"的原则。

治疗作用是指用药后达到防治疾病效果的作用。治疗作用根据治疗目的的不同可分为对因治疗和对症治疗。对因治疗在于消除原发病致病因子，彻底治疗疾病，称治本，例如抗生素杀灭体内致病菌，含氯消毒剂不仅可杀灭水体中病原体，消除病因，同时也可用于预防和改良养殖水环境。对症治疗在于改善疾病症状，故又称为治标。一般来说，对因治疗比对症治疗更有效，但在某些情况下，如对某些疾病的病因尚未明了，对因治疗相当困难，严重时出现大量急性死亡，这时只能采取对症治疗，并采取相应的措施，以缓解病情，控制疾病，减少死亡。

290.影响水产药物作用的主要因素有哪些？

药物的作用是药物与水产动物机体、病原体和环境间相互作用的综合表现，因此药物与机体两方面的因素都将影响到药物的作用。

药物方面的因素：药物的理化特性与药物的作用密不可分，药物的理化特性决定了药物在机体内的吸收、分布和排泄。一般来说，化学结构相似的药物其作用也相似。药物的剂量就是用药的浓度，剂量的大小也决定药物在体内的浓度。在一定范围内，剂量越大，药物作用也越强，但超过一定范围，则会引起中毒，甚至死亡。剂量越大，药物在体内的残留时间也越长，因此在使用渔药过程中一定要掌握好剂量。

药物的剂量一般分为：最小有效量，是指开始出现防治作用的量；最大治疗量（极量），是指出现最大防治作用，但尚未引起毒性反应的量；最小中毒量，是指超过极量，引起毒性反应的最小剂量；安全范围，是指最小有效量和最小中毒量之间的范围，此范围愈大，药物愈安全。

药物的剂型和给药时间、给药次数也是影响药物的作用因素之一，剂型不同，药物在体内的吸收速率也不同，导致体内药物浓度差异较大。注射给药后，药物吸收快，体内药物浓度高，单位时间内排出的药量也多，而对口服给药生物利用度较低，药物吸收较慢。因此，一般而言，注射给药的药效比口服给药的药效快。水产动物由于生活环境的限制，一般很少采取注射给药的方式，而给药的时间和次数应根据水产动物的生理特性、养殖方式、喂食习惯及环境条件而定，采用内服外消的给药方式，可有效地防治水产动物病害的发生和发展。用药的次数应根据药代动力学参数而定。

291.什么叫做药物的拮抗作用和协同作用？药物的这两种作用对健康养殖会产生什么影响？应该怎样混合用药？

在对虾养殖过程中同时使用两种以上的药物时，可能会产生两种截然不同甚至相反的结果，即所谓的拮抗作用，使药效互相抵消而减弱。

协同作用是指药物互相帮助从而加强药效。所以不能随意混用鱼虾药。一旦需要混用，必须掌握两条原则：①混用后对虾类不产生药害。如敌百虫与碱性物质就不能合用，因其合用会生成毒性很强的敌敌畏；②混用后能提高主药的药效。如大黄与氨水合用，药效可增加14倍。确需混用药物时，可参考表4-1。

表4-1　药物混用参考

药名	食盐	高锰酸钾	硫酸铜	硫酸亚铁	生石灰	大蒜	大黄	氧化铵	醋酸	柠檬酸
漂白粉	√									
食　盐		√				√	√	·		
硫酸铜		√		√	×		√	√	√	
敌百虫			√	×						
福尔马林									×	×
小苏打			×							

注：√ 表示可混用；× 表示不可混用。

292. 药物吸收是什么意思?

药物从给药部位进入血液循环的过程称为吸收。吸收量的多少及吸收速度的快慢直接影响药物的作用强度及起效时间。影响药物吸收的因素主要有制剂药物的理化性质，口服药物分子小、脂溶性高、溶解度大、解离度小的药物易被吸收；药物的剂型，预混剂较水溶液吸收速度慢，但水溶液在水体中极易散开；给药方法，注射给药的吸收速度比口服要快；给药环境，如给药时的水温、水产动物胃的排空等都影响药物的吸收。

293. 药物会分布在生物体的全身组织器官吗?

药物被吸收后，随血流到达各组织器官的过程称分布。药物在体内的分布不均匀，有些组织器官分布浓度较高，有些组织器官分布浓度较低，故对各组织器官作用的强度不同。影响药物分布的因素有药物的理化性质和体液pH值、药物与血浆蛋白结合能力、药物与组织的亲和力、组织器官的血流量。

294.药物在生物组织器官中的代谢方式如何？

药物在体内转化成为代谢的过程称为代谢过程，又称生物转化过程。肝脏是药物代谢的主要器官。药物的代谢可分为氧化、还原、水解及结合四种方式。首先，多数药物通过氧化、还原或水解三种转化过程成为失去活性代谢产物，然后药物的代谢产物（有些药物为原形）与乙酰基、葡萄糖醛酸、甘氨酸等结合，结合后完全失去活性；同时水溶性增大易于由肾排泄。体内许多酶可促使药物产生代谢或转化，如酯酶、乙酰化酶、单氧化酶等，此外肝脏中还存在着一种与药物转化特别密切相关的微粒体酶，又称肝药酶，它是混合酶系统，主要包括细胞色素P-450、某些水解酶如酰胺水解酶、脂解酶等、某些结合酶，如葡萄糖醛酸转移酶等。药物及其代谢物从机体排到体外的过程称为排泄，肾是主要的排泄器官。

295.造成药物残留浓度超标的主要原因是什么？

造成药物残留浓度超标的主要原因是使用药物时不遵守休药期规定。滥用药物，不能认识和掌握药物的药理特性，在用药剂量、给药方法、用药部位和用药动物的种类等方面不遵守用药规定，或者使用在水产品中未经批准的药物，致使养殖水产品质量安全无法保障。其他方面的药物污染，如饲料、水产品加工过程中受到药物的污染。

296.怎样才能做好水生动物疾病的预防工作？具体措施如何？

做好疾病的预防工作是搞好养殖生产的重要措施之一。由于鱼类生活在水中，对鱼病不易及时正确地诊断，而且治疗难以立即奏效。内服药一般只能由养殖动物主动摄入，才能起到较好的治疗作用。当养殖动物患病较严重时已失去食欲，即使有特效药物也很难达到治疗效果。体外用药一般采用全池遍洒和浸洗的方法，这只适用于小面积的池塘，对大面积的湖泊、河道及水库就难以使用，因此防病工作对养殖业显得特别重要。多年来的实践证明，鱼病防治工作只有贯彻"全面预防，积极治疗"的方针，争取"无病先防，有病早治"，才能保证养殖动物的单位面积产量和质量。

在长期的生产实践中人们总结出"四消、四定"（鱼体、渔场、饵料、工具消毒，定时、定质、定量、定位投饵）的有效预防措施，使养殖水产动物的发病率大大降低。在预防措施上，既要注意消灭病源、切断传染与侵袭途径，又要提高养殖动物的抗病力，只有采取综合性的预防措施，才能达到预期的防病效果。

(1) 建立检疫制度、控制病源的传播 渔业生产具有明显的周期性，所有的养殖场都要购入（自繁）苗种，放入养殖水体中饲养。在种苗的流通过程中人们往往忽视检疫，致使一些病原随种苗的流通而扩散，给养殖生产造成巨大的经济损失。因此，树立防疫意识、重视检疫工作是十分重要的。养殖业者可根据水产动物疾病学的基础知识进行初步检查，将可疑的种苗送达有关检疫和研究单位进行检疫，经检验证明带有疫源的不能用于生产，必须进行无害化处理。

(2) 控制和消灭病原体、切断病原传播途径 ①彻底清塘：池塘及其他养殖水体是水生动物生活栖息的地方，也是病原体的繁殖场所，池塘环境的情况将直接影响到养殖动物的健康，所以做好池塘的清整工作尤为重要。通常所说的彻底清塘包括清整池塘和药物清塘两方面内容。

塘底是很多水生动物致病菌和寄生虫的温床，所以药物清塘是除掉野杂鱼类和消灭病源的重要措施之一。目前生产上常用的清塘药物有生石灰、漂白粉、二氯异氰尿酸钠、三氯异氰尿酸、茶子饼、氨水等。

生石灰清塘：清塘时先将塘水放干或留水6~9厘米，每亩用量为50~60千克。清塘时在塘底挖掘几个小潭，把生石灰放入乳化，不待其冷却立即均匀全池泼洒，使池底的pH值在11以上，清塘后一般经7~8天药力消失即可放鱼。用生石灰清塘后，经数小时能杀灭野杂鱼、蝌蚪、水生昆虫、椎实螺、蚂蟥、病菌、寄生虫及其卵等。带水清塘，对水深1米的池塘，每亩用量为130~150千克，通常将生石灰放入木桶或水缸中乳化后立即全池遍洒。

漂白粉清塘：漂白粉含有效氯30%左右，其用量可按每立方米水体30~50克，即对水深1米的池塘，每亩平均用量为20.0~33.4千克。先将漂白粉加水溶化后立即全池泼洒，泼完后再用船和竹竿在池内搅动，使药物在水中均匀分布，用药后一般3~4天药力即完全消失。漂白粉有很强的杀菌作用，并能杀灭野杂鱼、蝌蚪、水生昆虫和螺蛳等。

二氯异氰尿酸钠或三氯异氰尿酸清塘：按每立方米水体用二氯异氰尿酸钠20克或三氯异氰尿酸15克化水后全池均匀泼洒。

茶子饼清塘（又名茶粕）：水深1米时，每亩平均用量为40~50千克。先将茶子饼捣成小块，然后放入粉碎机中打成粉末。在气温高的晴天，放入木桶中加水调匀，全池遍洒。清塘后6~7天药力消失。茶子饼含有皂素，故能杀死野杂鱼、螺蛳、河蚌、蛙卵、蝌蚪和一部分水生昆虫。茶子饼对杀灭细菌和寄生虫的作用不大，但有改良水质、增加鱼池肥效的作用。

氨水清池塘：使用时将池水排干或留水6~9厘米深，每亩用氨水12~13千克，加水后均匀遍洒全池，4~5天后即可加水放鱼。氨水是一种液体氮肥，含氮16%~25%，是一种碱性溶液，不仅能作为养殖池施放的基肥，又能杀灭野杂鱼类，并起到杀菌、杀虫的效果。无论使用哪一种药物清塘消毒，在鱼苗、鱼种入池前，都应特别注意先放"试水鱼"，做到安全生产，防止死鱼事故。

②养殖动物的消毒：多年来的实践证明，即使健康的养殖动物

也难免带有一些病原体。清塘消毒过的池塘若放养未经消毒处理的鱼种，仍会把病原体带入塘中。因此，在消毒前应认真做好养殖动物病原体的检查工作，对病原体的不同种类分别采用不同的药物和方法对养殖动物进行消毒处理。一般采用药物浸洗法（或药浴）进行消毒。

(3) **饵料消毒**　病原体往往能随饵料带入，因此投放的饵料必须清洁新鲜，最好能经过消毒处理。一般植物性饵料，如水草可用6～10毫克/升漂白粉溶液浸泡20～30分钟（陆生植物可不进行消毒处理）；对动物性饵料，如对螺蛳等一般采用活的或新鲜的洗净即可，也可用0.1～0.2毫克/升的二氧化氯溶液养殖活饵8～10小时，或用50～100毫克/升的二氧化氯溶液浸泡活饵10～20分钟。对肥料，如对粪肥可使用500千克加120克漂白粉消毒处理后投放入池。

(4) **工具消毒**　养殖使用的各种工具往往是传播疾病的媒介，因此发病池所用的工具应与其他养殖池使用的工具分开，避免将病原体从一个鱼池带到另一个鱼池。若工具缺乏，无法做到分开使用时，应将用过的工具消毒处理后再使用。对网具消毒可用10～20毫克/升硫酸铜溶液浸洗20分钟，晒干后再使用，也可用50毫克/升高锰酸钾溶液或100毫克/升的福尔马林溶液浸泡0.5～1.0小时，洗净后再用。木制工具可用5%漂白粉溶液消毒处理后，在清水中洗净再使用。

(5) **食场消毒**　食场内常有残余饵料，残饵腐败后常为病原体的繁殖提供有利条件。因此，在水温较高、疾病流行季节，每隔1～2周在养殖动物吃食以后，对食场用漂白粉消毒一次，用量为250克。方法是先将漂白粉溶化在10～15千克水中，然后在食场水面泼洒消毒。也可将漂白粉或二氯异氰尿酸钠装入打有小孔的塑料瓶中，挂在食台附近的水中，每个食台挂3～5个。在对食场进行消毒时，所选用的药物及其用量，也可根据各地养殖场历年来疾病的流行情况、食场大小、水深及水质和水温等情况而定。

（6）**疾病流行季节前的药物预防**　大多数水生动物疾病的发生都有一定的季节性。许多疾病在4—10月份流行，尤其在4—6月份和8—10月份。因此，掌握发病规律，及时有计划地在疾病流行前进行药物预防是一种有效的预防措施。

297.使用外用药物防治时要注意什么事项？

根据各地的养殖经验，在疾病流行季节前，先用药物全池遍洒预防效果较好。选用的药物种类及浓度与治疗相同，但在用药前必须仔细测量池水面积和平均水深，计算出实际用药量。

298.在水产动物疾病治疗中选择治疗方法时应重点考虑哪几个方面的问题？

水产动物疾病的治疗，应根据饲养水产动物的场所，只能以一个网箱两个养殖池塘或一个水库、一个海湾为单位考虑疾病的治疗方案。由于作为治疗对象的水产动物的数量较多，因此所选择的治疗方法必须适宜处理大量的治疗对象。主要从以下几个方面考虑。

（1）**根据患病水产动物的状况**　水产动物患病后摄食量一般都趋于下降。如果将药物拌在饲料中投喂，由于摄食药饵量少，药物在水产动物体内不能达到抑制病原体的药物浓度，就不能达到控制疾病的目的，而且未被水产动物摄食的药饵，在水体中不断地释放药物，也会对养殖水体中的微生态环境产生不良的影响。如果具有摄食能力的水产动物吃进了过多的药饵，还可能导致药害现象的发生。因此，采用拌药饵投喂的给药方式时，一定要考虑患病的水产动物是否还有摄食能力。

（2）**根据病原体的特性**　细菌、病毒、真菌和各种寄生虫都是水产动物的病原体，而能治疗百病的药物是没有的。因此，在采用某种药物治疗疾病之前，必须要首先确认病原，对疾病做出正确的诊断。对于病毒性疾病，目前尚没有有效的药物能进行治疗。一般采用预防为主的方法防止病毒性疾病的发生。对已患病毒性疾病的水产动物用药，主要是控制病原性细菌对水产动物的二次感染。

对于细菌引起的水产动物疾病，一般采用抗菌药物进行治疗，但应注意针对患病水产动物究竟是全身性感染还是局部感染，选择不同的给药方式。如鳗鲡的爱德华氏菌病，由于病原菌可以通过血液在全身流动，所以采用在饵料中拌药物投喂的方法可以获得良好的治疗效果。细菌性烂鳃病，由于患病部位是鳃和体表，药物能直接接触到病原体，治疗采用药液浸泡法比较适宜。由寄生虫引起的各种疾病，如在体表寄生原生动物、大型吸虫和甲壳动物等，采用药液浸泡法能获得良好的效果，而对于寄生在水产动物体内消化道的棘头虫、线虫等，必须采用拌药饵投喂的方式给药，才有可能获得比较理想的治疗效果。

(3) 根据药物的类型 能溶于水或经过少量溶媒处理后就能溶于水的药物，不仅可以拌药饵投喂，同时也可以作为药浴使用。对于不溶于水的各种药物就不能作为药浴使用。有些药物在消化道内不易吸收，而比较易于通过鳃吸收。因此，在选择使用某种药物时，必须认真地阅读使用说明书，了解各种药物的特性和使用方法，根据药物的不同性质正确使用。

299. 在水产动物疾病治疗中如何选择药物？

(1) 依据药物的抗菌谱 从患病的水产动物中分离病原菌进行鉴定，确定致病菌种类后，根据不同药物的抗菌谱选择对病原菌比较敏感的几种抗菌药物，就可以明确什么抗菌药物是能治疗某种疾病的有效药物。

(2) 感受性的测定 如果选用的抗生素对某种致病菌没有抑制作用，使用后就不可能获得对疾病的治疗效果，然而即使某种抗生素能抑制某种致病菌，但不同的致病菌对同一种抗生素的感受性也是有差异的。因此，为了达到药到病除或者获得对疾病比较好的治疗效果，筛选病原菌敏感的抗生素作为治疗水产动物疾病的药物是很有必要的。现在研究者们采用在养殖现场分离到的水产动物致病菌进行药物敏感性试验时，已经发现有些菌株对某些抗生素失去了敏感性，或者感受性已经下降了，病原菌对这些抗生素产生了抗药性。

病原菌对药物的感受性一般都是采用最小抑菌浓度（MIC）表示。即每升培养基中的抗菌药物以毫克表示，作成倍比稀释系列，当接种在培养基中的病原菌被完全抑制的最低药物浓度，即表示为药物对致病菌菌株的MIC。测定从患病水产动物中分离病原菌对各种抗菌药物的敏感性，是保证药物治疗效果的关键。开展这个工作要求有一定的试验条件，而且要求操作者具备一定的专业知识和实验操作技能，因此，尚不具备这种试验条件的养殖单位和个人可以委托有条件的研究和技术推广单位协助完成这项工作。

300. 什么是休药期？

休药期是指食用动物从停止给药到许可屠宰或加工的产品（乳、蛋）许可上市的间隔时间，目的是让动物体内的或加工的产品（乳、蛋）的药物含量降低到符合人体安全的浓度以下。休药期有两种表述方式：休药期为××天；休药期××度·日（××度·日是欧盟标准，如500度·日，即该药品在全天平均水温25℃时休药期为20天）。

301. 使用虾药时应注意些什么？

（1）对症下药　应该有针对性，不可能有防治百病的灵丹妙药；导致虾类发病的原因有很多，只有对症下药才能达到预期防治效果，避免因药物的不当使用而产生的副作用，同时也可以节省人力和物力。

（2）了解药物性能，掌握用量和用法　当前养殖对虾常用的药物大部分是采用人药、兽药以及一些农药或化学药品等，各种药物都有各自的理化特性，如高锰酸钾、双氧水和二氧化氯等强氧化剂，只能现用现配；对光敏药物应在早晚使用；对于同属于含氯消毒剂的二氧化氯与三氯异氰尿酸，它们的用法和用量是有区别的，应该根据药物的理化性能正确使用。

（3）**了解养殖环境，合理使用药物**　防治疾病时，一般以一个池塘作为用药单位（如全池泼洒）。池塘的理化因子，如pH值、溶氧量、盐度和水温等，生物因子，如浮游生物、底栖生物的数量、种类和密度等以及池塘的面积、形状、水的深浅和底质状况等，都对药物的药效有一定影响。因此，必须在了解养殖池塘具体情况的基础上，科学、合理地使用药物。

（4）**注意养殖品种间的差异**　近年来除养殖中国对虾、日本对虾、长毛对虾等品种外，新的养殖品种不断增加，如南美白对虾和刀额新对虾等，这些养殖品种在其养殖过程和人工育苗期间也常发生病害。因此，在使用药物防治疾病时，必须考虑选择药物的用法与用量，而且不同养殖品种对药物的耐受性是不同的，即使是同一品种，在其不同年龄和生长阶段也是有差异的。

（5）**注意各类药物的相互作用**　各种药物均有各自的药理效应，但当两种或多种药物合并使用时，由于药物的相互作用，可能出现药效的加强或减弱的现象，也可能增加其毒副作用。配伍禁忌应注意避免药理性和理化性禁忌两个方面。

302. 为什么要做好病害的预防？预防的重点主要有哪几个方面？

这是由水产动物生活环境的特殊性以及疾病的特点决定的。实践证明，只有采取"无病先防，有病早治"的原则。做好水产动物疾病的预防工作十分重要，只有采取全面综合的预防措施，才能减少或避免疾病的发生。

①水生动物一生在水中生活，一旦生病或不适，不易被人们觉

察，及时正确地诊断较困难，故而会延误治疗时间和使病情加重。

②水产动物的治疗基本上是群体治疗，内服药是靠水产动物主动摄食吸收，但往往在发现疾病时，不是病情严重就是食欲已明显下降，治疗药物很难被摄食、吸收，即使有疗效的药物也不能达到预期治疗效果。

③药不是万灵的，即使用药后病情好转或治好，但也往往带来环境创伤和耽误了生长期的生长发育，某些药物还带来残留，对人类的健康造成很大危害。

④随着养殖环境的不断变化，有些疾病在治疗上可能找不到真正的良方妙药。因此，在水产动物疾病防治中，必须坚持以防为主，防治结合的原则。

303.如何正确选用药物？

防治虾病离不开药物，而对症下药是首要问题。如果随便用药，不但起不到防治的作用，反而有害，甚至适得其反。要做到对症下药，除了要对虾病做出正确诊断外，还要了解药物的性能、作用机理、用量及应用效果，力求达到用药准确、疗效高、毒副作用小，并能充分发挥药物的效能。

304.有哪些常用消毒剂？它们的特点是什么？

在对虾养殖发展史上先后出现了几代氯制剂的消毒剂，如漂白粉、漂白精、二氯异氰尿酸钠、三氯异氰尿酸等氧化型消毒剂，这些药物在防治虾病中发挥了很大作用。随着对虾养殖集约化程度的提高，新型的季铵盐消毒剂，如"益康露"、季铵盐"病毒克101"和强力碘消毒剂等也相继面市。新型消毒剂同传统的氯消毒剂相比具有如下几个较明显的特点：①广谱、快速、无毒、高效、长效、用量小，对水体中的病原体杀灭力强；②对水中有益藻类无杀灭作用，不影响水色；③消毒液的作用受水中溶解的有机物影响较小；④消毒效力稳定，不受池水中pH值及氨氮等影响。这些药价格高。

305.选择用药防治虾病的原则是什么?

合理用药首先在于正确地选择药物。在对虾病害的防治中可供选择的药物种类繁多,而且没有任何一种药物可以包治百病。因此,只有对症下药才能收到预期的效果,在选择虾病治疗药物时,由于难以发现可能出现的虾病类别或者病原体的种类,因而增加了选择药物的难度,但虾病不外乎是环境压力、病原体影响和对虾体质条件强弱这三者关系相互作用的结果,即人们所说致病三因素。药物防病的原理在于利用药物控制病原微生物,改善环境条件,防止虾病发生。

在选择防病药物时,可根据要达到的预防目的确定选择哪一类或哪一种药物。例如,池塘腐殖质多已变黑或者散发臭味,这时如果以消除底泥中的硫化氢毒害或降低水体中的氨氮浓度为目的,则以选择硅酸铁、沸石粉、白云石粉或氧化剂效果较好;如果以杀灭或抑制病原微生物为目的,则以选择漂白粉、二氧化氯或其他一些消毒剂的效果较好;若要杀灭或抑制虾体内的病原细菌,则以使用无毒或者低毒的抗菌素为宜。在选择虾病防治药物时,只考虑药物的疗效是不够的。一些药物,如福尔马林、硫酸铜等,虽然有较好的疗效,但对虾类有较大的毒副作用,长期使用这些药物还会造成环境污染以及引起其他不良后果。考虑到虾病防治一般用药量较大,成本较高,因此在选用药物时,还应考虑可行性的问题。

306.滥用药物防治虾病对环境会产生哪些影响?

在对虾健康养殖过程中,养殖户滥用药物的情况相当普遍。许多养虾场盲目加大放养密度,使用药物的间隔时间不断缩短,剂量不断加大,使水体中药物残留量越积越多,浓度越来越大。一些不能及时被分解的药物,或具有生物积累效应的药物,如疫苗、激素、色素、麻醉剂和水处理化合物等,直接进入水环境,有的通过粪便排入水中,造成水体有害物质积累,导致海水药物化程度不断提高。这些物质都直接影响养殖生态环境，影响对虾生长，给虾病防治带来新的、更大的困难。由于滥用药物，破坏了原有的生态平衡，使本来就十分脆弱的生态系统更加脆弱，造成对虾中毒死亡。

307.日本对虾养成期都有哪些常见病害？如何防治？

日本对虾养成期常见病害有以下几种。

(1) **镰刀病** 该病是日本对虾养殖中的常见病，危害大，病虾死亡率可达90%。该病大多是由于虾体受机械损伤或其他原因受伤后，镰刀菌的分生孢子或原膜孢子乘机侵入而致的细菌病。

鳃部伤口感染严重时会引起"黑鳃病"，此病造成日本对虾活力减弱，鳃丝萎缩，白天不能潜沙。由于该病传染快速，致使池虾陆续死亡。

(2) **白斑病** 主要病症是头胸甲出现白斑，肝脏肿大或萎缩。气候异常、水环境突变失调时易发此病。病虾早期无异常，发病严重时行动呆滞、迟缓，经常在池底匍匐，白天不能潜沙，池虾大批死亡。

杆状病毒中肠腺坏死症（BMN）：该病多发生在仔虾后期，所以选购虾苗时要特别细心。病因是杆状病毒侵入到虾的中肠腺与肠的上皮细胞核内增殖而造成细胞核增大。在病虾晚期可见肝腺脏变白，死亡率高。目前尚无药可医。

(3) **弧菌病** 该病具传染性，故对池虾危害大，虽死亡率不高，但持续时间较长。主要症状是：病虾腹肌变白，鳃部变黄，眼球萎缩，游泳无方向性。病因是投喂饵料质量差，池水环境恶化。

(4) **固着性纤毛虫病** 病虾的鳃区与体表生长毛状物，生长缓慢，反应迟钝，停止摄食，最终因无法蜕皮而死亡。病原体为固着类纤毛虫，如钟形虫、累枝虫和单缩虫等。防治方法：在养成期间要定期施放沸石粉和光合细菌，并用5～15毫克/升的茶子饼全池泼洒。用药后4小时必须引进新鲜的、消过毒的海水。

依据日本对虾的生活习性，结合冬季气候的特点，在养殖期间一定要营造一个良好的生态环境。要有洁净的底质、爽活的水色、稳定的水质、优良的环境。投苗后要加强营养，可投喂广州市嘉仁高新科技公司研制的"鱼虾壮元"和杭州高成动物营养科技有限公司研制的"高稳西"维生素C以及对虾多维、大蒜等，以防白斑病、弧菌病及纤毛虫病的发生。在有条件的沿海地区，可以安排养殖日本对虾，一般土池养殖平均亩产可达125千克，虾体长达10厘米，成活率在50%以上，饵料系数为2.0左右。由于日本对虾市场价格高，而且能耐低温，养殖效益相当可观，但必须坚持用健康养殖方法进行养殖。在低盐区域不要冒险养殖日本对虾，在淡水区更不能养殖。

308. 用什么办法来改善水产动物的生长环境？

可采用下面几种较经济又有效的方法：①排干池水，对池底进行翻耕曝晒，清除池底过多的淤泥，消除病源菌。最好在经过一个养殖循环后进行一次翻晒消毒，减少病害发生和传播；②定期调节稳定水体pH值，当pH值偏低时，泼洒生石灰水；当pH值偏高时，泼洒硫酸铵并引用有益微生物制剂，改善水质，提高淤泥肥效，使水体pH值达到养殖对象要求；③定期补加新水，根据不同养殖对象对水体菌藻需求，定期补添新鲜水，保持较高的溶氧，确保环境相对稳定，使养殖水体达到肥、活、嫩、爽的要求；④根据天气情况，适时启用增氧机增氧。在高温季节的晴天中午或早晨启用增氧机，改变溶氧分布状况，提高水体自身能力，改善水体环境；⑤定期施用有益生物制剂，改善水质和底质，促进养殖动物生长。

309. 对水产动物施用口服药饵时要注意什么事项？

①必须选择水产动物喜吃、营养全面、能制成粉末的饲料来掺拌制药饵；②药饵的大小应适口，应能制成浮性药饵和沉性药饵，适应水产养殖对象不同养殖阶段的使用；③药饵在水中的稳定性要

好，颗粒药饵在水中应在半个小时内不散开，而水产动物吃入后又能很快消化吸收；④对药量的计算应把吃该种颗粒药饵的水产动物体重都列入，而不能只计算单一种水产动物的体重；⑤投喂药饵量应比平时投料量小20%~30%，并用引饵使喂药对象抢食时及时集中投喂，保证喂养对象都能吃到药饵；⑥采用拌药饵投喂的给药方式时，一定要考虑患病的水产动物是否还有摄食能力。

310. 对于病毒性疾病应选择哪种治疗方法较适宜？

对于病毒性疾病，一般采用预防为主的方法来防止病毒性疾病的发生。对已患病的水产动物用药，主要是控制病原性细菌对水产动物的二次感染。

311. 对由细菌引起的水产动物疾病应选择哪种治疗方法较合适？

对于细菌引起的水产动物疾病，一般采用抗菌药物进行治疗。但应注意患病水产动物究竟是全身性感染还是局部感染来选择不同的给药治疗方式。如细菌性烂鳃病，因患病部位是鳃和体表，药物能直接接触到病原体，其治疗方法采用药液浸泡法比较合适。

312. 含氯消毒剂（漂白粉）的作用机制是什么？有什么用途？

漂白粉（$CaClO_2$）又称含氯石灰，有效氯含量为25%~35%，具有强烈氯臭味，但暴露在空气中，氯易散失。漂白粉主要成分为次氯酸钙，遇水后生成次氯酸和碱性氯化钙，次氯酸又立即分解释放出新生态氧，新生态氧具有强烈杀菌和消灭敌害生物的作用。漂白粉是一种强烈杀菌的消毒剂，也可作为水质净化剂。漂白粉杀菌谱广，对细菌繁殖体、芽孢、病毒、真菌孢子都有杀灭作用，可预防细菌性疾病。漂白粉一般用于放养前和养殖过程中的水体消毒，使用浓度在放养前为20~30毫克/升，在养殖期间为1~2毫克/升。

应使用含氯量为32%以上的产品，含氯量低于15%的不要使用。失效时间为4~5天。在晴天使用效果更佳。

313.溴氯海因、二溴海因的消毒机制是什么？有什么作用？

溴氯海因（BCDMH）、二溴海因（DBDMH）为白色或淡黄色粉末，微溶于水。20℃时溶解度分别为2.5克/升和2.2克/升，0.1%水溶液的pH值分别为2.88和2.60。本品在水中能通过溶解不断释放出活性Br^-离子和活性Cl^-离子，形成次溴酸和次氯酸。具强氧化性，能将微生物体内的生物酶氧化而达到杀菌的目的。具有高效、广谱的特点，能杀灭微生物，如细菌、细菌芽孢、真菌孢子及病毒。

314.聚维酮碘的消毒机制是什么？作用如何？

聚维酮碘（PVP-I）是碘和聚乙烯吡咯烷酮的配合物，是一种缓释性的高分子药物，有效碘含量为0.9%~1.1%，水产用10%聚维酮碘溶液。有效碘对病毒和细菌、细菌孢子、真菌及孢子虫有强烈的杀灭作用。实际上聚维酮碘是碘元素与聚乙烯吡咯烷酮以络合的形式借助氢键和其他引力作用形成的络合物。

作用机制主要是碘化作用，游离碘可直接与菌体蛋白以及细菌酶蛋白发生卤化反应，破坏蛋白的生物学活性，导致微生物死亡。其次是破坏细胞外层结构，由于PVP-I的表面活性和乳化作用，一方面使PVP-I穿透性增强，另一方面乳化作用使细胞壁破坏，碘大量进入细胞内，致使细胞内容物漏出，导致微生物死亡。可预防草鱼出血病、鲑鳟鱼卵的IHV病和IPV病及虾病等。

315.高锰酸钾的消毒机制是什么？作用如何？

高锰酸钾又称灰锰氧或锰酸钾。高锰酸钾是通过氧化细菌体内活性基团而发挥杀菌作用，还原后的二氧化锰与蛋白结合成复合物在低浓度时有收敛作用，高浓度时则有刺激腐蚀作用。能有效杀灭各种细菌繁殖体、真菌，亦可灭活病毒和杀灭细菌芽孢和寄生虫，但杀灭芽孢速度较慢。可预防鱼类寄生虫病及细菌性疾病。

316. 过硼酸钠在水体中能放氧吗？

过硼酸钠为白色细小结晶粉末，属于温和性氧化剂，能缓慢释放氧，当水温高于40℃，氧气逃逸加快，可增加水体中的溶氧。使用过硼酸钠后可增加水体的碱性，提高池塘水体的pH值。使用时用水溶解后，以1克/米³的水体浓度全池泼洒，但应注意不能与酸类物质混存。

317. 过氧化钙的增氧效果如何？

过氧化钙为白色结晶粉末，与水反应后能产生大量的氧气，可增加水体中的溶氧，提高水体的碱性，提高pH值，并可絮凝有机物及胶粒，降低水体中的氨氮，去除二氧化碳和硫化氢，防止厌氧菌的繁殖，而且杀死致病细菌，起到澄清水体的作用，改良水质。使用时用水溶解后，以1克/米³的水体浓度全池泼洒。

318. 生石灰有何作用？施用时应注意什么？

生石灰（CaO_2）为氧化钙，加水后便生成氢氧化钙 [$Ca(OH)_2$]，它能快速溶解细菌质膜，具有杀菌与中和池内酸毒的作用。氢氧化钙遇到二氧化碳会变成碳酸钙，是一种较好的海水缓冲剂，能够调节pH值。生石灰一般用于放养前的清塘，每亩用量为100~200千克，失效时间为7~8天；在养殖期间可用于提高水中pH值，提升一个pH值的用量为10毫克/升。用生石灰消毒要掌握最佳用量，少则无效，多则后患无穷。水及底质中已有大量钙离子及碱性较高的虾池不宜施用生石灰消毒，因为使用生石灰会使池中磷酸盐沉淀，造成缺磷，使水体中肥力下降，所以对用生石灰消毒后水变瘦的虾池，应施用有机肥或磷肥，否则会造成池水不肥、生态环境破坏、水质不稳定等状况。

319.二氯异氰尿酸钠是什么？有何作用？如何使用？

广西康达集团生产的二氯异氰尿酸钠的商品名为"养邦"，为白色晶粉，含有效氯在60%～64%。其化学结构稳定，比漂白粉有效期长4～5倍，一般室内存放半年后仅降低有效氯含量0.16%；易溶于水，在水中逐步产生次氯酸。次氯酸具有较强的氧化作用，极易作用于菌体蛋白，使细菌致死，从而杀灭水体中的各种细菌。二氯异氰尿酸钠被称为第三代水体消毒剂，使用方便，可直接撒入虾塘。一般用它作为养殖后期的水体消毒剂，可消毒池塘底部，效果较好，使用浓度为0.2毫克/升，失效时间为2天。

320.什么叫做强氯精？有何作用？用量多少？

强氯精又称为三氧异氰尿酸，为白色粉末，含有效氯60%～85%。其化学结构稳定，能长期存放（1～2年）而不变质，在水中分解为异氰尿酸、次氯酸，并释放出游离氯，能杀灭各种病原体。强氯精被称为第二代消毒剂，将逐步替代漂白粉。一般用于放养前的水体消毒，用量为1～2毫克/升，也可用于养殖期间的水体消毒，其用量为0.15～0.20毫克/升。失效时间为2天。

321.二氧化氯有何作用？如何使用？

市面上的二氧化氯有固体和液体两种。固体二氧化氯为白色粉末，分A、B两种药，即主药和催化剂。使用时须分别将A、B两种药加水溶化，之后将两种溶液混合，令其发生化学反应，然后稀释使用。其作用为杀菌消毒。水剂的稳定性和使用效果更好。

322.茶子饼有哪些用途？如何使用？要注意些什么？

茶子饼在广东、广西、福建称为茶麸，是油茶榨油后的残渣。市面上销售的茶子饼有大块的和小片状的，含皂角苷均为10%～15%，对鱼类的杀伤力大，常用于放养前的清塘，以杀灭塘中敌害鱼及其鱼卵。茶子饼也可用于养殖过程中的清塘，以杀灭混入塘中的敌害鱼类，并且还可以促使对虾脱壳。前者一般每亩使用15～20千克，后者一般使用3~5毫克/升。失效时间为2～3天。在养殖期间使用茶子饼，如果浓度掌握不当或没有及时进水，会导致对虾死亡。在养殖期间池塘内有鱼类或者球水母时，杀灭鱼类可用茶子饼浓度为15～20毫克/升，水母要用30～400毫克/升，但是要注意，中间清塘必须在大潮时进行，要大量放水。

323.为什么都说中草药配方治病比化学药好呢？

选用中草药防病治病的优点很多，与化学药品有着不可比拟的优点，主要表现在：①中药制剂是国际上暂时还没有限制使用的药物，所以出口药残检测上会较安全，减少退货风险；②市面使用的中草药比较单一，成分一般都标明，毒副作用小，不产生耐药性；市面的"渔药"成分极少标明，无法判断它的药效；副作用大，常产生耐药性，容易发生药残事件；③中草药配方很多是经过生产实践探索出来的偏方，经专家的研究制成，是可以在水产上安全用于预防、治疗和控制病害的药物，往往具有很好的疗效，并且药效长；④中草药在有效杀灭病原体的同时，还不污染水环境，有些还有改善底质和水体质量的作用；⑤来源方便，成本低，疗效好，这是渔药使用必须具备的条件，这些中草药都具备，而化学用药成本往往比中草药贵。

324.常见的中草药物有哪几种？它们的使用方法和功能如何？

(1) 乌桕(别名桕树、木蜡树)　特征及用途：落叶乔木，高为7~8米，具乳液。7—8月份开花，10—11月份果熟。生于堤岸、溪边或山坡上，喜温暖向阳环境，耐潮湿，分布广泛。树皮黑灰色。有纵向裂纹。叶互生，呈菱状卵形，长宽各相等，背面呈粉绿色。叶柄顶端有两个腺体，花极小，穗状花序。果卵形，直径1厘米左右，裂开三瓣，种子黑色，外有蜡质。乌桕果、叶具有拔毒消肿、杀菌能力。

使用方法：将1千克乌桕叶干粉（或鲜叶4千克）用20千克2%的生石灰水浸泡，并煮沸10分钟，pH值应在12以上，全池遍洒，使池水乌桕叶浓度为6.25毫克/升，可防治烂鳃瘟、白头白嘴病。每50千克或1万尾鱼种用乌桕叶干粉250克，混合在饵料中或制成药饵投喂，连喂3~6天，防治烂鳃病。

(2) **大黄（别名大将军、马蹄黄）** 特征及用途：多年生草本植物，高达2米。地下有粗壮的肉质根及根状茎，茎直立、中空、叶互生，叶身呈掌状浅裂。花黄白色而小，呈穗状花序。产于四川、湖北、陕西、云南等省，生于大山草坡上与土壤肥厚、阳光充足的地方。对细菌有抑制作用，用根茎可防治烂鳃病和白头白嘴病。

使用方法：按1.0~1.5毫克/升计算用药量，再按0.5千克大黄、10千克水同时加入含氮量为25%~28%的氨水300毫升，使用0.3%的氨水浸泡大黄，经12~24小时后，全池泼洒，同时泼洒0.5~0.7毫克/升硫酸铜，可以提高大黄的疗效。这种方法可防治烂鳃病和白头白嘴病。每天每万尾鱼用500~750克大黄，磨粉拌料投喂，可防治细菌性鱼病，不能与石灰合用，否则对抑制细菌有降效作用。

(3) **大蒜（别名蒜）** 特征及用途：有效成分为大蒜素，是一种植物杀菌素，为无色油状液体，有强烈的蒜臭。遇热不稳定，置室温中2天失效，遇碱也易失效，但不受稀酸影响。大蒜含有的蒜素具有很强的抗菌力，对革兰氏阴性细菌的作用较强，主要用于防治肠炎病。

使用方法：每50千克鱼每日用大蒜0.5千克，饲料2.5千克（糠饼或麦麸），黏合剂0.5千克（榆树粉、面粉），先将饲料与黏合剂入锅里加温调和，待冷却后加入捣碎的大蒜拌和，制成大蒜药面，同时还可加入250克食盐以提高药效。每天投喂1次，连投3~6天，可防治细菌性肠炎病。

（4）地锦草（别名奶浆草、铺地红） 特征及用途：一年生，匍匐小草本，长约为15厘米，含白色乳汁。6—8月份开花，7—9月份结果。茎从根部分为数枝，带紫红色，平铺地面。叶小，对生，长椭圆形，边缘有细齿，花极小，生于壶形苞内。长于路边、桑树林中、房屋附近。各地都有分布。地锦草含有黄酮类化合物。有强烈抑菌作用，抗菌谱很广，并有止血和中和毒素的作用。药用全草，防治肠炎病和烂鳃病，既可单用，也可与铁苋菜等合用。

使用方法：每万尾鱼或每50千克鱼，用干地锦草（全草）0.25千克（鲜草1.25千克），煮汁后拌入饵料中或制成药饵，投喂3天为1个疗程。可防治青鱼、草鱼烂鳃病和肠炎病。

（5）铁苋菜（别名海蚌含珠、血见愁、人苋） 特征及用途：一年生草本植物，高为20～40厘米。6—9月份开花，9—10月份结果。叶互生，呈卵状菱形或卵状披针形，边缘有钝齿，花序腋生，雄花序呈穗状，雌花序藏于对合的叶状苞片内，所以叫"海蚌含珠"。果小，三角状半圆形，表面有毛。生于山坡、草地、路旁及耕地土中，分布几乎遍及全国各地。全草含铁苋菜碱，有止血、抗菌、止痢、解毒等功能，药用全草，用以防治肠炎病，对烂鳃病也有效。可单用，也可与地锦草等合用。

使用方法：治疗肠炎和烂鳃病，用干铁苋菜和干辣蓼各125克，混合后加水煎煮2小时，拌饵料投喂3天，每天1次。

（6）穿心莲（别名一见喜、榄核莲、四方草） 特征及用途：一年生草本植物，高40~80厘米。茎方形而有棱，分枝很多，节呈膝状膨大，味苦。叶对生，深绿色，尖卵形，类似辣椒叶。花近唇形，白色，排顶生或腋生，花序散开。果橄榄核稍扁，表面中央有一条纵沟。华南各省均有栽培。含穿心莲内酯、新穿心莲内酯、脱氧穿心莲内酯等，有解毒、消肿、止痛的功效。具有抑菌止泻及促进白细胞吞噬细菌等功能。药用全草，治肠炎病。

使用方法：治疗肠炎病，每50千克鱼用鲜草1.5千克，煮汁后拌在饵料内投喂。

(7) 楝树（别名苦楝） 特征及用途：落叶乔木，高15～20米。树皮有槽纹，枝条广展，幼枝有皮孔。花淡紫色，圆锥形花序。果球形或椭圆形，熟时黄色。喜生于旷野、村边、路旁。多为栽培。分布于河北以南，东至台湾省，南至广东省，西南至四川、云南、西藏，西北至甘肃等省。楝素有杀虫作用。药用根、茎、叶，用以防治车轮虫病、隐鞭虫病、锚头鳋病。

使用方法：每亩鱼池用楝树枝叶15千克浸池中，7～10天换1次，连续3～4次。

(8) 乌蔹莓（别名五爪龙、母猪藤） 特征及用途：多年生草质藤本。茎紫绿色，有卷须与叶对生。掌状复叶，通常由5片小叶组成，有小叶柄，排列成鸟趾状，边缘均有圆齿状锯齿。浆果球形，熟时为紫黑色。花期在5月份。生于山坡、路边的灌木丛中或疏林中。分布于山东和长江流域至福建、广东等地。有抑菌、解毒、消肿、活血、止血作用。药用全草，与硼砂合用，可防治白头白嘴病。

使用方法：治疗白头白嘴病，每亩每日用鲜草2.5～3.0千克（5～7毫克/升），粉碎成浆汁，拌硼砂1.5～2.0毫克/升全池遍洒，连续3天。

(9) 五倍子 特征及用途：为树漆科植物盐肤木的叶或叶柄上五倍子蚜虫寄生而成的囊状虫瘿。盐肤木又称五倍子树，为落叶小乔木。在其叶上生有不规则囊状虫瘿，即为五倍子，含五倍子鞣质，没食子酸等成分，具抗菌作用。捣碎加水煮沸20分钟连渣全池泼洒，连用3天，防治烂尾烂鳃等。

(10) 乌桕叶 叶含生物碱、鞣质、黄酮类有机酸和酚类化合物等成分，具抗菌、杀虫作用。

使用方法：每亩水体（以水深1米计）用乌桕、艾叶、野菊花各500克，煮沸15分钟，全池泼洒。或取乌桕鲜叶加水浸泡10小时后，取药汁拌饲料成药饵，防治鱼苗烂鳃和肠炎病等。

（11）松树叶（马尾松、松针） 松树枝、叶入药，内含松节油、鞣质等成分，具祛风、活血、解毒收敛功效。

使用方法： 每50千克鱼取500克松树叶加50克食盐，捣烂拌入饲料制成药饵，可治肠炎病。用于防治锚蚤病、鱼鲺病或皮末细菌引起的炎症，每亩水体（以水深1米计）用松树叶50千克、苦楝叶30千克捣烂磨浆和渣全池泼洒，可使鱼体上的锚头鳋脱落，还可杀灭青泥苔。

（12）大叶桉（桉树） 桉树叶入药，含桉叶油，主要成分为桉油精等。具有较强的抗菌作用，而且抗菌谱广，对病毒有抑制作用。

使用方法： ①每亩水体（以水深1米计）用30~50千克桉叶扎成捆，放在食场一角或进水口，可预防烂鳃病；②每50千克鱼用500克干叶捣烂后拌入饲料制成药饵投喂，连喂5天，每天1次，可防治肠炎病。

325.平时应如何实施虾病的防治措施？

在养殖过程中为防止虾病发生，做好虾病的日常预防是很重要的。具体工作如下：①采取封闭或半封闭的养殖方式，建立健全水质监测规章制度，不符合《渔业水质标准》的水绝不入池。如外海水经化验后达到养殖水标准，可适当换水，但不能超过20%。在养殖面积小、海水无污染的地区，也可适当排灌水；②对虾池要定期、严格消毒，勿用高残毒的消毒药物；③慎重选择养殖苗种。对采用高温和抗生素药物育出的虾苗尽量不用，宁可暂缓放苗或不放苗。虾苗最好要进行PCR检测，证实无病毒和病害的方可使用；④不可盲目投喂鲜活饵料，如需投喂鲜活饵料，必须先行消毒或煮熟后方可使用；⑤对虾生长到4厘米时，必须投喂1%的药物饲料，提高其抗病力及生长速度，缩短养殖周期；⑥药饵一定要与水质保护剂结合使用，保持稳定的水质环境；⑦如发现虾体上附着大量聚缩虫，致对虾蜕皮困难，则必须用15毫克/升的茶子饼全池泼洒，促进对虾蜕壳，或用2%的蜕壳素添加到饲料中，亦可在饲料中添0.2%的"高稳西"维生素C；⑧虾场的工具都必须严格消毒，特别是发现有病虾的虾池，其用具要专池专用；⑨减少环境对对虾的压力和各种刺激，适当控制对虾的密度；⑩培养足够的浮游生物，抑制蓝-绿藻的生长，减少有机物污染，防止池水发生富营养化。发现个别死虾，应尽量从池中拣出，找有经验的科技人员分析病原，切不可粗心大意。对靠边拒食的虾及活动反常的虾要观察、捕获，避免虾吃虾，控制虾病传播。各地区最好成立养虾协会，便于互相交流和制定规则，保证对虾健康养殖顺利进行。

326.中草药药饵对防治对虾疾病有何作用？

中草药药饵在养殖业中的应用目前已经引起一定的重视。我国已有不少科研院所和高等院校的专家在开展这方面的研究工作。中山大学生物医药中心近年来利用中草药进行对虾防病的研究已取得不少成果。抗菌性中草药不仅对细菌性疾病起作用，而且对某些病毒和真菌的防治也能发挥一定的作用。中草药药饵不但能提高饵料的营养价值，而且毒副作用小，残留时间短，易溶于水，不污染环境。它们可以和抗生素药物合用，起到一定的辅助治疗作用。中草药药饵可用穿心莲、大青叶、板蓝根、五倍子、大黄、大蒜毒素、鱼腥草等制备。将其分别磨碎成60目粉末，单一加入饲料内或混合使用均可。

中草药具有抑菌作用，能增强动物白细胞的吞噬能力，还可起到某些抗生素、化学合成药、矿物元素等所起不到的作用，又安全、又实惠，值得推广。在较好的养殖环境中，虽然有病原体，但对虾仍能健康生长。这是因为在正常的对虾体内存在着各种抗病因子。对虾有三道防线来保护自己：第一道防线是虾体的甲壳和黏膜，它们不仅能够阻挡病原体侵入虾体，而且它们的分泌物还有杀菌作用；第二道防线是体液中的杀菌物质和血液细胞中的吞噬细胞、小颗粒细胞和颗粒细胞；第三道防线是免疫系统、抗微生物因子、凝集素、杀伤因子。当病原体进入虾体时刺激淋巴细胞产生一种能抵抗该病原体的特殊蛋白质，从而将该病原体消灭。如果对虾免疫力下降致使病菌侵入，虾病就会暴发。为提高对虾抵抗病害的能力，虾苗一入场后就必须投喂营养型药物饵料。使用药饵可激发虾体的活力，促进新陈代谢，增强机体免疫力，预防虾病发生，所以说投喂药饵是对虾健康养殖不可缺少的重要措施。有些养殖户对此不以为然，主要原因是对药饵的特殊性不了解。药饵因所含药物种类、所含药量、所含药物性能及生产工艺等方面不同，效果也不同。如何因地制宜、合理使用药饵是防治虾病中需要加强研究的现实问题，切不可忽视。

327. 为什么在对虾养殖过程中禁止使用硝基呋喃类药物？

此类药物残留会对人体造成潜在危害，可引起溶血性贫血、多发性神经炎、眼部损害和急性肝坏死等疾病，而且代谢时间较长，因此相关部门严令禁止在对虾养殖过程中添加硝基呋喃类药物。

328. 在养虾过程中经常使用消毒剂、抗生素对有益微生物有何影响？

随着我国对虾养殖业的发展，许多专家、研究者认为，今后对虾养殖的发展方向是建立健康养殖的模式，用有益微生物来净化养虾塘的底质与水质，用高效、优质的合成饲料来保证对虾的健康成长，生产不受药物残留污染的无公害商品虾，但是不少养殖业者在养殖期间习惯使用化学药物，这些药物对有益微生物都有一定的抑制作用。

例如，硫酸铜用量不当（因为重金属的铜离子过量）反而会成为致命的毒药。现在许多养殖户都习惯使用硫酸铜作为杀虫剂，并且还是全池泼洒，这样既危害环境，又伤害养殖生物，因而还是尽量不使用为妙。高锰酸钾的浓度超过5毫克/升会杀死利生素的菌株。

鉴于以上原因，养殖户在使用有益微生物的同时，可以选用二氧化氯和活性碘消毒剂。使用这些消毒剂1~2天后，可完全放心使用有益微生物，如利生素微生物制剂。因为利生素微生物制剂是以芽孢杆菌为主导菌的复合微生物，而芽孢杆菌能够以芽孢的形式度过不良环境，条件一旦合适，又再次萌发繁殖，因而它对消毒剂的耐受性要远远强于弧菌和大肠杆菌等病原菌。虽然芽孢杆菌能以芽孢形式度过不良环境，比光合细菌、硝化菌、硫化菌等有益菌耐受性强，但毕竟仍属于细菌，所以使用时需要考虑抗生素与消毒剂的抑杀菌问题。养殖业者不可把利生素与抗生素同时使用，也不要与消毒剂同用，否则前功尽弃，不但不能改善水体环境质量，反而污染水质。

第五章 有益微生物制剂在水产养殖业上的应用与饲料选择

微生物技术在水产养殖业中的应用体现了健康养殖的理念，有益微生态制剂具有改善水体生态环境、抑制病原体、作为饲料添加剂补充营养成分等作用。本章详细介绍了各类微生态制剂的使用方法和效果，并对其作为饲料添加剂的注意事项以及如何合理选配饲料做了说明。

329. 微生态制剂的含义是什么？

微生态制剂又称有益微生物、益生素、微生态调节剂、益生菌、利生菌、活菌制剂等。它是从天然环境中提取分离出来的微生物，是经培养扩增后形成的含有大量有益菌的制剂。从广义上讲，它包括了益生素、益生元和合生元。也可以说微生物制剂是在微生态理论的指导下，改善和调理微生态、保持微生态平衡、调试水产养殖生态环境、提高其健康水平或增进健康状态的益生菌（微生物）及其代谢产物和生长促进物质的制品。养殖生产上实际应用的微生态制剂应包括活菌体、死菌体、菌体成分、代谢产物及具有活性的生长促进物质等部分。

330. 养殖对虾应用微生物制剂有什么好处？

随着高密度养殖，大量投入饲料，饵料残余和养殖对虾的排泄物溶解于水中，对养殖水体造成污染，导致水体中的有机物、氨、氮、硫化氢等有毒物质增加，化学耗氧量和生物耗氧量增高。通过应用微生物制剂，可以改善水体生态环境，抑制杀死病原体，也可以作为饲料添加剂补充营养成分，改善养殖动物胃肠道有益菌群，达到生态养殖、生态防病的目的，以取得更好的经济效益和生态效果。

331. 光合细菌的生理功能如何？

到目前为止，在水产养殖业中研究得较多、应用较广泛的微生态制剂是光合细菌。光合细菌是地球上最早出现的具有原始光合成体系的原核生物，是在厌氧条件下进行不放氧光合作用的细菌的总称。

光合细菌具有多种不同的生理功能，如固氮、固碳、氧化硫化物和促进有机物充分分解等，能将嫌气细菌分解出的有毒物质如氨态氮、亚硝酸等吸收利用，并吸收二氧化碳及硫化氢等，促进有机物的循环，达到净化水质的目的。光合细菌在进行光合作用时不消耗氧气，也不释放氧气，而是通过吸收水体中的耗氧因子，如有机质和硫化氢等物质，从而使好氧微生物因缺乏营养而转为弱势，降低氧气的消耗而直接起到增氧作用。通过上述作用，可提高水体的透明度，促进浮游植物的光合作用，增大放氧量，也可间接起到增氧作用。

光合细菌也可作为饲料添加剂使用。其所含的蛋白质和矿物质较多，能起到降低饲料系数、提高饲料转化率、降低养殖成本、增强机体免疫力、促进养殖对象健康生长的作用；因其个体较小，施用于养殖水体中的群体可以被滤食性鱼类摄取利用和为浮游动物提供饵料来源，起到增加天然饵料的作用。

332. 为什么要在虾池投放光合细菌？怎样投放光合细菌？投放量是多少？

光合细菌是一种微生物类群，是有光合能力的原核生物。它和非光合细菌及核类光合生物（单细胞藻类）共同参与养殖池中的物质循环，并且承担着生态系统中原始生产者的角色。它在有光无氧或无光有氧的条件下都能生长繁殖。在有光无氧时，菌体可利用光能把氢、硫化氢和有机物作为氢供给体，以二氧化碳或有机物（如细菌矿化过程中产生的各类低级脂肪酸、氨基酸和糖类等）作为碳源而生长发育；在无光（黑暗）有氧的条件下菌体可通过有氧呼吸，使有机物氧化，从中获取能量以健壮自身。光合细菌能在不同情况下采用不同形式进行代谢活动，既可以利用供氢体和碳源固定氮素，又可以利用铵盐和氨为氮源净化水质。光合细菌还可以通过虾的鳃叶直接渗透入虾体内补充营养，并且有改善虾的体色和增强虾机体抗病的能力。光合细菌不仅能有效降低虾池氨氮含量，而且还能改善虾池生态环境，减少虾的发病率，提高单产。

光合细菌除可利用水中的硫消除硫化氢等有害物质外，其本身还含有丰富的氨基酸、维生素B_{12}，其脂质成分中还含有菌绿素、类胡萝卜素、辅酶Q，因而可作饲料添加剂促进动物生长，预防疾病发生。对于从市场上购买或自制的光合细菌，以5~10毫克/升的用量加入水体，大约每升水中有500万个细菌，如用于固体，则按含量折合量投入，一般数小时后可见效。对于高浓度海洋光合细菌（50亿个/毫升），每亩水体需2~3千克。光合细菌的种类较多，在形态、色泽、利用、产生的物质方面均不甚相同，所以要按光合细菌的产品说明书进行使用，过期的或不符合要求的不可乱用，以免造成损失。

333. 为何枯草杆菌具有净化水质的功能？

枯草杆菌能分泌出多种分解酶。酶的性状常由于细菌细胞周围的作用基质不同而有所不同。分解有机物的功能全靠细菌细胞分泌出酶素（胞外酶）来进行，即作用基质为富蛋白质时，则分泌多量的蛋白质分解酶，若作用基质为富淀粉时，则分泌多量的淀粉分解酶，这些酶素能将高分子有机物分解成小分子。除了易被吸收利用外，还可为其他细菌群提供营养，以达到净化水质之目的。

334.何谓硝化作用？

硝化作用是一种生物的氧化作用。简单地说，就是由硝化细菌（包括异营性硝化细菌）利用无机态氮（氨）或有机态氮（如尿素）生成硝酸态氮的连续过程。

335.硝化细菌有什么特性？

广义上讲，凡是能使土壤或水中的氨氮氧化成亚硝酸盐或硝酸盐的细菌都可称为硝化细菌，但硝化细菌的严格定义应是指利用氨或亚硝酸盐作为主要生存能源以及能利用二氧化碳（CO_2）作为主要碳源的细菌。因此，硝化细菌可分为亚硝化菌和硝化菌两大类。狭义上的硝化细菌在氮的循环中起重要的作用，它能把亚硝酸盐转化为硝酸盐而被藻类利用。硝化细菌进行的硝化作用使水中的氨氮和亚硝酸盐的浓度降低，具有改良水环境净化水质的作用。硝化细菌虽然在自然中广泛存在，但是它的繁殖时间很长，限制了亚硝酸盐的降解速度。

336.养殖池中的硝化作用是由哪一类硝化细菌进行的？

养殖池中有丰富氨源，原本很适应硝化细菌生长，但是养殖池中因受到异营性细菌的排除作用，适合硝化细菌栖息的地方相对于自然环境显然少得多，因此可能无足够数量的自营性硝化细菌来消费过量的氨，这才是问题的所在，虽然如此，池中硝化作用依然由自营性硝化细菌来执行。

337.温度范围是硝化细菌生长的限制因子吗？

从相关研究结果显示，硝化细菌在温度低于5℃及高于42℃时就一般停止代谢作用，表示硝化细菌只能生存于5～42℃的范围，若超过这个范围，一般硝化细菌将很难存活。硝化细菌在温度低于

5℃便不能适应的原因一般是其蛋白质合成受阻及许多酶的功能受到抑制之故。当温度升高时，抑制可以解除，功能又可以恢复，所以可以在低温下保存菌种。反之，在温度高于42℃便不能适应的原因是其蛋白质合成受阻及许多酶的功能受到抑制，当温度回降时，抑制不可以解除，故高温容易造成死亡。

338.何谓脱氮作用？

脱氮作用，又称反硝化作用。顾名思义，是把亚硝酸盐或硝酸盐转化成氮气、一氧化氮或氧化二氮气体，并把氮释放回到大气中。这个作用多在无氧或缺氧条件下进行，通常是在较不透气的土壤中或水底厌气层，由某些脱氮细菌或真菌完成$NO_3^- \rightarrow NO_2^- \rightarrow NO \rightarrow N_2O \rightarrow N_2 \rightarrow$大气的转变。

339.使用硝化细菌制剂对养殖水体的效应如何？

在虾塘投放硝化细菌制剂后，活化过来的硝化细菌迅速开展工作，首先把氨氧化成亚硝酸盐（降低氨氮的浓度），再进一步把亚硝酸盐氧化成硝酸盐（降低亚硝酸盐的浓度），此时如果以绿藻为优势的藻源在获得繁殖生长所需的营养后而大量繁殖，老化塘水得以活化，水色会随有益藻的生长而逐渐变成绿色。企图单靠投放硝化细菌制剂来达到绿色水样当然是不合实际的。

340.如何理解水产养殖中使用芽孢杆菌的作用？

芽孢杆菌为芽孢菌属的种类，革兰氏染色阳性，是一类好气性细菌。该菌无毒性，能分泌蛋白酶等多种酶类和抗生素。它可直接利用硝酸盐和亚硝酸盐，从而起到净化水质的作用；它还能利用分泌的多种酶类和抗生素来抑制其他细菌的生长，进而减少甚至消灭水产养殖动物的病原体。丁雷等在1999年发现芽孢杆菌不能分解水体中的小分子有机物和同化氨氮，但对亚硝酸盐的去除却有明显作用。Moriarty于1988年在斑节对虾养殖池中施用芽孢杆菌后发现对虾的成活率有所提高，池底沉积物中发光弧菌的比例降低，水体中其他致病菌也降低到最低程度。仇丽等人在2002年使用枯草芽孢杆菌生物净化剂后，育苗期水质的氨氮下降52.5%，养成期下降50%，减少换水量60%；2001年用于改善中华绒螯蟹人工育苗水质，换水量大大降低。

341.在水产养殖中使用蛭弧菌起什么作用？

蛭弧菌是寄生在某些细菌并导致其裂解的一类细菌，最早是由德国的Stolp在土壤中发现的。蛭弧菌能防止或减少虾、蟹病害的发展和蔓延，改善虾、蟹体内外环境，促进生长，增强免疫力。将蛭弧菌用于鱼类细菌性疾病的防治时发现，蛭弧菌对水体中的大肠杆菌和其他致病菌有明显去除作用，并对氨氮和亚硝酸盐等有去除作用。用于河蟹养殖时发现，施用后水体中的COD、氨氮、硫化氢等含量明显降低，与光合细菌混合使用来改善养殖水质环境，可使COD、氨氮、硫化氢等都维持在较低水平。

342.在水产养殖中使用放线菌有什么作用？

放线菌对溶藻弧菌和副溶血弧菌有较强的拮抗作用，在处理养殖水体中的氨氮时也取得较好效果，并且对增加溶氧和稳定pH值有较好的效果。

343.酵母菌能在水产养殖水体中应用吗？

目前在水产养殖业中大量使用的有隐球菌属、酿酒酵母、面包酵母、假丝酵母和脂肪酵母等。近年来用作水质调节剂，并取得了较好的效果。酵母菌是一类单细胞蛋白（SCP），为真核生物，含有较高的营养成分。酵母菌中维生素含量比鱼粉高30倍以上，尤其是富含B族维生素。氨基酸含量也很高，而且比例适当，广泛用于饲料添加剂。酵母菌是喜生长于偏酸性环境中的需氧菌，可以在消化道内大量繁殖。酵母菌的大量繁殖和生长，使其在与有害菌生存竞争中成为优势种群，抑制了有害菌的生长。

344.霉菌能在水产养殖中使用吗？

在水产养殖业使用霉菌还未见报道，但在工业废水处理中使用较广泛。屠娟等于1995年用黑霉菌吸收工业废水中的重金属获得成功，发现其对铅、铜等离子具有较好的吸附力。翟素军等在1999年用白地霉菌处理有机酸含糖废水时发现，其对COD、糖成分有较好的去除作用。

345.乳酸菌在水产养殖业中的作用如何？

乳酸菌是一种厌氧或厌气菌，是能在pH值为3.0～4.5的条件下生长的无芽孢革兰氏阴性菌。它通过降解碳水化合物来生成乳酸和其他有机酸，使动物肠道内的pH值下降，从而抑制其他微生物的生长和繁殖，并对动物的免疫和抗病能力产生一定影响。乳酸菌合成的B族维生素和短链脂肪酸能中和动物体内的有毒物质的毒性，如抑制胺的合成等。乳酸菌是益生菌中应用最早和最广泛的微生物，是食品发酵工程中应用的主要微生物。其主要种类有乳酸杆菌、链球菌、嗜柠檬酸串球菌等。

346.复合微生物制剂是哪一类产物？

复合微生物制剂是一类多菌种的微生物制剂，在光合细菌研究开发的基础上，随着研究的深入，又开发出许多优于光合细菌的产品应用于水产养殖业。

347.益生素在水产养殖业中的作用如何？

益生素是一种能全面改善水质的微生物制剂。其主要成分有芽孢杆菌、枯草杆菌、硫化细菌、硝化细菌、反硝化细菌等多种微生物。它能分解水中和池底的有机物，降解氨氮、亚硝酸盐、硫化氢等，改善池底的厌氧环境，抑制养殖水体中藻类的过量繁殖，保持养殖微生态的平衡。

益生素除含有大量的光合细菌外，还含有大量的非光合细菌。除具有光合细菌的功效外，还利用非光合细菌，如硫化菌、硝化菌、反硝化菌等将水体中有毒的亚硝酸盐转化为无毒的硝酸盐；反硝化细菌还利用池底的有机物为碳源，使池中的有机物转化为无毒的挥发性气体释放于大气中，减少池中的有机物和硝酸盐，防止水质的剧烈变化，减轻对养殖动物的影响。此产品多为粉剂型活性菌，贮存和使用较方便。

348.EM菌在水产养殖业中的作用如何？

EM菌为一类有效微生物菌群，是日本琉球大学研制出的一种新型复合微生物活菌剂。其主要成分有光合细菌、酵母菌、乳酸菌、放线菌及发酵性丝状真菌等16属80多个菌种。光合细菌可与EM菌中的其他菌起到协同作用。用EM菌外喷涂于全熟化的颗粒饲料上，被水产养殖动物摄食后，能有效地降低有害物质。

349.益水菌在水产养殖业中的使用效果如何？

益水宝（高效芽孢杆菌）是一种复合微生物种群，以枯草芽孢杆菌属的种类为主，含有多个共生菌株。成品为粉剂，菌群处于休眠状态，入水后即复活萌发和迅速繁殖。其作用与益生素大体相同。

350.生物抗菌肽在水产养殖业中的作用如何？

生物抗菌肽主要是由纳豆菌和乳酸菌复合而成的微生物制剂，它通过与有害菌产生拮抗作用来达到抑菌目的。纳豆菌和乳酸菌在动物肠道内繁殖时能大量分泌"纤溶酶"和"抗菌肽"，这两种分泌物能抑制动物肠道内的大肠杆菌和沙门氏菌；作为水质改良剂使用时，能对水体中的弧菌有较强的杀灭作用。

351. 什么叫做利生素？其特点是什么？有何用途？如何使用？

利生素是一种有益微生物的活菌制剂，是从自然界中纯化培养得到的特殊菌种，具有独特的不需氧即可分解有机污物的代谢机制。它能够清除养殖水体中的有机污物及氨氮、硫化氢、亚硝酸盐等有害物质，改善水质，净化底质环境，促进养殖生物健康生长。利生素对环境、人体、植物、鱼虾及其他动物均无害。

由广州市海洋与渔业研究所研制的第三代利生素超强速效型产品，采用了优化的复合菌种配方和先进的生产工艺，把原芽孢杆菌活菌数由原来的利生素微生物制剂所含的15亿个/克提高到30亿个/克以上，功效更强劲且快速，所以被人们称为"第三代利生素"。该产品为粉状物，由于活性微生物处于休眠状态，因此具有稳定而易保存的优点。投入养殖水体后，可以立即繁殖成优势种群。该产品是由各种有益菌的共生菌株组成，需氧和厌氧并存。所以能有选择地清除有害物质，而且对环境适应能力强，具有应用面广的特点。

利生素能清除养殖水体中的有机污物（包括食物残渣及排泄物等）以及氨氮、硫化氢、亚硝酸盐等有害物质，净化水质，改善底质，增加水体营养元，促进有益藻类正常生长，营造良好的养殖生态环境。利生素产生的胞外酶还能促进对虾摄食和消化功能，提高饲料的利用率，促进对虾生长。在水体中和对虾体内的微生态平衡系统中利生素占主导菌地位，可以直接或间接地抑制有害病菌的生长和繁殖，提高鱼虾的免疫机能，因此还具有防病、抗病的作用。利生素适宜在水温为5~45℃（最适水温为25℃左右），盐度为0~50，pH值为3~10时使用。使用方法如下：①在养殖全过程中均可使用。按常规清塘后先用菌毒净消毒塘水，24小时后即可施用利生素；②首次施用利生素，其用量为每亩（以水深1米计）1千克。用1千克压碎的花生麸或黄豆粉与之搅匀，再加20千克的池水浸泡4~5小时后全池均匀泼洒；③首次施放利生素后，间隔15天左右每亩再补施利生素（0.5千克）1次，加0.5千克花生麸或黄豆粉搅匀，用10千克水浸泡4~5小时后全池均匀泼洒；④如养殖中途使用消毒剂，必须重新施用利生素。养殖户需要注意利生素不要与消毒剂同时使用。使用利生素后，生态环境得到改善，水质得到净化，一般不需大换水，以保持水环境稳定。该产品应存放在干燥处，可放置1年。

352.单胞藻营养素有何用途？

单胞藻营养素是广州市海洋与渔业研究所的专家根据单胞藻类生长所需的营养特点而研制成功的一种促生长剂。其配方独特，能提供虾塘有益藻类生长繁殖必需的氮、磷、钾等各种营养盐及其他关键的微量元素，因此对培养单胞藻、育肥虾塘水色有独特效果。广州市绿康渔业有限公司研制的单胞藻营养素，造水快、水色稳定、藻相均匀，具独特效果，平均每亩（以水深1米计）使用单胞藻营养素1~2千克，养殖全过程中每10~15天取0.5~1.0千克用于调水、保水有特效。宜用塘水溶解稀释后全池泼洒，也可拌湿沙全池泼撒。

注意事项：①肥水塘不宜使用；②使用时掌握好用量；③如受潮结块，可用木棒压碎溶解后使用；④不要置于金属器皿中，保存时不要受潮。

353.如何才能养殖出质量高、食用安全的南美白对虾？

要养成高质量、健康、不带有害药物的南美白对虾，首先要注意选用高效优质的配合饲料，即要求饲料营养全面、饲料系数低、诱食性好、不污染水质。其次投喂要科学，要适当设置投喂点，避免造成饲料浪费，污染水质；要及时清除饲料台上的残饵，并经常消毒。再就是要掌握好投喂量，掌握少食多餐的原则，确保对虾生长快速，活力强。在养殖全过程要以防病为主，防治结合，把握好饲料营养以增强对虾抗病力。

从虾苗放养开始可投喂"鱼虾壮元"，增强虾苗抗病能力，并使用微生物制剂，以控制水质。要有计划、有目的地使用药物，不宜乱用药物。应认清药物具有两重性：一方面药物具有防病和改变环境、增强对虾体质的作用；另一方面若乱用药物，会导致虾体耐药性，使药物失效或残留在虾体内，同时还会使南美白对虾产生毒害或刺激作用，破坏养殖水体的微生物生态环境的稳定。因此专家们一直在推广过滤海水养殖模式或循环水生态养殖模式。合理应用优质高效的营养物质及天然的中草药制剂，不但不会对对虾造成负面影响，而且，用其养成的南美白对虾才是真正的绿色食品，也是今后健康养殖发展的方向。

354.饲料的概念是什么?

饲料的概念，广义来说是指能提供动物所需的营养成分，保证动物健康，促进动物生长和生产，而且在合理使用的情况下不会产生有害的物质，包括农家饲料（饵料）和工业饲料。通常我们所说的饲料一般是指工业饲料，也即饲料的狭义概念。

355.国家认可的食品标志有哪几种?如何辨认食品标志?

经过有关部门认定的产品标志有"无公害农产品"、"绿色食品"、"有机食品"三种。

(1) **"无公害农产品"** 指源于良好生态环境、按照专门的生产技术规程生产或加工、无有害物质残留或残留控制在一定范围之内、符合标准规定的卫生质量指标的农产品。"无公害农产品"标志是由麦穗、对勾和无公害农产品字样组成，麦穗代表农产品，对勾表示合格，金色寓意成熟和丰收，绿色象征环保和安全（图5-1）。

(2) **"绿色食品"** 指遵循可持续发展原则，按照特定生产方式生产，经过专门机构认定，许可使用"绿色食品"标志的无污染的安全、优质、营养类食品。绿色食品标志图形由三部分构成：上方的太阳、下方的叶片和中心的蓓蕾。标志图形为正圆形，意为保护。绿标图形告诉人们绿色食品正是出自纯净、良好生态环境的全

图 5-1 "无公害农产品"标志

无污染食品,象征着蓬勃的生命力 (图5-2)。

图 5-2 "绿色食品"标志

(3) "有机食品" 指来自于有机农业生产体系,根据国际有机农业生产要求和相应标准生产、加工,并经具有资质的独立认证机构认证的一切农副产品。"有机食品"不使用任何人工合成的化肥、农药和添加剂,因此对生产环境和品质控制的要求非常严格,在国内产量还很少。有这些标志的农产品 (图5-3),生产过程完全按照国家有关规定执行,质量是安全可靠的,不会存在剧毒农药残留之类的问题,但是农产品在生产过程中不可避免地会接触自然环境,表面会附着一些灰尘或细菌之类的物质。这些只有通过彻底的清洗才能去除,有些还需要彻底加热才能保证洁净。因此,购买带标志的农产品 (肉、菜、蛋等),也最好煮熟再吃。

图5-3 "有机食品"标志

目前我国全民对绿色食品意识还不够，没有形成一种全民性的关注"绿色食品"的习惯。蔬菜、禽蛋等农产品大家最好选择可靠的商家购买，并且按照要求进行热加工；对于包装食品，如果没有"绿色食品"标志，大家也要选择那些有生产许可证号等标志齐全的合格产品，对无证产品千万别买。

356.什么是安全无公害饲料？

安全无公害饲料是指饲料产品（包括饲料和饲料添加剂）中不含有对饲养动物的健康造成实际危害、不会在动物产品中残留、蓄积和转移而危害人体健康、不含有对人类的生存环境构成危害的有毒有害物质的饲料（饵料）。生产无公害饲料要按照农业部制定的无公害动物产品养殖饲料的标准组织生产。

357.什么是饲料工业？

饲料工业是随着动物营养和饲料科学的发展，在工业化水平提高并达到一定阶段后逐步发展起来的跨行业、跨部门、跨学科的新兴工业。它包括五大部分：饲料原料生产、饲料加工（包括添加剂预混合饲料、浓缩饲料、配合饲料和精料补充料）、饲料添加剂生产、饲料机械生产和饲料科研教育、标准制定和监督检测等服务体系。

饲料工业的发展，提升了养殖业规模化、集约化的饲养水平，加快了畜牧业生产方式转变，并促进了种植业结构的调整，带动了加工、医药、化工、机械制造等相关产业的发展，直接增加了农民现金收入，减少了粮食消耗，为我国国民经济的持续健康发展作出了巨大贡献。

358.什么是工业饲料？它包括哪些产品？

工业饲料是指经工业化加工、制作的供动物食用的饲料（饵料），包括单一饲料、添加剂预混合饲料、浓缩饲料、配合饲料和精料补充料以及饲料添加剂。这是饲料的狭义定义，也是《饲料和饲料添加剂管理办法》调整的内容。

359.什么是能量饲料？

能量饲料指在干物质（从饲料中扣除水分后的物质）中粗纤维（饲料经稀酸、稀碱处理脱脂后的有机物的总称）低于18%，粗蛋白（饲料中含氮量乘以6.25）低于20%的饲料，包括谷物子实类、糠麸类、淀粉质的块根、块茎、瓜果和其他类（糖蜜、油脂、乳清等）。

360.什么是蛋白质饲料？

蛋白质饲料指在干物质中粗纤维低于18%，粗蛋白高于20%的饲料，包括豆类、油子饼粕、鱼粉等。根据来源不同可分为植物蛋白质饲料、动物蛋白质饲料以及单细胞蛋白质饲料。

361.什么是添加剂预混合饲料？

添加剂预混合饲料是指两种或两种以上饲料添加剂加载体或稀释剂按一定比例配制而成的均匀混合物，在配合饲料中添加量不超过10%。添加剂预混合饲料是配合饲料的核心，是饲料科技水平高低的具体体现。预混合饲料再加上一定比例的能量饲料（如玉米、稻谷粉等）、蛋白质饲料（如鱼粉、豆粕等）和矿物质饲料（如石粉、磷酸氢钙、食盐等）便成为自配的配合饲料。

362.什么是人工配合饲料？

人工配合饲料是根据饲养动物营养需要，将多种饲料原料蛋白质、碳水化合物、维生素、矿物质、脂肪、水等按饲料配方，供工业生产的饲料，是唯一可以直接饲喂动物的工业饲料产品。配合饲料产品类别多，种类分得较细，用以满足不同品种饲养动物在不同生长阶段的营养需要。

363.什么是膨化饲料？

使用膨化机在高温、高压、高剪切条件下生产的饲料。膨化饲料分为膨化乳猪料和膨化水产料。膨化乳猪料又分为部分膨化料和全膨化料，部分膨化料是指将豆粕或豆粕与玉米经膨化处理后再经过制粒生产而成的颗粒料，全膨化料指将除预混料外的所有原料经过膨化处理后再生产成颗粒料或锅巴料。水产膨化料指将包括预混料在内的所有原料经过水产专用的膨化饲料生产机组生产的浮性、半浮性或沉性饲料，用这种方法生产出的饲料成本偏高，营养损失比较大，主要用于高附加值的饲养，如特种水产养殖。

364.用工业饲料有什么好处？

用工业饲料的好处：①促进养殖业的发展，丰富市场肉、蛋、奶和养殖水产品的供应，改善人们的饮食结构；②促进农业产业结构调整和优化，促进农业劳动力的转移，增加农民现金收入；③工业饲料生产效率高，生产的动物产品产量高。工业饲料营养全面，动物吸收利用率高，与饲喂单一粮食作物相比可节约大量粮食，用农副产品、剩饭剩菜、青草、潲水等简单混合成的农家饲料营养不全面，用来养殖动物生产效率低下，产品产量非常有限；④带动了化工、机械、医药、电子和食品加工工业等相关产业的发展；⑤工业饲料按标准组织生产，安全可靠，可放心用于动物产品的生产。

365.什么是饲料添加剂？

饲料添加剂是为了强化动物饲粮的营养价值、提高饲料的利用效率、增进动物健康、促进动物生长发育、延长饲料的保质期、改进动物产品品质以及降低动物排泄污染等而添加到饲料中的少量或微量物质，可分为营养性添加剂和非营养性添加剂。我国现已公布允许使用的饲料添加剂有12类191种，其中营养性添加剂包括氨基酸、维生素、微量元素等，非营养性添加剂包括酶制剂、微生物制剂、非蛋白氮、抗氧化剂、电解质平衡剂、着色剂、调味剂、抗结块剂及稳定剂、其他添加剂。

366.什么是浓缩饲料和精料补充料？

浓缩饲料是由蛋白质饲料（鱼粉、豆粕等）、矿物质饲料、微量元素、氨基酸、维生素和非营养性添加剂等按照一定比例配制的均匀混合物。浓缩饲料再加上一定比例的能量饲料（玉米、稻谷粉等）便成为自配的全价配合饲料。

精料补充料是为补充以粗饲料、青饲料、青贮饲料为基础的草食动物的营养而用多种饲料原料按一定比例配制的饲料。主要用于奶牛、肉牛、羊等草食动物。

367.有哪些因素影响饲料的安全？

影响饲料安全的因素有如下几个方面：重金属污染，由于工业"三废"的排放，有害重金属超量进入植物和饲料原料；农业生产中，有些高毒农药在农作物和饲料中残留超标；非法在饲料中添加违禁药物；饲料病原微生物污染；饲料中某些微量元素过量使用；饲料发霉，霉菌毒素含量过高；一些非常规饲料原料本身含有有毒物质。饲料安全与农作物和环境密切相关，与生产厂家是否严格按备案标准生产有关。我国已制定了强制性的《饲料卫生标准》，严格规定了饲料、饲料添加剂产品中有害物质及微生物的允许量，严格按标准生产的饲料是安全的。

368.对虾生长需要哪些营养素？

对虾所需的营养素可分为蛋白质、脂类化合物、碳水化合物（糖类）、维生素、矿物质和水，其中水是非常重要的营养素，但对于水产动物而言，由于其本身就生活在水中，所以不会出现水缺乏或过量问题，水质的质量问题是关键。因此，对虾的生长是蛋白质、糖类、脂类、维生素及矿物质共同作用的结果。

369.在对虾所需要的营养素中蛋白质都有哪些功能？

蛋白质是对虾生长的主要物质基础。其功能如下：①提供对虾生长发育及维持虾体肌肉、血液、生殖细胞和甲壳生长所需的物质；②用于生成新的蛋白质，即对虾长肉增重；③用于新陈代谢能量的消耗。

370.各种对虾对蛋白质的需求量是多少？

各种对虾对蛋白质的需要量并不完全一样。一般研究者认为，日本对虾、中国对虾需要较高的蛋白质，而斑节对虾和南美白对虾要求较低。饲料中必须含有与对虾本身蛋白质相似的氨基酸才能将它们同化为与其自身相同的蛋白质。换句话说，对虾才能长肉增重。在动物蛋白中，蛤子、贻贝、乌贼内脏所含必需氨基酸与对虾接近，所以作为配合饲料的主要氨基酸成分用以调节氨基酸比例。总的看来，对虾是需要高蛋白饲料的，一般要求蛋白质含量在30%～40%以上。对虾饲料中如果蛋白质含量太高超过对虾所需则是有害无益的，应引起注意。不同对虾对蛋白质的需求量因研究者不同而有一定差异，大致如表5-1所示。

371.用人工配合饲料养虾有什么好处？

世界上大多数国家已全部改用配合饲料养殖对虾。养殖结果证明，配合饲料比鲜活饵料具有更多的优越性。其优势有六点。

表5-1　各种对虾蛋白质含量

种类	蛋白质含量/ %	报告人
中国对虾	45	李爱杰(1982)
墨吉对虾	34~42	Sedwick(1979)
斑节对虾	40~45	Lee(1971)
日本对虾	52~57	弟子丸修(1979)
南美白对虾	28~32	Andrews 等(1972)
斑节对虾	38~40	南海水产研究所(1993)

（1）**质量稳定**　对虾配合饲料是根据对虾所需的营养成分用各种原料配制而成的，而且是按照对虾不同生长阶段研制的系列饲料，因此其营养是控制在一定标准之内的。鲜活饵料因受来源、种类、数量、质量所限，只能购到什么用什么，而且不能保证定量供应和质量。贝类和杂鱼所含营养不尽相同，到高温季节易发臭、变质，营养不稳定。

（2）**水质污染较轻**　除活的蓝蛤和浮游动物外，一般投喂鲜活饵料的数量要大过配合饲料好多倍。投喂贝类和杂鱼等从捕捞到运到虾池间隔时间较长，加之处理不干净，会有不同程度的腐败，容易污染水质。其结果会引起病原体的繁殖，使虾大量死亡。投喂配合饲料采用投的次数多而每次投放量少的方法，水质不易污染，对虾生长环境好。

（3）**营养成分可调整**　可根据养殖情况，掺入其他营养物质，增强对虾抗病力。

（4）**投喂方便**　颗粒大小适合对虾摄食习性，减少浪费。

（5）**储运简单**　运输方便，便于保存。

（6）**不受自然条件的限制和影响，节省劳力**　对虾健康养殖一定要使用优质的配合饲料。科学试验和生产实践证明，不良的饲料和营养不全面的饲料不仅无法提供对虾成长和维持其健康所必需的营养，而且会导致对虾免疫力和抗病力下降，直接或间接地导致对虾感染疾病，甚至造成对虾死亡。

372.对虾所需的蛋白质氨基酸有多少种？

对虾体内必需氨基酸是对虾自身不能合成的，必须从饲料中摄取的。对虾的必需氨基酸有10种，即苏氨酸、缬氨酸、蛋氨酸、异亮氨酸、高氨酸、苯丙氨酸、赖氨酸、组氨酸、精氨酸和色氨酸。其在饲料中的比例必须符合对虾的营养需要，即达到氨基酸平衡，才能保证虾的健康生长。研究发现，赖氨酸、蛋氨酸和苏氨酸在饲料中一般含量不足。这几种氨基酸为限制性氨基酸，可影响其他氨基酸的吸收。试验证明，在饲料中添加赖氨酸、蛋氨酸和苏氨酸，可以降低饵料系数，提高蛋白质的效率和消化吸收率。

373.对虾对碳水化合物即糖类的需求量是多少？碳水化合物有何作用？

糖类主要是作为对虾体内的能量物质而存在。由于对虾消化道内的淀粉酶活性较低，因而对虾对糖的利用率较低。养殖者多希望用最大量的糖来代替脂肪提供能量，用尽可能多的糖和脂肪来节约蛋白质的供应量，但若长时间投喂含糖高的饲料，糖会积累在对虾肝脏中，影响对虾生长，所以饲料中糖的含量不宜超过26%。另外，对虾对不同种类糖的利用率为：淀粉>蔗糖>葡萄糖。

374.纤维素有何作用？在配合饲料中应添加多少？

研究发现，日本在对虾配合饲料中加入2%～4%的纤维素，可促进对虾肠道的蠕动和蛋白质的吸收。

375.什么叫做高效优质饲料？对这类饲料有何要求？

饲料是对虾生长的物质基础，是对虾养殖的重要环节。优质的饲料能保证对虾营养的供给，满足对虾能量消耗和机体发育的需要，同时能增强对虾的免疫力，提高其抗病能力，促进对虾迅速健康生长。高效优质饲料还具有吸收快的特点，可使对虾不发病或迟发病，还能缩短养殖周期。劣质饲料不仅不易被对虾吸收，而且还污染虾池，易使虾发病，所以一定要选择优质的饲料。对高效优质饲料的要求有如下几个方面。

①营养全面，蛋白质含量大于40%，其中动物性蛋白应占1/3以上；粗脂肪大于3.0%；粗纤维小于4%；粗灰分小于15%；水分小于12%；钙大于1%；有效磷在1.7%左右。

②含有对虾所需的各种氨基酸、不饱和脂肪酸、维生素及微量元素，诱食性强。

③浸泡性强，在水温25～30℃的海水中2～3小时不解体；粉碎粒度细，粉末必须全部通过80目的高目筛。

④饲料表面光滑，无刺毛和裂纹。

⑤饲料系数不超过2，为1千克饲料养0.5千克虾。

376.配合饲料中为什么要添加脂类？添加多少？

一般认为对虾饲料中脂肪含量应该在4%～8%，而以6%为佳。脂肪可提供能量。卵磷脂是细胞膜组成的重要成分，卵磷脂的添加量一般以1%为好。因为许多激素和维生素的合成需要胆固醇，故特殊脂类胆固醇在饲料中一般可添加0.5%～1.0%。饲料中还应有2%的鱼油，目的是便于饲料中的饱和脂肪酸二十碳五烯酸和二十二碳六烯酸能分别达到0.4%，磷脂达1%。

377.配合饲料中其他营养物质各占多少？

钙含量为1.0%～1.5%，磷为1.7%～2.5%，铜为35毫克/千克，钴为10毫克/千克，硒为1毫克/千克，肌醇为0.4%。

378.在对虾养殖过程中为什么要在饲料中添加维生素C等营养物质？维生素C有何作用？如何添加才科学？

一般而言，原来添加到对虾配合饲料中的维生素C，在加工、贮藏和运输中已消耗掉绝大部分，因此用维生素C拌虾料可以补充已经损失掉的维生素C。维生素是一类分子量较低的活性物质，对虾不能自身合成，虽然需求量很小，但对其生命活动具有重要作用。

目前认为有11种水溶性维生素和4种脂溶性维生素是对虾所必需的。维生素C在对虾的生理活动中具有极为重要的作用，具有广泛的生理功能：①是胶原蛋白形成、微血管和结缔组织中不可缺少的成分；②能提高肝脏的解毒能力；③能诱发多功能氧化酶的活性，加强对异物药物的异化作用，可提高机体的抗病力；④能保护微血管，预防坏血病，帮助虾体伤口的愈合；⑤对对虾的蜕皮和生长有一定促进作用。因为维生素C在空气中易被氧化，所以添加在饲料中的维生素C应使用含量为90%的包膜维生素C，饲料中含量应达到0.1%。为防止维生素C的损失，可把配好的、由杭州高成生物营养科技有限公司生产的"高稳西"维生素C营养液，用喷雾器喷在加工好的饲料上。方法是将500克"高稳西"维生素C营养溶解在2 000克水中，再加1 000克鸡蛋清或1 500克的海带粉，充分混合后，均匀喷洒在50 000克的饲料上。经处理的饲料晾干后即可投喂。一般当天喷当天喂，这样操作维生素C营养损失少，成本较低。

379. 在对虾饲料中添加大蒜有何作用？为什么？

在对虾饲料中可加入适量的大蒜，因大蒜含有大蒜素，具有强烈的诱食性和广效杀菌作用。添加大蒜的饲料可预防多种由原生动物、细菌、霉菌引起的病害，对防治对虾弧菌病效果很好，对烂眼病和红腿病有特效。其添加量以5%为宜，即1 000克饲料加50克大蒜。生大蒜以压碎榨汁与饲料混合为宜。

加大蒜的饲料有股蒜臭味，可加入0.8%的柠檬酸、0.3%的磺化钾或1%的乙醇，以去除大蒜的臭味。

380.什么是鱼油和鱼肝油？在饲料中添加鱼油或鱼肝油有什么好处？

鱼油是鱼粉加工厂的副产品，含有15%的游离脂肪酸，其中不饱和脂肪酸与饱和脂肪酸含量分别为1.6%和1.94%，不饱和脂肪酸含量远比植物油高，同时也富含维生素A和维生素D，缺点是易酸败变质。

鱼肝油为水产动物之肝油浓缩维生素A后的副产品，品质较稳定，富含维生素A、维生素D。一般饲料中维生素A、维生素D并不缺乏，因此在饲料中添加鱼肝油或喷涂鱼油，主要是提供大量有益于对虾生长及提高抗病力的高密度不饱和脂肪酸，也可起到包被添加剂的作用。需要注意的是，鱼油极易酸败变质，因而选择时必须严格注意其品质。

381.在高温季节为预防虾病而添加营养物质时要注意些什么？

①添加营养物的含量并非越多越好；②添加微量物质时要充分混合；③在添加两种以上营养物质时要注意添加物之间的相互作用，尤其要注意它们之间是否存在拮抗反应；④要充分考虑营养物在水中的稳定性和溶失率；⑤最好与有关专家联系，以免得不偿失。

382.是不是化学合成的添加剂都不好？

目前相当部分维生素、氨基酸等营养性添加剂是化学合成的，不仅用于饲料，在人的食品和医药中也广泛使用，它们是安全的添加剂。如果说化学合成的添加剂都不好，这种说法是不科学的。

383.应用天然植物做饲料添加剂应注意哪些问题？

天然植物添加剂具有提高动物免疫力、预防疾病、促进动物生长、提高饲料效率和动物产品品质等多种功能。我国天然植物资源丰富，应充分利用。天然植物提取物成分复杂，某些可能含有毒素，对动物和人存在安全问题，因此对于天然植物添加剂要科学对待，不能一概认为天然的就是好的，合成的就是不好的，不能走极端。使用天然植物及其提取物，要按《天然植物饲料添加剂通则》严格把关。

384.应用生物制剂做饲料添加剂要注意些什么？

生物制剂是指利用微生物或者微生物发酵产物做成的饲料添加剂。生物制剂具有促进动物健康、预防疾病和提高饲料利用率等多方面的作用，主要包括微生态制剂（益生素）、发酵培养物（免疫促进剂）及酶制剂等。有些微生物可能是致病菌，是有害的；有些发酵产物成分复杂，有不安全的因素；不同微生物发酵产生的酶制剂活性和稳定性有很大差异。因此对于生物制剂，一定要慎重选择，规范使用。

385.在高温季节或发病期应如何强化营养物以提高对虾的免疫力和抗病力？

高温季节是对虾易发病的季节，除坚持使用高效优质的饲料外，为增强对虾体质，提高其抗应激能力，一般需在饲料中添加以下高营养物质：①每1 000克配合饲料中添加2克由杭州高成生物营养科技有限公司研制的"高稳西"维生素C；②投喂广州市嘉仁高新科技有限公司研制的"鱼虾壮元"5%；③每1 000克配合饲料中添加50克的大蒜；④在饲料中添加0.5%~1.0%的鱼油。

除上述外，一般还要求在配合饲料中全面添加各种营养物质，但并不绝对，关键是要根据养殖实际情况或发病情况添加营养剂或药物等。添加方法为：将要添加的药物等计算好用量，溶于水中，混合均匀，装进喷雾器，喷洒在所要投喂的饲料中，饲料经晾干或用电风扇在阴凉处吹15分钟后再在其上喷洒1%鱼油或稀释的鸡蛋清，搅拌均匀即可投喂。喷涂油脂的主要作用是防止添加物溶失，再就是补充饲料中的不饱和脂肪酸。

386.如何选择配合饲料?

要养好虾必须选择品质好的饲料,而品质好的饲料必须具备以下要素:①适口性好、诱食性强;②营养全面、均衡;③颗粒均匀,表面光滑,含粉率低;④原料新鲜,不发霉变质;⑤稳定性要好,入水后在一定时间内不溃散,以适合对虾边游边食的摄食方式。若投入水后未吃即溃散,不但造成浪费,还会恶化水质,所以饲料耐水性必须要好。

387.有人说南美白对虾和南美蓝对虾食性杂,对饲料的蛋白质要求不高,用罗氏沼虾饲料就可以养殖,是否真是这样?

国外研究者对南美白对虾与南美蓝对虾的营养要求做了许多研究,由于试验的环境条件和饲料原料来源不同,试验结果也有较大差异。

从两种对虾的生化组成来看没有明显的差异,从比较养殖的效果来看,其饲料的营养要求差异也不大,因此尚未见国外有专门的饲料。从实际的养殖效果来看,两种对虾的营养需求还是有所不同的。其主要差异在于在生长后期南美蓝对虾对饲料蛋白质含量的要求比南美白对虾要高。从试验中发现,在缺乏比较高的蛋白饲料情况下,南美白对虾可利用底栖藻类继续生长,而南美蓝对虾的生长则受到抑制。值得特别指出的是,美国和南美一些研究者认为南美白对虾和南美蓝对虾对饲料蛋白的要求是20%~35%,并认为蛋白含量为20%的饲料与蛋白含量为40%的饲料在养殖效果上没有差别的结论是在放苗密度为410尾/米²的半集约化养殖条件下得出的,其养殖产量很低;在雨季亩产量为100~140千克,在旱季为27~40千克。在此情况下得出的有关营养参数并不符合我国目前集约化高密度养殖条件下的实际情况。科研人员曾用国产的一些低蛋白饲料养殖南美白对虾,其效果明显不如用国产的蛋白含量较高的饲料养殖日本对虾和斑节对虾的效果。对虾对饲料蛋白的利用取决于饲料中可消化蛋白含量的高低以及氨基酸的含量比例等因子。因此，简单地认为南美白对虾和南美蓝对虾对蛋白质含量要求低，甚至换用罗氏沼虾饲料来养殖南美白对虾是很不恰当的，是不科学的。

388. 在饲料中滥用抗生素对人类健康有何危害？

在饲料中合理添加抗生素能给养殖业带来巨大的经济效益，但是滥用抗生素可能带来如下的危害：长期加入人畜共用的抗生素会使一些细菌产生耐药性，而这些细菌可把耐药性传给病原微生物，从而影响人用抗生素的疗效；若超量添加抗生素或没有适当的停药期，会残留在动物产品中，即使经过加热处理也不能使一些抗生素完全"钝化"，会对人体产生一系列的有害作用。目前在我国有健全的饲料法规来管理抗生素的使用。

389. 有没有可以替代抗生素的饲料添加剂？

目前已经开发出具有促进动物生长和提高抗病力的饲料添加剂，例如微生态制剂、寡糖、天然植物提取物、酶制剂、溶菌酶、酸化剂等，但是在效力和成本方面与抗生素比还有差距。此类产品的开发和应用是今后的发展方向，将会逐渐取代抗生素。

390. 饲料是人类的间接食品吗？

饲料是动物的食物，而动物产品是人类的食物和食品工业的原料，食品工业的产品最终也是人的食物。可见饲料就是人类的间接食品是对的，所以饲料安全是食品安全的大前提，与人民生活水平和身体健康息息相关。

391. 动物长得快都是由于吃激素造成的吗？

这种看法是一种误解。动物长得快，主要是良种选育科学、饲养管理科学、动物防疫良好和饲料营养全面均衡的结果。我国《饲料和饲料添加剂管理条例》及相关配套法规明确规定，禁止在饲料和动物饮用水中添加激素类药品，违者予以严厉处罚。工业饲料按照法规的要求生产，不会使用激素和违禁药物，所以使用优质高效环保型饲料的动物生长快与激素无关。

392. 青少年发育提前和肥胖症是由于食用工业饲料生产的动物产品而诱发的吗？

饲料企业的产品不含激素，不会促进青少年的性早熟和肥胖。据科学调查，少年肥胖、性成熟时间提前与膳食营养水平以及是否食用各类滋补食品有关。由于现代人的生活水平较高，少年儿童发育提前是必然的。目前少年儿童滥食各种滋补食品很普遍，某些滋补品对于青少年可以说是"不安全"的，加上有些儿童偏食严重，因而常常造成性早熟和肥胖。因此，把青少年发育提前和肥胖的原因归结于工业饲料是缺乏科学依据的。

393. 从外观就能判断对虾人工饲料质量优劣吗？

不能单从感观指标来判断饲料的质量优劣。有一些养殖户习惯从一些简单的外观、气味指标来判断饲料质量，认为颜色黄、味道香或者腥味重的饲料就是好饲料；把饲料溶于水后，能见到豆粕就是好饲料；手抓起来，感觉光滑等就是好饲料。其实这些方法只能了解一些片面的信息。饲料生产中可以通过添加色素、控制饲料原料的粉碎粒度、添加香味剂和腥味剂等来满足一些人对这些外观指标的追求，但是实际上这些外观指标和饲料内在的质量（能量、蛋白、维生素等营养素水平）没有必然的联系。因此，单从一些外观指标来判断饲料的质量优劣是不科学的。

394. 饲料包装袋越漂亮越好吗？

包装袋太漂亮不合算。因为太精美的包装袋成本高，相应增加养殖成本。饲料包装袋只要达到运输和储存要求就可以了；包装规格也非常重要，包装规格适当，包装成本越低，越有利于养殖成本的降低。

395.腥味重的水产饲料就一定是品质高的饲料吗?

水产饲料品质是决定饲料系数大小的主要因素，而饲料品质好坏与生产企业的饲料原料质量、配方优化程度、加工工艺直接相关。一些养殖户在使用水产饲料时，过分重视饲料的气味，认为腥味重，鱼粉配比就大，饲料品质就越好。实际上腥味重、香味重并不一定是好饲料，好的鱼粉并不腥，而是一种淡淡的鱼粉香味。鱼粉不够新鲜或添加一些腥味剂，饲料就显得腥味重。

396.如何加强饲料检测来确保饲料安全?

饲料生产企业要按饲料管理部门的要求来完善检验化验室，并且配备持有上岗证的化验人员，对每批原材料和每批产品都进行化验，经检验合格的产品才能出厂。国家对饲料产品质量实行以抽查为主要方式的监督检查制度，农业部通常每年都要对饲料生产企业监督检验1~2次，质量技术监督部门每季度检验一次，但不作重复抽查，也不收费；质量技术监督部门与饲料管理部门对市场的饲料进行不定期检查。

397.饲料添加剂会影响动物产品的安全吗?

国家对饲料添加剂的生产和使用都有严格的规定，正确使用饲料添加剂不会影响动物产品的安全。合理、科学使用饲料添加剂不仅可以提高动物生产性能和抗病能力，提高饲料的利用效率，节约资源，而且还可以改善动物产品的品质。

398.为什么有的饲料在投喂时在水面上见到的虾较少?

当饲料制粒机的环模压缩比大或饲料中豆粕等容重大的原料用量大时，生产的饲料容重就大，投到水中时，饲料下沉速度快，多数鱼虾在水面下摄食，因此在水面上见到的鱼虾就少。这种情况并不是饲料适口性差、鱼虾不爱吃，而正好相反，是饲料质量好的另一特性表现。

399. 影响水产养殖饲料系数的主要因素有哪些？

影响水产养殖饲料系数的因素很多，主要包括品种和饲料的质量、养殖环境条件、养殖方式、管理技术、养殖期气候条件、病害因素等。上面的一些因素可以人为地控制、改善，以达到降低饵料系数的目的。

400. 自配的饲料一定能降低养殖成本吗？

自配饲料需要养殖户自身具备一定的技术能力、饲料知识和加工条件，而且对采购的原料质量要有严格的控制能力。中、小型养殖户自配饲料存在以下的质量风险：①原料质量的控制，如果选用了营养价值低、品质较差的饲料原料，自己还不知道问题所在，就会导致饲养的动物生长慢、饲养周期长、喂的饲料多，综合成本反而会更高；②自配料的营养不全面或不平衡，少用或不使用添加剂，甚至采用单一饲料，每500克料的单价是低了，但会导致动物对饲料的消化率低、长得慢、发病率高、成活率差，相对增加了养殖风险和养殖成本；③自配料往往质量很难保持稳定，在不同的季节和面临不同原料供求的市场时，调整和对抗风险的能力差，最终提高了养殖成本。

401. 什么叫转基因食品？

转基因食品，就是指科学家在实验室中把动植物的基因加以改变，再制造出具备新特征的食品种类。许多人已经知道，所有生物的DNA上都有遗传基因，它们是构建和维持生命的科学信息。通过修改基因，科学家们就能够改变一个有机体的部分或全部特征。简而言之，转基因食品就是移动动植物的基因并加以改变，制造出具备新特征的食品种类。人们可以用鲜鱼的基因帮助西红柿、草莓等普通植物来抵御寒冷；把某些细菌的基因接入玉米、大豆的植株中，就可以更好地保护它们不受害虫的侵袭。因此，以这些转基因生物为原料加工生产的食品就是转基因食品。

402.什么叫农产品准入制度？如何实行市场准入？

在世界贸易组织体系中，市场准入是指关于别国产品和服务进入本国市场的规定，指在多大程度上允许别国商品和服务的进入，也就是开放市场的问题。为保护国内企业的生产免受进口商品的冲击，多数国家都对在国际市场上没有竞争力的产品或行业进行限制，不让外国商品无限制地进入本国。采取的措施主要有两类：一是征收关税，二是各种非关税措施，即非关税壁垒，如提高质量标准等绿色壁垒。

当前在推行农业标准化过程中实行的市场准入制度，与WTO的市场准入并不是一个完全相同的概念，而是促进标准化生产，推进农产品质量提高，保障人民消费安全，增强生产者、消费者质量意识，实现农产品优质优价的重要手段。实行农产品市场准入制度，主要是严把市场入口的产品质量关，符合一定质量标准的产品可以进入市场，不合格的拒之门外。建立农产品市场准入制度，必须在国家法律、法规允许的范围内，以促进优质农产品生产为目标，制订相应的质量标准，确定适当的市场范围。

根据实行准入的市场范围，市场准入可分为两个层次，即实行广义的市场准入制度和在具体的某个市场实行准入制度。广义的市场准入是在某个区域内的全部或部分市场实行市场准入制度，以地区大市场的概念，制定许可进入本地区的农产品的质量标准。当前各地实行的农产品市场准入制度主要控制农产品有毒、有害物质含量，达到保障人民消费安全的目的。

403.绿证认证机构有哪些？如何申请绿色食品使用证？

目前经过国家认证认可监督管理委员会（CNCA）批准的有机食品认证机构有31家，另外有一些国外有机认证机构也在我国开展业务。在这些认证机构中中绿华夏有机食品认证中心（COFCC）

隶属于农业部，是农业部推动有机农业运动发展和从事有机食品认证管理的专门机构，也是中国国家认证认可监督管理委员会批准设立的国内第一家有机食品认证机构，并获得中国认证机构国家认可委员会（CNAB）的认可。

绿色食品标志是经中国绿色食品发展中心注册的质量证明商标，企业如需在其生产的产品上使用绿色食品标志，必须按以下程序提出申报：①申请人向所在省绿色食品委托管理机构提交正式的书面申请，并填写《绿色食品标志使用申请书》（一式两份）、《企业生产情况调查表》；②各省绿色食品委托管理机构将依据企业的申请，至少委派两名绿色食品标志专职管理人员赴申请企业进行实地考察，如考察合格，省绿色食品委托管理机构将委托定点的环境监测机构对申报产品或产品原料产地的大气、土壤和水进行环境监测和评价；③省绿色食品委托管理机构的标志专职管理人员将结合考察情况及环境监测和评价的结果，对申请材料进行初审，并将初审合格的材料上报中国绿色食品发展中心；④中国绿色食品发展中心对上述申报材料进行审核，并将审核结果通知申报企业和省绿色食品委托管理机构。合格者，由省绿色食品委托管理机构对申报产品进行抽样，并由定点的食品监测机构依据绿色食品标准进行检测。不合格者，当年不再受理其申请；⑤中国绿色食品发展中心对检测合格的产品进行终审；⑥终审合格的申请企业与中国绿色食品发展中心签订绿色食品标志使用合同。不合格者，当年不再受理其申请；⑦中国绿色食品发展中心对上述合格的产品进行编号，并颁发绿色食品标志使用证书；⑧申报企业对环境监测结果或产品检测结果有异议，可以向中国绿色食品发展中心提出仲裁检测申请。中国绿色食品发展中心委托两家或两家以上的定点监测机构对其重新检测，并依据有关规定做出裁决。

附　录

每月渔事口诀

（摘自渔业商务网、按月份来分）

元月渔闲人不闲，清池修坝做在前；
挖去淤泥除杂草，干池清毒灭病源。

二月春和晴朗天，投放苗种选壮健；
合理混放和密养，科学养殖效益翻。

三月春暖升水温，鱼儿开口把食喂；
投饵施肥有原则，量少次多是关键。

四月清明气温暖，水温渐升饵渐添；
五定投饵需掌握，三看施肥记心间。

五月渔事渐繁忙，亲鱼繁殖苗入塘；
成鱼生长好时期，投饵施肥疾病防。

六月鱼病高发期，早晚巡塘要仔细；
缺氧泛池早预防，投饵施肥要控制。

七月正是暑热天，防治病害要攻坚；
饵料清洁又新鲜，鱼儿快长体格键。

八月池水保爽鲜，定期注水良循环；
施肥投饵精又细，防治病害勤查看。

九月金秋最关键，加强管理夺高产；
育种追膘备越冬，饵料保量又保鲜。

十月深秋捕成鱼，鱼种亲鱼精培育；
放塘并塘要抓紧，练网防冻早准备。
十一月做好防冬事，破除乌冰结明冰；
冰上积雪及时扫，池鱼安静禁惊扰。
十二月农闲又渔闲，鱼塘开发抓紧干；
经验教训细总结，来年再把效益添。

严禁使用高毒、高残留或具有三致毒性（致癌、致畸、致突变）的渔药。严禁使用对水域环境有严重破坏而又难以修复的渔药，严禁直接向养殖水域泼洒抗菌素，严禁将新近开发的人用新药作为渔药的主要或次要成分。禁用渔药详见下表。

附表2-1 禁用渔药

药物名称	化学名称（组成）	别名
地虫硫磷 fonofos	O-乙基-S-苯基二硫代磷酸乙酯	大风雷
六六六 BHC（HCH）Benzem, bexachloridge	1, 2, 3, 4, 5, 6-六氯环己烷	
林丹 lindane, agammaxare, gamma-BHC, gamma-HCH	γ-1, 2, 3, 4, 5, 6-六氯环己烷	丙体六六六
毒杀芬 camphechlor（ISO）	八氯莰烯	氯化莰烯
滴滴涕 DDT	2, 2-双（对氯苯基）-1, 1, 1-三氯乙烷	
甘汞 calomel	二氯化汞	
硝酸亚汞 mercurous nitrate	硝酸亚汞	
醋酸汞 mercuric acetate	醋酸汞	
呋喃丹 carbofuran	2, 3-二氢-2, 2-二甲基-7-苯并呋喃基-甲基氨基甲酸酯	克百威、大扶农

药物名称	化学名称(组成)	别名
杀虫脒 chlordimeform	N-(2-甲基-4-氯苯基)N′, N′-二甲基甲脒盐酸盐	克死螨
双甲脒 anitraz	1,5-双-(2,4-二甲基苯基)-3-甲基-1,3,5-三氮戊二烯-1,4	二甲苯胺脒
氟氯氰菊酯 cyfluthrin	α-氰基-3-苯氧基-4-氟苄基(1R,3R)-3-(2,2-二氯乙烯基)-2,2-二甲基环丙烷羧酸酯	百树菊酯、百树得
氟氰戊菊酯 flucythrinate	(R,S)-α-氰基-3-苯氧苄基-(R,S)-2-(4-二氟甲氧基)-3-甲基丁酸酯	保好江乌氟氰菊酯
五氯酚钠 PCP-Na	五氯酚钠	
孔雀石绿 malachite green	$C_{23}H_{25}ClN_2$	碱性绿、盐基块绿、孔雀绿
锥虫胂胺 tryparsamide		
酒石酸锑钾 anitmonyl potassium tartrate	酒石酸锑钾	
磺胺噻唑 sulfathiazolum ST, norsultazo	2-(对氨基苯磺酰胺)-噻唑	消治龙
磺胺脒 sulfaguanidine	N_1-脒基磺胺	磺胺胍
呋喃西林 furacillinum, nitrofurazone	5-硝基呋喃醛缩氨基脲	呋喃新
呋喃唑酮 furacillinum, nifulidone	3-(5-硝基糠叉胺基)-2-噁唑烷酮	痢特灵
呋喃那斯 furanace, nitrofurazone	6-羟甲基-2-[-(5-硝基-2-呋喃乙烯基)]吡啶	p-7138(实验名)
氯霉素(包括其盐、酯及制剂)chloramphennicol	由委内瑞拉链霉素生产或合成法制成	

药物名称	化学名称（组成）	别名
红霉素 erythromycin	属微生物合成，是 *Streptomyces eyythreus* 生产的抗生素	
杆菌肽锌 zinc bacitracin premin	由枯草杆菌 *Bacillus subtilis* 或 *B.leicheniformis* 所产生的抗生素，为一含有噻唑环的多肽化合物	枯草菌肽
泰乐菌素 tylosin	*S.fradiae* 所产生的抗生素	
环丙沙星 ciprofloxacin (CIPRO)	为合成的第三代喹诺酮类抗菌药，常用盐酸盐水合物	环丙氟哌酸
阿伏帕星 avoparcin		阿伏霉素
喹乙醇 olaquindox	喹乙醇	喹酰胺醇 羟乙喹氧
速达肥 fenbendazole	5-苯硫基-2-苯并咪唑	苯硫哒唑 氨甲基甲酯
己烯雌酚（包括雌二醇等其他类似合成等雌性激素）diethylstilbestrol, stilbestrol	人工合成的非自甾体雌激素	乙烯雌酚，人造求偶素
甲基睾丸酮（包括丙酸睾丸素、去氢甲睾酮以及同化物等雄性激素）methylt estosterone, metandren	睾丸素 C_{17} 的甲基衍生物	甲睾酮 甲基睾酮

附表3-1　淡水养殖用水水质要求

序号	项目	标准值
1	色、臭、味	不得使养殖水体带有异色、异臭、异味
2	总大肠菌群，个/升	≤5 000
3	汞，毫克/升	≤0.000 5
4	镉，毫克/升	≤0.005
5	铅，毫克/升	≤0.05
6	铬，毫克/升	≤0.1
7	铜，毫克/升	≤0.01
8	锌，毫克/升	≤0.1
9	砷，毫克/升	≤0.05
10	氟化物，毫克/升	≤1
11	石油类，毫克/升	≤0.05
12	挥发性酚，毫克/升	≤0.005
13	甲基对硫磷，毫克/升	≤0.000 5
14	马拉硫磷，毫克/升	≤0.005
15	乐果，毫克/升	≤0.1
16	六六六 (丙体)，毫克/升	≤0.002
17	DDT，毫克/升	≤0.001

附录4 无公害食品 海水养殖用水水质(NY5052—2001)

附表4-1 海水养殖用水水质要求

序号	项目	标准值
1	色、臭、味	不得使养殖水体带有异色、异臭、异味
2	总大肠菌群，个/升	≤5 000，供人生食的贝类养殖水质≤500
3	粪大肠菌群，个/升	≤2 000，供人生食的贝类养殖水质≤140
4	汞，毫克/升	≤0.000 2
5	镉，毫克/升	≤0.005
6	铅，毫克/升	≤0.05
7	六价铬，毫克/升	≤0.01
8	总铬，毫克/升	≤0.1
9	砷，毫克/升	≤0.03
10	铜，毫克/升	≤0.01
11	锌，毫克/升	≤0.1
12	硒，毫克/升	≤0.02
13	氰化物，毫克/升	≤0.005
14	挥发性酚，毫克/升	≤0.005
15	石油类，毫克/升	≤0.005
16	DDT，毫克/升	≤0.01
17	滴滴涕，毫克/升	≤0.000 05
18	马拉硫磷，毫克/升	≤0.000 5

序号	项目	标准值
19	甲基对硫磷，毫克/升	≤0.000 5
20	乐果，毫克/升	≤0.1
21	多氯联苯，毫克/升	≤0.000 02

1.海洋潮汐简易计算法

从事对虾生产，必须掌握潮汐涨落时间，使虾池能及时进、排水，可利用"八分算潮法"近似算出。只要知道当地的高潮间隙和低潮间隙，就可以算出任何一天的高、低潮时间。高潮间隙与低潮间隙可在当地水文气象站查知。

"八分算潮"的计算公式如下：

上半月高潮时=(农历日期−1)×0.8+高潮间隙

下半月高潮时=(农历日期−16)×0.8+高潮间隙

低潮时=高潮时±0.612(适用于海潮)

江湖或受河流影响的内湾的低潮时可用下面公式计算：

上半月低潮时=(农历日期−1)×0.8+低潮间隙

下半月低潮时=(农历日期−16)×0.8+低潮间隙

计算出的高潮时或低潮时±12.24就得出当天另一次高潮或低潮时间。

2.海水比重与盐度的换算

(1) 在不同温度下海水比重与盐度的计算公式

水温高于17.5℃时，$S=1\,305×(比重−1)+(t−17.5)×0.3$

水温低于17.5℃时，$S=1\,305×(比重−1)+(17.5−t)×0.2$

(2) 波美度与比重的换算公式 (重于水的溶液)

波美度=144.3−144.3/比重

比重=144.3/(144.3−波美度)

附表5-1　海水比重与盐度对照

比重	盐度	比重	盐度	比重	盐度
1.001 5	2.00	1.014 1	18.44	1.023 9	31.26
1.001 6	2.03	1.015 2	19.89	1.024 4	31.98
1.002 0	2.56	1.016 0	20.97	1.025 0	32.74
1.003 0	3.87	1.017 1	22.41	1.025 4	33.26
1.004 0	5.17	1.018 2	23.86	1.026 0	34.04
1.005 0	6.49	1.018 5	24.22	1.026 5	34.70
1.006 0	7.79	1.019 5	25.48	1.027 1	35.35
1.007 0	9.11	1.020 0	26.20	1.028 0	36.65
1.008 1	10.42	1.021 1	27.65	1.028 5	37.30
1.009 0	11.73	1.025 1	28.19	1.029 0	37.95
1.010 0	12.85	1.022 2	29.09	1.029 5	38.60
1.011 5	15.01	1.022 9	29.97	1.030 5	39.90
1.013 0	17.00	1.023 5	30.72	1.031 5	41.20

3.药物用量的计算方法

(1) 水体的测量与药物用量的计算

例1：有一个5.5亩的池塘，水深1.5米，问此池塘有多少水？

解：求池面积得5.5×666.7=3 666.3（平方米）

求总水体得3 666.3×1.5=5 499.45（立方米）

答：此池塘有5 499.45米³水。

例2：有一个5 499.45立方米水体的池塘，如果下药使池水浓度为3 ppm，请问需下多少药？

解：因为1ppm=1×10^{-6}=1克/米³（或1毫升/米³），

所以5 499.45×3=16 498.35(克)≈16.5(千克)=33(斤)

答：需下药33市斤。

(2) 常用度量单位的换算

①长度。

附表5-2　长度单位换算

公制	市制	换算方法
1千米=1 000米	1里=150丈	1千米=2里
1米=100厘米	1丈=10尺	1米=3尺
1厘米=10毫米	1尺=10寸	1厘米=3分
1毫米=1 000微米	1寸=10分	1毫米=3厘

②面积。

附表5-3　面积单位换算

公制	市制	换算方法
1公顷=10 000平方米	1平方里=375亩	1公顷=15亩
1平方千米=1 000 000平方米	1亩=30平方丈	1亩=666.7平方米
1平方米=10 000平方厘米	1平方丈=100平方尺	
1平方厘米=100平方毫米	1平方尺=100平方寸	

③重量。

附表5-4　重量单位换算

公制	市制	换算方法
1千克=1 000克	1斤=10两	1千克=2斤
1克=1 000毫克	1两=10钱	500克=1斤
1吨=1 000千克	1钱=10分	50克=1两

④体积。

附表5-5　体积单位换算

公制	市制	换算方法
1立方米=1 000 000立方厘米	1立方丈=1 000立方尺	1立方米=27立方尺
1立方厘米=1 000立方毫米	1立方尺=1 000立方寸	1升=1市升
1立方米=1 000升	1石=10斗	10升=1市斗
1升=1 000毫升	1斗=10毫升	100升=1市石

附录 6 虾病防治药物用量对照

单位：克

附表6—1 虾病防治药物用量对照

水体面积/米⁻²	平均水深/米	药物浓度/(克·米⁻³)										
		0.1	0.2	0.5	0.7	1	1.5	2	2.5	3	4	5
666.7	0.50	33.3	66.6	166.5	233.1	333	499.5	666	832.5	999	1 332	1 665
	0.55	36.6	73.2	183.0	256.2	333	549.0	732	915.0	1 098	1 464	1 830
	0.60	40.0	78.0	200.0	280.0	366	600.0	800	1 000.0	1 200	1 600	2 000
	0.65	43.3	86.6	216.0	303.1	400	649.5	866	1 082.5	1 299	1 732	2 165
	0.70	46.6	93.2	233.0	326.2	433	699.0	932	1 165.0	1 398	1 864	2 330

水体面积/米⁻²	平均水深/米	药物浓度(克·米⁻³)										
		0.1	0.2	0.5	0.7	1	1.5	2	2.5	3	4	5
666.7	0.75	50.0	100.0	250.0	350.0	466	750.0	1 000.	1 250.0	1 500	2 000	2 500
	0.80	53.2	106.0	266.5	373.1	500	799.5	1 066	1 332.5	1 599	2 132	2 665
	0.85	56.6	13.2	283.0	396.2	533	849.0	1 132	1 415.0	1 698	2 264	2 830
	0.90	60.0	120.0	300.0	420.0	566	900.0	1 200	1 500.0	1 800	2 400	3 000
	0.95	63.3	126.6	316.5	443.1	600	949.5	1 266	1 582.0	1 899	2 532	3 165
	1.00	66.6	133.2	333.0	466.2	633	999.0	1 332	1 665.0	198	2 664	3 330
	1.05	70.0	140.0	350.0	490.0	666	1 050.0	1 400	1 750.0	2 100	2 800	3 500
	1.10	73.3	146.6	366.5	513.1	700	1 099.5	1 466	18 321.5	2 199	2 932	3 665
	1.15	76.6	153.2	383.0	536.2	733	1 149.0	1 532	1 915.0	2 298	3 064	3 830
	1.20	80.0	160.0	400.0	560.0	766	1 200.0	1 600	2 000.0	2 400	3 200	3 900
	1.25	83.3	166.6	416.5	538.1	800	1 249.5	1 663	2 082.5	2 433	3 332	4 165
	1.30	86.6	173.2	433.0	606.2	833	1 299.0	1 732	2 165.0	2 598	3 464	4 330
	1.35	89.9	179.8	449.5	629.3	899	1 348.5	1 798	2 247.5	2 697	3 596	4 495
	1.40	93.3	186.6	466.5	653.1	933	1 399.5					

水体面积/米⁻²	平均水深/米	药物浓度/(克·米⁻³)										
		0.1	0.2	0.5	0.7	1	1.5	2	2.5	3	4	5
666.7	1.45	96.6	193.2	483.0	676.2	966	1 499.0					
	1.50	99.9	199.8	499.5	699.3	999	1 498.5					
	1.55	103.2	206.4	516.0	722.4	1 032	1 548	2 064	2 580	3 096	4 128	5 160
	1.60	106.6	213.2	533.0	746.2	1 066	1 599	2 132	2 665	3 198	4 264	5 330
	1.65	109.9	219.8	549.5	769.3	1 099	1 648.5	2 198	2 747.5	3 297	4 396	5 495
	1.70	113.2	226.4	566.0	792.4	1 132	1 698	2 264	2 830	3 396	4 528	5 660
	1.75	116.6	233.2	583.0	816.2	1 166	1 749	2 332	2 915	3 498	4 664	5 830
	1.80	119.9	239.8	599.5	839.3	1 199	1 798.5	2 398	2 997.5	3 597	4 796	5 995
	1.85	123.2	246.4	616.0	862.4	1 232	1 848					
	1.90	126.5	253.0	632.0	885.5	1 265	1 987.5					
	1.95	129.9	259.8	649.5	909.3	1 299	1 948.5					
	2.00	133.2	266.4	666.4	932.4	1 332	1 998					

海洋出版社水产养殖类图书目录

书名	作者
水产养殖新技术推广指导用书	
黄鳝、泥鳅高效生态养殖新技术	马达文 主编
翘嘴鲌高效生态养殖新技术	马达文　王卫民 主编
斑点叉尾鮰高效生态养殖新技术	马达文 主编
鳗鲡高效生态养殖新技术	王奇欣 主编
淡水珍珠高效生态养殖新技术	李应森　李家乐 主编
鲟鱼高效生态养殖新技术	杨德国 主编
乌鳢高效生态养殖新技术	肖光明 主编
河蟹高效生态养殖新技术	周　刚 主编
青虾高效生态养殖新技术	龚培培 主编
淡水小龙虾高效生态养殖新技术	唐建清 主编
海水蟹高效生态养殖新技术	归从时 主编
南美白对虾高效生态养殖新技术	李卓佳 主编
日本对虾高效生态养殖新技术	翁　雄　宋盛宪　何建国等 编著
扇贝高效生态养殖新技术	杨爱国　王春生　林建国 编著
水产养殖系列丛书	
黄鳝养殖致富新技术与实例	王太新 著
泥鳅养殖致富新技术与实例	王太新 编著
淡水小龙虾(克氏原螯虾)健康养殖实用新技术	梁宗林　孙　骥　陈士海 编著
罗非鱼健康养殖实用新技术	朱华平　卢迈新　黄樟翰 编著
河蟹健康养殖实用新技术	郑忠明 李晓东 陆开宏 等 编著
黄颡鱼健康养殖实用新技术	刘寒文　雷传松 编著
香鱼健康养殖实用新技术	李明云 著
优良龟类健康养殖大全	王育锋 主编
淡水优良新品种健康养殖大全	付佩胜　轩子群　刘　芳等 编著
中华鳖健康养殖实用新技术	轩子群　马汝芳　林玉霞等 编著

书名	作者
鲍健康养殖实用新技术	李 霞 王 琦 刘明清 岳 昊 编著
鲑鳟、鲟鱼健康养殖实用新技术	毛洪顺 主编
金鲳鱼(卵形鲳鲹)工厂化育苗与规模化快速养殖技术	古群红 宋盛宪 梁国平 编著
刺参健康增养殖实用新技术	常亚青 于金海 马悦欣 编著
对虾健康养殖实用新技术	宋盛宪 李色东 翁 雄等 编著
半滑舌鳎健康养殖实用新技术	田相利 张美昭 张志勇等 编著
海参健康养殖技术(第2版)	于东祥 孙慧玲 陈四清等 编著
海水工厂化高效养殖体系构建工程技术	曲克明 杜守恩 编著
饲料用虫养殖新技术与高效应用实例	王太新 编著
龟鳖高效养殖技术图解与实例	章 剑 著
石蛙高效养殖新技术与实例	徐鹏飞 叶再圆 编著
泥鳅高效养殖技术图解与实例	王太新 编著
黄鳝高效养殖技术图解与实例	王太新 著
淡水小龙虾高效养殖技术图解与实例	陈昌福 陈萱 编著
图说鳗鲡疾病防治	林天龙 龚 晖 主编
图说斑点叉尾鮰疾病防治	汪开毓 肖 丹 主编
龟鳖病害防治黄金手册	章 剑 王保良 著
海水养殖鱼类疾病与防治手册	战文斌 绳秀珍 编著
淡水养殖鱼类疾病与防治手册	陈昌福 陈 萱 编著
对虾健康养殖问答(第2版)	徐实怀 宋盛宪 编著
河蟹高效生态养殖问答与图解	李应森 王 武 编著
王太新黄鳝养殖100问	王太新 著